Neli Ovcharova

# Methodik zur Nutzenanalyse und Optimierung sicherheitsrelevanter Fahrerassistenzsysteme

**Methodik zur Nutzenanalyse und Optimierung sicherheitsrelevanter Fahrerassistenzsysteme**

**Karlsruher Schriftenreihe Fahrzeugsystemtechnik**
**Band 21**

Herausgeber
**FAST   Institut für Fahrzeugsystemtechnik**
        Prof. Dr. rer. nat. Frank Gauterin
        Prof. Dr.-Ing. Marcus Geimer
        Prof. Dr.-Ing. Peter Gratzfeld
        Prof. Dr.-Ing. Frank Henning


Das Institut für Fahrzeugsystemtechnik besteht aus den eigen-
ständigen Lehrstühlen für Bahnsystemtechnik, Fahrzeugtechnik,
Leichtbautechnologie und Mobile Arbeitsmaschinen


Eine Übersicht über alle bisher in dieser Schriftenreihe erschienenen Bände
finden Sie am Ende des Buchs.

# Methodik zur Nutzenanalyse und Optimierung sicherheitsrelevanter Fahrerassistenzsysteme

von
Neli Ovcharova

Dissertation, Karlsruher Institut für Technologie (KIT)
Fakultät für Maschinenbau, 2013

**Impressum**

Karlsruher Institut für Technologie (KIT)
KIT Scientific Publishing
Straße am Forum 2
D-76131 Karlsruhe

KIT Scientific Publishing is a registered trademark of Karlsruhe
Institute of Technology. Reprint using the book cover is not allowed.

www.ksp.kit.edu



Print on Demand 2014

ISSN 1869-6058
ISBN 978-3-7315-0176-3
DOI: 10.5445/KSP/1000038455

## Vorwort des Herausgebers

Die Fahrzeugtechnik ist gegenwärtig großen Veränderungen unterworfen. Klimawandel, die Verknappung einiger für Fahrzeugbau und –betrieb benötigter Rohstoffe, globaler Wettbewerb und das rapide Wachstum großer Städte erfordern neue Mobilitätslösungen, die vielfach eine Neudefinition des Fahrzeugs erforderlich machen. Die Forderungen nach Steigerung der Energieeffizienz, Emissionsreduktion, erhöhter Fahr- und Arbeitssicherheit, Benutzerfreundlichkeit und angemessenen Kosten finden ihre Antworten nicht aus der singulären Verbesserung einzelner technischer Elemente, sondern benötigen Systemverständnis und eine domänenübergreifende Optimierung der Lösungen.

Hierzu will die Karlsruher Schriftenreihe für Fahrzeugsystemtechnik einen Beitrag leisten. Für die Fahrzeuggattungen Pkw, Nfz, Mobile Arbeitsmaschinen und Bahnfahrzeuge werden Forschungsarbeiten vorgestellt, die Fahrzeugsystemtechnik auf vier Ebenen beleuchten: das Fahrzeug als komplexes mechatronisches System, die Fahrer-Fahrzeug-Interaktion, das Fahrzeug in Verkehr und Infrastruktur sowie das Fahrzeug in Gesellschaft und Umwelt.

Fahrerassistenzsysteme unterstützen den Fahrer bei der Durchführung seiner Fahraufgabe und sind besonders wertvoll in sicherheitskritischen Situationen. Sie bieten das Potenzial einer erheblichen Reduzierung von Verkehrsunfällen. Wie bei allen Sicherheitssystemen in Fahrzeugen ist der Nachweis der Steigerung der Fahrsicherheit nicht einfach zu führen, da sich Realversuche verbieten und die Auswertung von Unfalldaten bei einer anfänglich nur geringen Marktdurchdringung keine signifikanten Resultate liefert. Es besteht demnach ein Bedarf an effizienten und qualitativ hochwertigen Methoden, um repräsentative Aussagen über den Sicherheitsgewinn durch Assistenzsysteme treffen zu können.

Der vorliegende Band stellt hierzu eine Vorgehensweise vor, die auf Rekonstruktion realer Unfallhergänge basierende Simulation und Probandenversuche im dynamischen Fahrsimulator zur Verbesserung der in der Simulation verwendeten Menschmodelle kombiniert. Die Methodik erlaubt den Nachweis des Nutzens und die Verbesserung von Fahrerassistenzsystemen hinsichtlich ihrer Einzel- und Gesamtfunktionen. Sie wird am Beispiel eines Bremsassistenten ausführlich dargestellt.

Karlsruhe,                                                          Frank Gauterin
im Dezember 2013

# Methodik zur Nutzenanalyse und Optimierung sicherheitsrelevanter Fahrerassistenzsysteme

Zur Erlangung des akademischen Grades
**Doktor der Ingenieurwissenschaften**
der Fakultät für Maschinenbau
Karlsruher Institut für Technologie (KIT)

genehmigte
**Dissertation**
von

Dipl.-Ing. Neli Ovcharova

Tag der mündlichen Prüfung:   16.12.13
Hauptreferent:   Prof. Dr. rer. nat. Frank Gauterin
Korreferent:   Prof. Dr.-Ing. habil. Peter M. Knoll

## Kurzfassung

Die vorliegende Arbeit stellt einen neuartigen Ansatz zur Nutzenbewertung und -optimierung von sicherheitsrelevanten Fahrerassistenzsystemen vor. Zunächst werden allgemeine Anforderungen der Methodik hergeleitet, dementsprechend existierende Bewertungsvorgehensweisen analysiert und die Notwendigkeit einer neuen Methode begründet. Basierend auf diesen Anforderungen wird das Konzept der neuen Nutzenbewertungsmethodik entwickelt. Die neuentwickelte Methodik verbindet nutzerorientierte Versuche und Analysen von realen Unfällen in ihrer Gesamtheit. Durch detaillierte, reale Daten aus einer Unfalldatenbank kann das Unfallgeschehen nachgebildet werden. Anhand nutzerorientierter Versuchsdaten kann die Fahrerinteraktion mit dem System in einem hohen Detaillierungsgrad untersucht und die daraus resultierenden Zusammenhänge zum Fahrerreaktionsverhalten in Form eines Fahrermodells extrahiert werden. Durch die Kombination von Unfalldaten und nutzerorientierten Versuchen kann eine hohe interne und externe Validität erzielt werden. Mit überschaubaren Kosten und Aufwand kann eine umfangreiche, detaillierte und aussagekräftige Nutzenanalyse durchgeführt werden.

Ein weiterer Aspekt der neuen Methodik ist die Nutzensteigerung. Die vorliegende Arbeit leitet eine Vorgehensweise zur Ermittlung des Optimierungspotenzials eines Systems anhand einer Detailnutzenanalyse ab. Mithilfe der vorgestellten Vorgehensweise zur Systemverbesserung anhand nutzerorientierten Untersuchungen können neue Erkenntnisse zur Fahrerinteraktion gewonnen werden, die zur Erweiterung des abgeleiteten Fahrermodell verwendet werden können.

Die neuentwickelte Methode wird am Beispiel eines Notbremsassistenten angewendet, sein Nutzen ermittelt und Vorschläge zu seiner Nutzensteigerung abgeleitet.

# Abstract

This dissertation introduces a new approach for benefit investigation and improvement of safety relevant driver assistance systems. Through the derivation of general requirements for the methodology existing benefit investigation methods are analyzed and respectively the necessity of a new approach is established. The concept of the new methodology for benefit investigation is developed based on the derived requirements. The new methodology combines user-based test with the accident analysis of real road accident data. Detailed real road accident data from accident database are used for the simulation of the collision evolution. By means of user-based test data the driver interaction with the system can be evaluated and in a driver model their relation to the driver reaction can be extracted. The combination of accident data and user-based tests leads to a high internal and external validity. A detailed, extensive and meaningful benefit investigation can be performed for manageable cost and effort.

The second aspect of the new methodology is the benefit improvement. This work introduces an approach for the determination of the optimization potential of the system with a detail benefit investigation. A method for system optimization through user-based experiments can provide new findings regarding the driver reaction, which can be used for upgrading the derived driver model.

The new developed methodology is applied on an advanced emergency braking system. Its benefit is determined and proposal for its benefit increasing is derived.

# Danksagung

Diese Arbeit entstand im Rahmen meiner Tätigkeit als Doktorandin bei der Robert Bosch GmbH in Leonberg.

Mein herzlicher Dank gilt Herrn Prof. Dr. rer. nat. Frank Gauterin, Leiter des Lehrstuhls für Fahrzeugtechnik am Institut für Fahrzeugsystemtechnik des Karlsruher Instituts für Technologie (KIT) für die wertvollen Anregungen, kritischen Rückfragen und die sorgfältige Durchsicht der Arbeit sowie für die Übernahme des Hauptreferats. Herrn Prof. Dr.-Ing. habil. Peter M. Knoll danke ich für die übernommene Durchführung des Korreferats und für sein Interesse an dieser Arbeit. Frau Prof. Dr.-Ing. Barbara Deml möchte ich für die übernahme des Prüfungsvorsitzes danken.

Ein besonderer Dank geht an Herrn Dr. Stefan Benz, Herrn Dr. Werner Uhler und Herrn Dr. Michael Fausten für die zahlreichen Diskussionen und Hinweise, die mich zum Weiterdenken motivierten und mir Unterstützung für Entscheidungen in komplexen Situationen gaben.

Diese Arbeit wäre ohne das Mitwirken zahlreicher Abschlussarbeiter und Praktikanten nicht möglich gewesen. Vielen Dank für Eure Unterstützung.

Meinen Eltern und meinem Bruder danke ich für die Begleitung durch meine Ausbildung und die Unterstützung meines Berufsweges.

Meinem Mann Simon danke ich für den Beistand, die Geduld und den Rückhalt in schwierigen Zeiten.

Stuttgart,                             Neli Ovcharova
im November 2013

# Inhaltsverzeichnis

# 1. Einleitung

Im Jahr 2001 starben mehr als 50 000 Menschen auf den Straßen der Europäischen Union. Die Europäische Kommission setzte in 2001 das Ziel, die Anzahl der im Straßenverkehr getöteten Personen bis 2010 auf 27 000 zu reduzieren [62]. Angesichts der fast vollständigen Erreichung dieses Ziels gab die Europäische Kommission in 2010 bekannt, eine weitere Halbierung der Verkehrstoten bis zum Jahr 2020 zu erstreben. Wie Abb. 1.1 zeigt, soll die Anzahl bis dahin auf ca. 17 000 sinken. Die Durchdringung von passiven Sicherheitssystemen sowie ABS und ESP reicht aber dafür nicht aus.

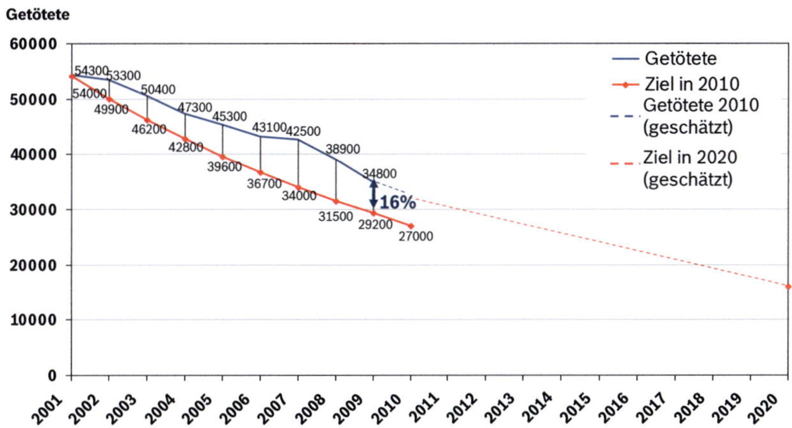


Abb. 1.1:  Übersicht der Entwicklung der Todesfälle und das Ziel der europäischen Kommission für 2020 [62], [63], [36]

Die Verbreitung und der Einsatz effektiver Fahrerassistenzsysteme können zur Erfüllung dieses Ziels beitragen, indem diese den Fahrer in verschiedenen Situationen unterstützen und ihn entlasten.

Der Nutzen von Fahrerassistenzsystemen kann anhand der rückläufigen Zahlen der Verkehrstoten bestimmt werden. Hierfür ist jedoch eine hohe Anzahl an Unfalldaten über mehrere Jahre erforderlich, um statistisch valide Ergebnisse generieren zu können. Diese Systeme sind jedoch noch sehr geringfügig in Serienfahrzeugen verbreitet. Somit sind neue Methoden und Richtlinien zur Bestimmung des Nutzens von Fahrerassistenzsystemen (FAS) notwendig, die Prognosen über die Wirksamkeit erlauben und auf die Allgemeinheit übertragbar sind. Bei der Erreichung des Ziels zur Unfallprävention und Unfallfolgenminderung spielt die Fahrer-Fahrer-Interaktion eine große Rolle. Aus diesem Grund ist diese in den nutzenuntersuchenden Methoden zu berücksichtigen.

Doch nicht nur eine Nutzenuntersuchung sondern auch eine Nutzensteigerung von FAS ist notwendig, um das Ziel der EU-Kommission zu erreichen. Dafür ist eine Vorgehensweise zur Ermittlung des Optimierungspotentials und zur Ableitung von Verbesserungsmaßnahmen für ein FAS erforderlich.

Die vorliegende Arbeit leistet einen Beitrag zu beiden Aspekten. Durch die Entwicklung einer Methodik, die die Nutzenuntersuchung in hohem Detaillierungsgrad ermöglicht und den Fahrer als Bestandteil beinhaltet, können Aussagen bezüglich der Stärken und Schwächen eines FAS getroffen werden und Schritte für die bessere Systemgestaltung abgeleitet werden.

Als erstes werden die Grundlagen zu Fahrerassistenzsystemen, Fahrer-Fahrzeug-Interaktion und ihrer Abbildung anhand von Fahrermodellen sowie der existierenden Methoden zur Bewertung von FAS in Kapitel 2 eingeführt. Auf Basis von abgeleiteten Anforderungen und Bewertung der bestehenden Bewertungsmethoden stellt Kapitel 3 das Konzept der neuen Methodik zur Analyse und Optimierung sicherheitsrelevanter FAS dar. In

Kapitel 4 wird die allgemeine Vorgehensweise der neuentwickelten Methodik zur Bewertung des Nutzens eines FAS vorgestellt und am Notbremsassistenzsystem von Bosch, Predictive Emergency Braking System (PEBS) angewendet. Kapitel 5 zeigt, wie anhand der in dieser Arbeit vorgestellten Methodik der Optimierungsbedarf eines FAS wiederum angewandt auf PEBS abgeleitet werden kann und welche Maßnahmen zur Verbesserung ermittelt werden können. Im letzten Abschnitt werden die Ergebnisse dieser Arbeit zusammengefasst und einen Ausblick auf die nachfolgende Forschung gegeben.

# 2. Stand der Forschung und Technik

## 2.1 Der Mensch im Fahrzeug

Die Aufgabe des Fahrers bei der Fahrzeugführung ist eine Steuerungsaktivität, verbunden mit dauerhafter Informationsverarbeitung, die dazu dient, Informationen in Reaktionen umzusetzen [3].

Das Drei-Ebenen-Hierarchiemodell nach Donges [56] ordnet die Fahraufgabe der Navigationsebene, der Fahrzeugführungsebene und der Fahrzeugstabilisierungsebene zu (siehe Abb. 2.1).

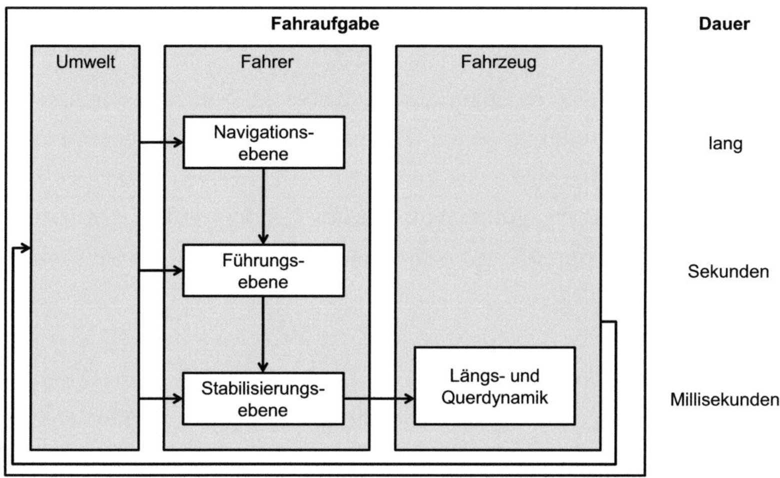


Abb. 2.1: Die Drei-Ebenen-Hierarchie der Fahraufgabe nach Donges [56] und die typischen Zeithorizonte der Navigations- Führungs- und Stabilisierungsaufgabe nach Donges [57]

Die Planung und Umsetzung auf jeder Ebene haben einen Einfluss auf die untergeordneten Ebenen.

Die Navigationsebene beinhaltet die Planung und Umsetzung einer geeigneten Fahrtroute sowie, abhängig von Störeinflüssen wie beispielsweise Staus, Unfälle oder Umleitung, die Anpassung der Route. Diese Fahraufgabe entspricht nach dem Drei-Ebenen-Modell für zielgerichtete Tätigkeiten des Menschen nach Rasmussen [162] dem wissensbasierten Verhalten. Die Dauer der Navigationsaufgabe kann sich von Minuten bis zu einigen Stunden erstrecken [57].

Bei der Führungsebene leitet der Fahrer abhängig von der aktuellen Verkehrssituation, den Umgebungsbedingungen (Wetter, Straßenverlauf) und der gewählten Route sinnvolle Manöver und Führungsgrößen (Sollgeschwindigkeit, Sollspur, etc.) ab. Diese Aufgabe entspricht dem regelbasierten Verhalten nach Rasmussen und dauert wenige Sekunden [57].

In der dritten Ebene hat der Fahrer die Aufgabe, das Fahrzeug durch korrigierende Eingriffe stabil zu halten. Beispielsweise muss er negative Auswirkungen von Seitenwind oder durch das Befahren von Spurrillen vermeiden. Die Stabilisierungsaufgabe verläuft nach dem fertigkeitsbasierten Verhalten nach Rasmussen und erfolgt innerhalb von einigen Millisekunden [57].

Die Fahraufgabe stellt Anforderungen an den Fahrer, die von der Komplexität der Verkehrssituation abhängig sind. Die Erfüllung dieser Anforderungen hängt von den Fahrereigenschaften, von der bereitgestellten Fahrerunterstützung im Fahrzeug (im Fokus dieser Arbeit: Fahrerassistenzsysteme) und von den Informationen aus gegebener Verkehrssituation ab (vgl. [3]). Hierbei spielt die Fahrerbelastung eine entscheidende Rolle. Denn ein hoher Grad an Belastung erschwert die Informationsverarbeitung, was zu Verkehrsunfällen führen kann.

Die oben genannten Anforderungen können in vier Gruppen unterteilt werden [3]: Anforderungen an die Orientierung (dazu zählen Informationsquellen, Sinnes- und Wahrnehmungsprozesse), Beurteilungsanforderungen, Entscheidungs- und Denkanforderungen sowie Anforderungen an die Fahrzeugbedienung. Bei den Sinnes- und Wahrnehmungsprozessen nimmt der Fahrer die Veränderungen der Umgebung als Signale wahr. Signale sind Reize, die unterschieden und identifiziert werden, bei einer bestimmten Ausprägung eine bestimmte Bedeutung für die Arbeitstätigkeit haben und ein spezifisches Handeln als notwendig erweisen [3]. Beurteilungsanforderungen (z.B. Einschätzung Längs-/Querabstände) sind die Fähigkeit eine Situation einzuschätzen und passende Handlungen abzuleiten. Entscheidungs- und Denkanforderungen (z.B. Auswahl geeigneter Handlungen zur Navigation oder Bahnführung des Fahrzeugs) können einerseits aus diagnostischen Leistungen, die die Ermittlung möglicher Varianten umfassen, und andererseits aus prognostischen Leistungen, die zur Auswahl zweckmäßiger Varianten dienen, bestehen [3]. Die Anforderungen an die Fahrzeugbedienung können anhand der Verarbeitungsleistung des Fahrers bemessen werden (vgl. [3]).

Zur Erfüllung der Fahraufgabenanforderungen können allgemeine Kriterien für unterstützende Systeme abgeleitet werden. Die Sinnes- und Wahrnehmungsprozesse des Fahrers setzen einen hohen Wahrnehmungsgrad relevanter Informationen voraus. Somit ergibt sich die Anforderung den Informationsmangel des Fahrers zu detektieren und auszugleichen. Die Wahrnehmung kann durch Wahrnehmungsschwellen und fehlende Aufmerksamkeit eingeschränkt werden. Dies bedeutet, dass unterstützende Systeme idealerweise die Informationen oberhalb der Wahrnehmungsschwellen an den Fahrer vermitteln. Desweiteren ist die Aufmerksamkeit auf die situationsrelevanten Informationen durch geeignete Maßnahmen zu lenken. Zur Verbesserung der Beurteilungsleistung des Fahrers soll ein unterstützendes System durch geeignete Merkmale eine potenziell kritische Situation erkennen können und geeignete Aktionen auslösen. Die notwendigen Informationen sind zeitnah dem Fahrer zur Verfügung zu stellen, damit er seine

Entscheidungen für die Durchführung der Navigations- und Bahnführungs-aufgabe rechtzeitig treffen kann. Um eine Überforderung der Wahrneh-mung des Fahrers zu vermeiden, sind intuitive und verständliche Unterstüt-zungsmaßnahmen zu wählen.

## 2.2 Einführung in die Fahrerassistenzsysteme

Fahrerassistenzsysteme (FAS) unterstützen den Fahrer bei seiner primären Fahraufgabe. Sie informieren und warnen den Fahrer, erhöhen den Kom-fort, reduzieren Belastung durch Stabilisierung und Manövrieren des Fahr-zeugs und bieten aktive Unterstützung für die Kontrolle der Längs- und/oder Querdynamik. Sie assistieren dem Fahrer, übernehmen aber nicht die komplette Fahraufgabe, so dass die Verantwortung für das Verkehrsge-schehen immer beim Fahrer bleibt (in Anlehnung an [166]). Je nach Her-steller wird die gleiche Assistenzfunktion mit unterschiedlichen Sensor-Aktor-Konzepten realisiert.

Assistenzsysteme, die den Fahrer in der Navigationsebene unterstützen, sind Informationssysteme. Beispiele hierfür sind Navigationsgeräte und Radios, die Stauinformationen ausgeben (s. Abb. 2.2). Auf der Stabilisie-rungsebene wird dem Fahrer durch Systeme der aktiven Sicherheit wie z.B. das Antiblockiersystem (ABS) und das Elektronisches Stabilitätsprogramm (ESP) assistiert.

Die Fahrerassistenzsysteme der Führungsebene, auch Advanced Driver Assistance Systems (ADAS) genannt, unterstützen den Fahrer bei der Fahrzeugführung. Im Gegensatz zu Informationssystemen oder Systemen der aktiven Sicherheit erfordern die Führungsebene-Funktionen die Erken-nung und Auswertung der Fahrzeugumgebung mithilfe von Sensoren, so-wie bei Verfügbarkeit die Sammlung und Bewertung von Infrastruktur-Daten. Ein weiteres Merkmal der Fahrerassistenzsysteme der Führungs-ebene ist die Interaktion mit dem Fahrer. Systeme dieser Ebene können in zwei weitere Unterkategorien aufgeteilt werden [166]. Die erste Untergruppe entlastet den Fahrer bei seinen täglichen Fahraufgaben, wie z.B. das Einhalten eines Sicherheitsabstands zum Vordermann oder die Führung des Fahrzeugs in der eigenen Spur. Bespiele hierfür sind Adaptive Cruise Control (ACC), Lane Change Assist (LCA) und Lane Keep Support (LKS) [166]. Es existieren allerdings auch Systeme der Führungsebene, die nur in sicherheitskritischen Situationen eingreifen. Bei Auffahrsituationen kann der Fahrer durch einen Notbremsassistenten unterstützt werden.

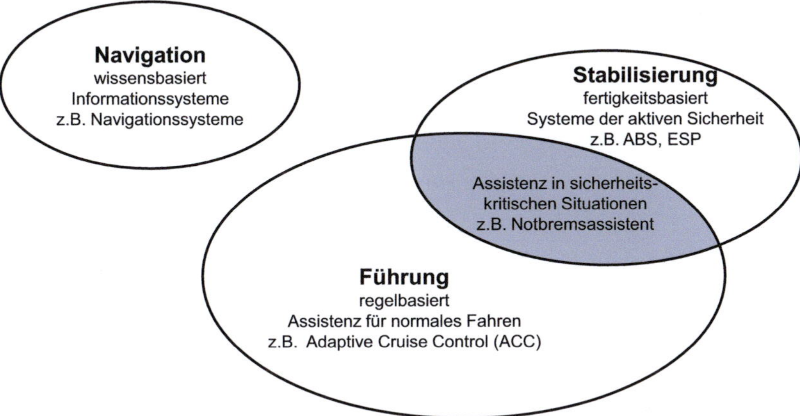


Abb. 2.2:   Kategorisierung der Fahrerassistenzsysteme [166], modifiziert (ins Deutsche übersetzt)

Informationssysteme haben aus heutiger Sicht keinen nennenswerten Beitrag zur Unfallvermeidung und sind somit für den Gegenstand dieser Arbeit nicht relevant. Systeme der aktiven Sicherheit wie ABS und ESP können einen erheblichen Beitrag zur Unfallvermeidung haben, greifen allerdings automatisch in das Geschehen ein. Sie signalisieren zwar ihren Zustand beim Eingriff oder Deaktivieren im Tachobereich, diese Anzeige ist allerdings rein informativ, da ihre Ausgabe erst nach dem Eintreten der Situation stattfindet und eine Reaktion des Fahrers somit kaum möglichst ist.

Hiermit sind die Systeme der aktiven Sicherheit für die Aufgabenstellung dieser Arbeit nicht relevant.

Diese Arbeit fokussiert sich somit auf die Fahrerassistenzsysteme der Führungsebene, die in sicherheitskritischen Situationen mithilfe einer Warnung den Fahrer unterstützen sowie mit fahrerinitiierten und automatischen Eingriffen zur Unfallvermeidung oder Unfallfolgenminderung beitragen. Als Anwendungsbeispiel für die methodische Vorgehensweise dient für diese Arbeit eine Assistenzfunktion der Längsdynamik, ein Notbremsassistent, der im Abschnitt 2.2.2 beschrieben wird. Parallel dazu werden Empfehlungen und Hinweise für Funktionen der Querdynamik beschrieben.

Die Notbremsassistenzfunktion wird abhängig vom Hersteller in unterschiedlichen Ausführungen angeboten. Die Beschreibung erfolgt so, wie sie bei der Arbeit verwendet wurde.

### 2.2.1 Sensoren für Fahrerassistenzsysteme zur Umfelderkennung

Damit ein Assistenzsystem den Fahrer unterstützen kann, muss dieses ähnlich wie der Mensch Gefahren um das Fahrzeug erkennen können. Eine solche Gefährdung kann beispielsweise ein anderes Fahrzeug, ein Mensch und/oder ein Objekt sein. Zur Erfassung der Fahrzeugumgebung und Realisierung der Fahrerassistenzsysteme kommen verschiedene Sensoren zum Einsatz. Abb. 2.3 zeigt eine Übersicht der Sensoren und ihre Reichweite.

Der Long Range Radar (LRR) kann Objekte in einer Entfernung bis zu 250 m innerhalb eines Öffnungswinkels von 30 ° erkennen. Der Radar (Radio Detection and Ranging) sendet elektromagnetische Wellen im Frequenzbereich um 77 GHz aus. Durch eine Empfangsantenne können die reflektierten Wellen wieder empfangen werden und somit Objekte im Bereich vor dem Fahrzeug detektiert werden. Auf Basis des Frequency Modulated Continuous Wave Verfahrens wird die Sendefrequenz kontinuierlich rampenförmig verändert. Aus der gemessenen Frequenzverschiebung, die sich durch die Signallaufzeit und Dopplerverschiebung ausdrücken lässt, werden die Entfernung und Relativgeschwindigkeit zum detektierten Objekt bestimmt [218], [185]. Für den Mittelbereich bzw. Mittelheckbereich wird in den letzten Jahren eine kostengünstigere Alternative angeboten, nämlich der Mid-Range Radar (MRR) bzw. MRR rear. Der Sensor verwendet ein Frequenzband von 76 – 77 GHz, hat eine Reichweite bis 160 m und einen Öffnungswinkel von 45 ° für den Frontbereich bzw. 120 m und 160 ° für den Heckbereich. Der Radarsensor kann die Entfernung und Relativgeschwindigkeit sehr präzise ermitteln, jedoch ist die horizontale Auflösung aufgrund der begrenzten Anzahl von Radarkeulen gering [116].

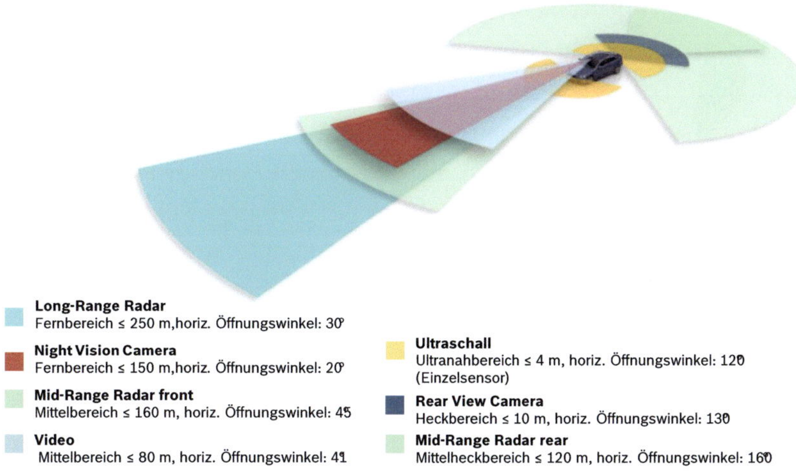


Abb. 2.3:  Sensoren für Fahrerassistenzsysteme und ihre Reichweite [167]

Auf eine ähnliche Weise wie der Radar funktioniert der Lidar-Sensor (Light Detection and Ranging). Der Lidar sendet gepulste Laserstrahlung im nahen Infrarotbereich. Durch die Signallaufzeit wird die Entfernung ermittelt. Im Vergleich zu Radarsystemen haben Lidar-Sensoren eine geringere Reichweite. Vor allem weisen Lidar- aber auch Videosensoren bei schlechter Sicht wie z.B. Regen, Nebel oder Rauch eine verringerte Reichweite auf [185].

Videosensoren sind der grundlegende Bestandteil von Kamerasystemen. Als Bildsensoren werden meistens CMOS (Complementary Metal Oxide Semiconductor) Chips verwendet. Abhängig von der Anwendung werden unterschiedlichen Optiken genutzt. Für den Mittelbereich haben die Videosensoren ein Sichtfeld bis 80 m und 40 °. Bei Nachtsichtsystemen werden Ferninfrarot- oder Nahinfrarot-Bildsensoren angewendet. Die Ferninfrarot-Bildsensoren (FIR) setzten die thermische Strahlung in Grauwerte um und können somit lebende Objekte im fernen Bereich detektieren [7]. Das Sichtfeld von FIR-Night Vision Kamera ist 150 m und 20 °. Bei NIR-Nachtsichtsystemen sind spezielle Scheinwerfer notwendig, die Infrarotlich ausstrahlen. Das reflektierte Infrarotlicht wird vom Kamerasystem verarbeitet und in ein Display angezeigt. Kamerasysteme kommen auch im Nahbereich beispielsweise beim Einparken zum Einsatz. Hierzu haben die Sensoren eine Reichweite bis zu 10 m und Öffnungswinkel von 160 °. Videosensoren haben aufgrund der hohen Pixelzahl eine gute laterale Auflösung, die longitudinale Messgenauigkeit ist jedoch schlecht [116].

Radar und Lidar bieten in radialer Richtung eine hohe und nahezu konstante Erfassungsgenauigkeit. Videosensoren haben dagegen ihre Stärke bei der lateralen und vertikalen Auflösung [185].

Ultraschallsensoren werden überwiegend im Nahbereich für Einparksysteme verwendet. In den letzten Jahren kamen sie auch zum Einsatz zur Erkennung von Fahrzeugen im Totwinkelbereich [9]. Ultraschallsensoren senden Ultraschallimpulse mit einer Frequenz von ca. 48 kHz aus. Durch den Empfang der von einem Hindernis reflektierten Echoimpulse kann die Signallaufzeit und somit die Entfernung zum Objekt ermittelt werden.

Die Anforderungen an die Umfeldsensorik, durch geeignete Merkmale eine potenziell kritische Situation zu erkennen, können heutzutage am besten durch Sensordatenfusion erzielt werden.

### 2.2.2 Der Notbremsassistent Predictive Emergency Braking System (PEBS)

Wie in Abb. 2.2 dargestellt, muss ein sicherheitskritisches FAS sowohl Führungs- als auch Stabilisierungsaufgaben erfüllen. Somit muss das System kritische Fahrereignisse früh genug und zuverlässig erkennen können, um den Fahrer auf die Gefahr aufmerksam zu machen. Abhängig von Fahrerreaktion und Fahrsituation muss das FAS sein Fahrzeugführungsverhalten regelbasiert anpassen und das Fahrzeug in einen stabilen fahrdynamischen Zustand bringen.

Ein solches FAS ist der von Bosch entwickelte Notbremsassistent Predictive Emergency Braking System (PEBS). Die Funktion nutzt vom Radar-Sensor aufgenommene Daten, um ein potenzielles Kollisionsobjekt vor dem Fahrzeug zu erfassen. Mithilfe der ermittelten Distanz und relativen Geschwindigkeit zum detektierten Objekt vorn wird eine kontinuierliche Analyse der Verkehrssituation durchgeführt und entsprechend Unfallvermeidungs- oder Unfallminderungsmaßnahmen eingeleitet.

PEBS besteht aus drei Teilfunktionen, die jeweils verschiedene Fahrfehler adressieren. Abb. 2.4 zeigt die Teilfunktionen - Predictive Collision Warning (PCW), Emergency Braking Assist (EBA) und Automatic Emergency Braking (AEB).

PCW: Die Basis-Teilfunktion für das gesamte PEBS ist PCW. Die Funktion berechnet auf Basis von Radar-Informationen die Vermeidungsverzögerung, die benötigt wird, um eine Kollision mit einem vorausfahrenden Fahrzeug zu vermeiden. Für die Berechnung der Vermeidungsverzögerung werden Annahmen zur Fahrerreaktionszeit getroffen. Unter Reaktionszeit ist hier die Zeit vom Auftreten des kritischen Ereignisses bis zum ersten

Anzeichen einer kollisionsvermeidenden Reaktion (z.B. erste Betätigung des Bremspedals, erste Lenkbewegung beim Ausweichen, etc.) zu verstehen (vgl. [83], [34], [101], [144]).

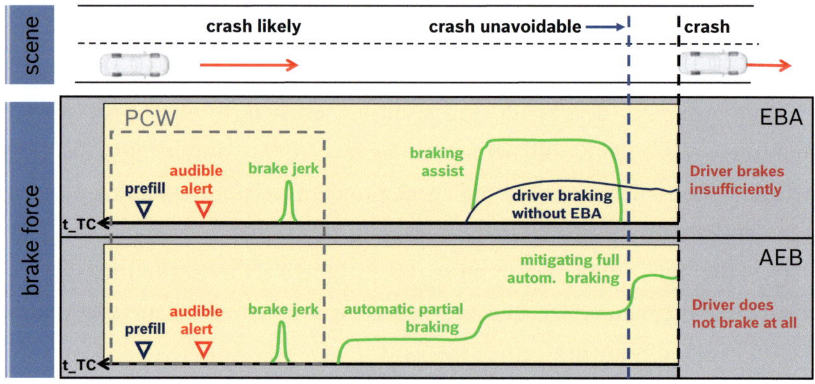


Abb. 2.4: Beschreibung der PEBS-Teilfunktionen [156]

Wird eine kritische Situation identifiziert, triggert die Funktion die Vorbefüllung der Bremskreise, legt die Bremsbeläge an die Bremsscheiben an und senkt die Auslöseschwelle des hydraulischen Bremsassistenten. Unterschreitet die Vermeidungsverzögerung eine bestimmte Schwelle (z.B. -4m/s$^2$), wird der Fahrer über die kritische Situation durch eine Warnkaskade alarmiert. Diese umfasst eine akustische und/oder eine optische Warnung, gefolgt von einem Bremsruck. Der Zeitpunkt der Auslösung der Warnkaskade ist abhängig vom Fahrerverhalten. Ein Algorithmus klassifiziert die Fahreraktivität und ermittelt einen geeigneten Warnzeitpunkt (auch als Warndilemma bekannt), damit der Fahrer genügend Zeit zum Reagieren hat und sich von einer viel zu früheren Warnung nicht gestört fühlt (vgl. [215], [92]).

EBA: Als Erweiterung von PCW berechnet EBA kontinuierlich die benötigte Verzögerung, um einen Aufprall zu vermeiden. Reagiert der Fahrer in einer kritischen Situation durch eine Betätigung der Bremse, bringt aber ungenügend Bremskraft auf den Bremspedal, wird EBA aktiviert und die Verzögerung erhöht, so dass die Kollision vermieden werden kann. Dieser Bremseingriff wird auch Zielbremsung genannt. Voraussetzung für die Auslösung von EBA ist die Fahrerbremsung, die eine bestimmte Schwelle überschreiten muss, um mögliche Fehlauslösungen zu vermeiden. Falls der Fahrer zu spät reagiert und der Zusammenstoß nicht mehr zu verhindern ist, wird die maximale mögliche Verzögerung zur Minimierung der Unfallschwere ausgelöst.

AEB: Im Gegensatz zu EBA bremst AEB auch ohne Fahrerbremsung. Zum Gewinn zusätzlicher Zeit für die Fahrerreaktion wird eine automatische Teilbremsung mit $0.3 \times g$ gleich nach der Warnkaskade angelegt. Falls der Fahrer nach einer bestimmte Zeit immer noch keine Reaktion zeigt, wird der automatischen Eingriff auf $0.6 \times g$ erhöht. Reagiert der Fahrer mit einer Bremsung, wird die automatische Bremsung unterbrochen und der EBA-Bremssupport ermöglicht. Im Falle einer fehlenden Fahrerreaktion und eines unvermeidbaren Unfalls wird eine automatische Bremsung mit der maximal möglichen Verzögerung ausgelöst, um die Fahrzeuggeschwindigkeit zu verringern und die Kollisionsfolgen zu mindern. Für diese Funktion wird normalerweise zusätzlich ein Kamera-Sensor vorausgesetzt, um die höchste Zuverlässigkeit der Objekterkennung bereitzustellen und Fehlauslösungen zu verhindern.

## 2.3 Fahrer-Fahrzeug-Interaktion in kritischen Situationen

Damit FAS Nutzen in Bezug auf Unfallvermeidung oder Unfallfolgenminderung erzielen können, ist neben ihrer Funktionalität die Interaktion mit dem Fahrer von großer Bedeutung. Die Schnittstelle zwischen Fahrer und Fahrzeug in kritischen Situationen wird durch Teilfunktionen wie Kollisionswarnsysteme und/oder automatische Eingriffe abgebildet. Sie unterstützen den Fahrer bei der Wahrnehmung seines Umfelds, machen ihn auf die drohende Gefahr aufmerksam und helfen bei der Wahl einer kollisionsvermeidenden Handlung.

Im Folgenden wird auf Aspekte für die Fahrerinteraktion mit Kollisionswarnsystemen und mit automatischen Systemeingriffen eingegangen, die wichtig für die Nutzenuntersuchung und –Optimierung von Fahrerassistenzsystemen sind.

### 2.3.1  Fahrerinteraktion mit Kollisionswarnsystemen

Dieser Abschnitt behandelt die Fahrerinteraktion mit Kollisionswarnsystemen insbesondere die Gestaltung von Kollisionswarnsystemen wie die Warnmodalitäten, der Warnzeitpunkt und die Systemakzeptanz.

## Modalitäten

Der Mensch nimmt seine Umgebung über fünf Sinneskanäle – visueller, auditiver, haptischer, olfaktorischer und gustatorischer Sinneskanal – wahr [166]. Kollisionswarnsysteme nutzen die visuelle, auditive und haptische Informationsperzeption, um mit dem Fahrer zu interagieren. Im Folgenden werden diese drei Warnmodalitäten eingeführt und erläutert.

### Visuelle Warnungen

Visuelle Warnungen sind vorteilhaft aufgrund ihrer Form, Beschriftung und Farbe, womit sie Informationen vermitteln können, die durch akustische oder haptische Signale nicht vermittelt werden können. Ihre Einschränkung liegt darin, dass sie im Blickfeld des Fahrers liegen müssen, um wahrgenommen zu werden. Statische Symbole können außerhalb von 20 ° nicht erfasst werden, können aber mithilfe einer Blinkfrequenz detektierbar gemacht werden [76] und die Aufmerksamkeit auf die Situation richten. Hierzu empfehlen die Autoren von [141], [170] eine Frequenz zwischen 2 - 3 Hz und 10 Hz. Durch die zeitliche Dynamik und die Farbe des Symbols kann die Dringlichkeit abgebildet werden. Für unmittelbare Kollisionswarnungen sind rote, stark leuchtende Bildelemente zu nutzen [102], [105]. Um die Fahreraufmerksamkeit zu lenken, schlagen [102] und [115] vor, die visuellen Warnungen in der Nähe der direkten Blickrichtung beispielsweise mithilfe von Head-Up Displays (HUD) anzuzeigen. [73] weist sogar eine signifikante Reduktion der Reaktionszeiten um ca. 200 ms durch Warnungen nach, die in einem HUD projiziert wurden.

### *Akustische Warnungen*

Akustische Warnungen sind gut für die Erregung der Aufmerksamkeit und sind blickrichtungsfrei. Ein Nachteil der auditiven Signale ist der erhöhte Störfaktor, wenn Warnungen falsch ausgegeben werden [132]. Es ist eine Frequenz zwischen 500 und 2000 Hz zu verwenden [102]. Das Signal soll trotz Hintergrundgeräusch deutlich hörbar sein. Sein Signalpegel sollte dazu zwischen 10 − 15 dB über dem Hintergrundgeräusch liegen [102], [52].

Akustische Warnungen lassen sich in drei Unterkategorien einteilen.

Earcons sind abstrakte, synthetische Töne, deren Verwendung in der Luftfahrt bekannt ist. Ein Nachteil von Earcons ist, dass ihre Bedeutung und die damit verbundene Handlung zuerst trainiert werden müssen [34]. Über die Verwendung unterschiedlicher Pulse und die Abstände zwischen ihnen kann die Dringlichkeitswahrnehmung beeinflusst werden [50].

Auditory Icons sind Umgebungsgeräusche, die intuitiv die Informationen über die kritische Situation vermitteln sollen (z.B. Reifenquietschen, Autohupe).

Speech Messages sind sprachliche Warnungen, die auf die Situation hinweisen (z.B. „Bremsen", „Gefahr"). Für potenziell drohende Kollision sollen die sprachlichen Warnungen möglichst aus einem Wort bestehen, damit sie gleich verstanden werden [102], [93], [35]. Die sprachliche Ausgabe ist länderspezifisch anzupassen.

Es existiert auch eine Mischform von akustischen Warnungen, die sich Hybricons nennen. Hybricons sind eine Kombination aus Earcon und Auditory Icon, deren Ziel die Erhöhung der Verständlichkeit und gleichzeitig ihrer Akzeptanz ist [51].

Auditory Icons reduzieren die Reaktionszeiten [12], [81], erhöhen aber im Gegensatz zu Earcons und Speech Messages die Anzahl der unangemessenen Bremsreaktionen bei falschen Warnungen (15,6% auditory icons, 9,4% earcon, 8,3% speech message) [81].

In [113] und [35] wird beobachtet, dass Speech Messages eventuell weniger für unmittelbare Kollisionswarnungen geeignet sind. In [128] wird allerdings gezeigt, dass verbale Warnungen kürzere Reaktionszeiten als Earcons erzielen. Dies bedeutet, dass die Effektivität der verbalen Aussagen vom verwendeten Kontext abhängig ist.


### *Haptische Warnungen*


Der Hauptvorteil haptischer Warnungen ist ihre omnidirektionale Eigenschaft. Sie können effektiv bei der Vermittlung zeitkritischer Informationen für einen Fahrer sein, der unaufmerksam ist oder aus irgendeinem Grund eine akustische Warnung nicht hören würde. In [138] und [193] wird der potenzielle Nutzen von haptischen Warnungen insbesondere für abgelenkte Fahrer gezeigt. Haptische Warnungen weisen höhere Effektivität auf, wenn sie mit anderen Modalitäten (akustisch oder visuell) kombiniert werden [113], [24].

In [34] wird die Nutzung eines Bremsrucks für Forward Collision Warning (FCW) empfohlen. Die Stärke und Dauer des Bremsrucks wirkt sich nicht auf das Fahrerbremsverhalten aus [194]. Bei Fehlauslösungen allerdings wird der Bremsruck intensiver als bei korrekten Warnungen wahrgenommen [194].

Direktionale Lenkradmomente sind eine gute Warnstrategie für LCA-Systeme [34]. Untersuchungen zeigen, dass diskrete Drehmomente wirksam sein können, indem der Fahrer aufgefordert wird, unsichere Spurwechsel abzubrechen [66], [175]. Die Nutzung von Drehmoment-basierten Warnungen beeinflussen die normalen Fahrer Lenk-Bewegungen nicht [175].

Studien zeigen die Effektivität von Gaspedal-Gegenkraft, indem die Fahrer schneller das Fahrpedal loslassen [66], [138]. Gaspedal-basierte haptische Warnungen sind für zeitkritische Situationen nicht zu empfehlen, da der Fahrerfuß immer auf dem Pedal platziert sein muss, um diese wahrzunehmen [34]. Sie kann bei überhöhter Geschwindigkeit oder zu geringem Abstand als Warnung hilfreich sein.

Sitzvibration zeichnete sich als besonders effektiv für Lane Departure Warning (LDW) aus [125]. Diese wird von den Fahrern leicht erkannt und verstanden.

## Gestaltung von Kollisionswarnsystemen

In diesem Abschnitt werden mehrere Aspekte diskutiert, die sich auf die Fahrer-Fahrzeug-Interaktion auswirken und wichtig für die Gestaltung von Kollisionswarnsystemen sind.

In [101] werden die folgenden acht Grundsätze für zeitkritische Kollisionswarnungen basierend auf Richtlinien und wissenschaftlicher Literatur abgeleitet.

1) *Die Warnungen sollten wahrnehmbar und deutlich erkennbar in der Fahrumgebung sein.* Damit eine Warnung nicht verpasst wird oder aufgrund anderer Perzeptionen nicht wahrgenommen wird, sollte die Warnung eine Mindestintensität aufweisen [105]. Je intensiver und dringlicher eine Warnung ist, desto schneller und stärker ist die Fahrerreaktion darauf [24], [83]. Dementsprechend führt die höhere Intensität

im Fehlauslösungsfall zum leichteren Erschrecken.

Laut Wickens Multiple Ressourcen-Theorie [209] würden mehrere Reize, die mit der gleichen Modalität hervorgerufen werden (wie z.B. mehr als eine visuelle Ausgabe), sich gegenseitig stören. Warnungen, die nur in einer Modalität präsentiert werden, können „überhört" werden, wenn diese Modalität schon belegt ist. Die Ausgabe der Warnung in mehrere Modalitäten erhöht die Wahrscheinlichkeit der Wahrnehmung. Die Redundanz der Information verstärkt die Dringlichkeit und somit steigt die Wahrscheinlichkeit einer rechtzeitigen Fahrerreaktion. Untersuchungen zeigen, dass die Menschen viel schneller auf eine multimodale als auf eine unimodale Warnung reagieren [12] und dass die Fahrer eine multimodale Wiedergabe bevorzugen [135]. Damit eine Warnung detektiert und wahrgenommen werden kann, sollte sie in mindestens zwei Modalitäten angezeigt werden [101]. Akustische oder haptische Signale sollten als primäre Warnung verwendet werden [217], [113]. Eine zusätzliche visuelle Warnung kann einen „Back-up"- Kommunikationskanal herstellen, falls im Auto ein hoher Geräuschpegel existiert [113], [44], [34].

2) *Die Warnungen sollten unterscheidbar von anderen, nicht zeitkritischen Warnungen sein.* Die Warnmeldung sollte eindeutig für den Fahrer sein und sollte ohne Verwechslung verstanden werden. Sie sollte sofort erkennbar sein, um eine zeitnahe und geeignete Reaktion zu erlauben. Die Warnungen / Symbole, die über unterschiedliche Situationen bzw. Gefahren warnen sollen, sind so zu konzipieren, dass sie nicht im Konflikt miteinander stehen und verwechselt werden. Beispielsweise sollte eine Kollisionswarnung für Auffahrunfälle sofort unterscheidbar von einem LDW-Signal sein.

3) *Die Warnungen sollten räumliche Hinweise über die Gefahrenstelle geben.* Warnungen sollten über die Richtung und Lage der Gefahr informieren. Die Gefährdung kann sich im vorderen oder hinteren Be-

reich oder seitlich befinden. Die Lenkung der Fahreraufmerksamkeit auf die Gefahrenquelle kann zu einer beschleunigten und angemessenen Reaktion führen.

Orientierungshinweise können anhand visueller, akustischer oder haptischer Anzeigen vermittelt werden. In [191] wird gezeigt, dass die wahrgenommene direktionale akustische Warnung zur Lenkung der Fahreraufmerksamkeit in die Richtung der möglichen Kollisionsgefahr fördern kann.

Falls es nicht möglich ist, räumliche Hinweise bereitzustellen, sollte bei der Gestaltung von Warnungen drauf geachtet werden, dass die Fahreraufmerksamkeit nicht unangebracht von der Gefahr weg gelenkt wird.

4) *Die Warnungen sollten den Fahrer über die Gefahr informieren.* Kollisionswarnungen sollten den Fahrer über die Art der Gefahr informieren. Das System kann ebenfalls eine Vermeidungshandlungsempfehlung ausgeben. In diesem Sinne sind die Warnungen kompatibel zur Gefahrensituation zu gestalten [83], [86]. Unter Kompatibilität sind hier die zur Situation passende Bedeutung, Handlung und/oder Effekte zu verstehen [117]. Kompatible Warnungen rufen schnellere und richtigere Vermeidungshandlungen hervor [88], [[195] zitiert nach [117]]. Beispielsweise werden ein Bremsruck oder Verzögerungen zur Auslösung einer Bremsreaktion für die Längsführung sowie Signale am Lenkrad für die Querführung empfohlen [194].

5) *Die Warnungen sollten eine rechtzeitige, zeitnahe Reaktion und Entscheidung hervorrufen.* Der Warnzeitpunkt ist ein anderes wichtiges Thema bei der Gestaltung von Kollisionswarnsystemen. Einerseits sollte der Fahrer genügend Zeit zum Reagieren bekommen. Untersuchungen zeigen hierbei, dass frühere Warnungen mehr Nutzen als spätere Warnungen bringen, da die Fahrer früher reagieren können [1], [142]. Frühere Warnungen sind effektiver als spätere Warnungen auch

im Bezug auf die Anzahl der vermiedenen Unfälle bzw. der reduzierten Kollisionsgeschwindigkeit und somit verminderten Kollisionsschwere [126]. Zu späte Warnungen können zu einer zusätzlichen Ablenkung des Fahrers führen, während er ein Ausweichmanöver ausführt oder plant [142].

Andererseits können zu frühe Warnungen zur erhöhten Fehlauslöserate führen und dazu, dass der Fahrer den Warnhintergrund nicht erkennt. Dies kann zu einer Verärgerung und erhöhtem Störungsmaß des Fahrers führen, deren Folge die Deaktivierung des Systems sein kann. In [113] schlagen die Autoren für die Auslösung von Kollisionswarnsystemen eine Akzeptanzzone vor. Der früheste Warnzeitpunkt dieser Zone ist anhand des Gleichgewichts zwischen dem Nutzen des Systems und der Fehlauslöserate auszuwählen bzw. einzustellen [130], [113]. Der späteste Warnzeitpunkt der Zone ist auf die Bremsfbereitschaft des Fahrers bzw. des Fahrzeugs in unterschiedlichen kinematischen Situationen festzulegen [113].

6) *Mehrere Warnungen sollten priorisiert werden.* Bei der steigenden Anzahl von Systemen im Fahrzeug können mehrere verschiedene Warnungen dem Fahrer angezeigt werden. Wenn diese Warnungen nicht koordiniert werden, findet eine parallele Darstellung statt, die zur Beeinträchtigung der Verkehrssicherheit führen kann. Damit der Fahrer zeitkritische Informationen aufgrund anderer Warnungen nicht verpasst, sollte die Ausgabe von kollisionsvermeidenden Systemen hoch priorisiert werden [106]. Ansätze und Konzepte zur Koordination von Warnungen können in [58] und [129] gefunden werden.

7) *Störende Fehlauslösungen sollen selten auftreten.* Das Thema Fehlauslösungen bzw. falsche Warnungen wurde schon mehrmals angesprochen. Es existieren zwei Arten. Fehlauslösungen (false positives) sind Warnungen, die in unkritischen Situationen ausgegeben werden. Ausbleibende Warnungen (false negatives) treten auf, wenn das System

keinen Hinweis auf eine Gefahr auslöst.

Fehlauslösungen können zum Erschrecken, zur Verärgerung oder Ablenkung der Fahrer aufgrund der Warnungsintensität führen [130], [137]. Abhängig von der Situation und Fahrzeugumgebung kann die Fehlwarnung zu einer unnötigen Ablenkung führen [137], [34].

Falsche Warnungen führen meistens zu nicht benötigten Geschwindigkeitsreduktionen [137], [97], die abhängig von der Dauer und Stärke der ausgegebenen Verzögerung sind und ggf. auch zu Unfällen beispielsweise mit dem Nachfolgeverkehr führen können. In [80] wird das Fahrerverhalten bei Fehlauslösungen abhängig vom Fahrerzustand untersucht. Aufmerksame Fahrer passen ihr Bremsverhalten an die zunehmende Fehlauslöseraten an, indem weniger Reaktionen am Bremspedal (Reduktion von 81% auf 6%) erfolgen. Im abgelenkten Fall dagegen bleibt die Bremsreaktionsrate bei einer steigenden Fehlauslöserate fast konstant.

Eine hohe Anzahl an Fehlauslösungen und ihre Auswirkungen auf das Fahrerverhalten kann sich negativ auf den Systemnutzen, auf die Akzeptanz und die Kaufbereitschaft auswirken, da die Fahrer kein Vertrauen mehr in das System haben und dazu neigen, dieses zu deaktivieren. Aus diesem Grund sollte die Rate der Fehlauslösungen möglichst gering sein.

8) *Ein nicht arbeitendes System und verminderte Warnperformance sollte angezeigt werden.* Der Fahrer sollte darüber informiert werden, wenn das System außer Betrieb oder defekt ist. Dies kann beispielsweise durch eine permanent angezeigte visuelle Nachricht erfolgen [44].

### 2.3.2 Fahrerinteraktion mit automatischen Systemeingriffen

Neben der Interaktion des Fahrers mit einem Kollisionswarnsystem, bei dem seine Reaktion erwartet und unterstützt wird, ist auch seine Wechselwirkung mit automatischen Systemeingriffen wichtig.

**Systemeingriffe in Querrichtung**

Im Folgenden wird die Interaktion des Fahrers mit automatischen Systemen, die in die Querrichtung eingreifen, erörtert.

Bei den Probandenversuchen in einem statischen Simulator von [84], [[85] zitiert nach [117]] wurde das Fahrerverhalten unter Ablenkung mit automatischen Quereingriffen untersucht. Die Systemeingriffe wurden als Lenkraddrehmoment dargestellt. Verglichen mit dem Fall ohne Eingriff zeigte das Lenksystem eine Reduktion der mittlere lateralen Abweichung um ca. 30%. Die Folgen einer Nebenaufgabe auf die Spurhaltung können von 20% ohne Eingriff auf 4% mit Lenkeingriff reduziert werden.

In [14], [13] werden im Rahmen des PRORETA-Projekts die Reaktionen auf unterschiedliche Lenkimpulse untersucht, bei dem der Fahrer durch eine schnelle, sprungförmige Hinzugabe eines Lenkwinkels unterstützt wird. Die Fahrer reagierten mit einer Übersteuerung des Lenkeingriffs. Die Hälfte der Probanden gab an, dass das Fahrzeug ihrer Lenkbewegung gefolgt ist, d.h. sie haben den Eingriff nicht als solchen wahrgenommen.

Nach [190], [222], [[15] zitiert nach [117]] lösen Zusatzlenkmomente eine reflexartige Gegenlenkung aus. Eine reflexartige Lenkungsstabilisierung des Fahrers kann durch plötzliche ruckartige Eingriffe hervorgerufen werden, die als störende Fahrzeugreaktionen verstanden werden [[190] zitiert nach [117]].

**Systemeingriffe in Längsrichtung**

In [97], [98], [74], [68] werden mehrere Frontalkollisionsmaßnahmen mit dem EVITA-Testverfahren auf einer Teststrecke (vgl. Abschnitt 2.5.4) untersucht. Hierzu vergleichen sie eine akustische Warnung (auditory icon: Reifenquietschen), ein optisches Symbol mit Sitzvibration (S&S), einen Bremsruck (Jerk), eine automatische Teilbremsung ($-6m/s^2$) und eine Vollbremsung ($-10m/s^2$) [97], [98]. Die automatische Teil- und Vollbremsung, die maximal 1,3 s andauern, bauen signifikant mehr Geschwindigkeit als die Baseline[1] sowie alle einzelnen Warnkonzepte (akustische Warnung, S&S und Bremsruck) ab. Bei den Blickzuwendungszeiten der einzelnen Gruppen existieren signifikante Unterschiede (bis auf die Baseline, da bei diesen Gruppen kein externes Signal vorhanden ist, auf dem die Reaktion bezogen werden kann). S&S zeigt signifikant längere Reaktionszeiten verglichen zu der akustischen Warnung, dem Bremsruck sowie der Vollbremsung. Alle Warnungen und Eingriffe ausgenommen S&S zeigen vergleichbar lange Blickzuwendungszeiten. Daraus folgt, dass die automatische Eingriffe keinen Einfluss auf die Blickzuwendungszeit (bis auf den Vergleich zu S&S) haben. Diese Behauptung lässt sich durch die gemessenen Gesamtreaktionszeiten bestätigen. Es existiert kein signifikanter Unterschied zwischen den einzelnen Gruppen, d.h. automatische Eingriffe bewirken vergleichbare Bremsreaktionszeiten. Ein Vergleich zwischen den Baseline-Reaktionszeiten und den untersuchten Warnungen und Eingriffen, die im Anhang von [97] zu finden sind, zeigt ebenfalls keinen signifikanten Unterschied auch gegenüber der Voll- und Teilbremsung. Daraus folgt, dass die Einleitung der Bremsreaktion unabhängig von der Warn- oder Eingriffsstrategie ist. Durch die Aktivität der Beinmuskulatur lässt sich nachweisen, dass die Fahrer unabhängig von der Stärke des Eingriffs (Teil- oder Vollbremsung) vergleichbar stark mitbremsen [74], [68]. Die Probanden konnten somit keinen Unterschied zwischen der Voll- und Teilverzögerung feststellen und leiten selbstständig eine möglichst starke Bremsung ein. Die Autoren erklären diesen Effekt durch den Aufbau einer Verzögerung im Fahrzeug. Dieser ist unabhängig von der Sollverzögerung des Eingriffs, was die Ursache für die gleiche fahrdynamische Wahrnehmung zu Beginn des Verzögerungsaufbaus ist.

---

[1] Gruppe, die ohne Unterstützung gefahren ist.

Bei Fehlauslösungen wird der höchste Geschwindigkeitsabbau durch eine Vollbremsung bis zum Stillstand erzielt [97], [98]. Verglichen mit der Vollbremsung zeigen die Teilbremsung, die akustische Warnung und der Bremsruck einen signifikant niedrigeren Geschwindigkeitsabbau. Bei S&S ist die maximale Geschwindigkeit, die abgebaut wird, 6 km/h. Bei der akustischen Warnung und dem Bremsruck liegen 70% der Werte bei einer Geschwindigkeitsreduktion von 15 km/h. Wenn solche Werte in der Realität vorkommen, würden Fehlauslösungen zu vielen Unfällen mit dem nachfolgenden Verkehr führen. Die Autoren erklären diese deutlich hohen Werte durch die Anpassung des Fahrerverhaltens an den Versuchsablauf, um eine möglichst optimale kollisionsvermeidende Reaktion zu erzeugen. Sie empfehlen weitere Untersuchungen des Fahrerverhaltens bei Fehlauslösungen [97], [98]. Während der automatischen Eingriffe wird zusätzlich die emotionale Beanspruchung gemessen. Die Herzschlagfrequenz und der Hautleitwert zeigen dabei keine Veränderung. Die Autoren leiten daraus ab, dass die automatischen Eingriffe keinen Einfluss auf die Fahrerbeanspruchung haben [74].

In einer weiteren Untersuchung wurden die Auswirkungen von berechtigten und unberechtigten automatischen Notbremsungen auf das Fahrerverhalten untersucht [65]. Bei der unberechtigten Auslösung wurde durch die Notbremsung ca. 21% der mittleren Geschwindigkeit reduziert, die 57 km/h betrug [65]. Hierbei hat der Eingriff maximal 500 ms gedauert und hatte eine Stärke von -10 m/s$^2$. 24% der Probanden gingen unmittelbar nach der Fehlauslösung vom Gaspedal, 21% bremsten, 21% zeigten zuerst keine Pedalbetätigung und bremsten erst später, sowie 31% führten keine Pedalbetätigung durch. Nur bei einem Fahrer wurde eine extreme Reaktion beobachtet, er gibt über 3 s lang stark Gas [65]. Bei den unberechtigten Notbremsungen beobachten die Autoren verstärkt eine unwillkürliche Betätigung des Fahrpedals, die aufgrund einer Körperbewegung nach dem Trägheitsprinzip beim unvorhergesehenen Bremsen erfolgt. Dieses Ergebnis wird bei den Untersuchungen von [13], [14] ebenfalls bestätigt. Nach ca. 1 s betätigen die Fahrer das Bremspedal. Die Mehrheit der Probanden hat mit Panik und Angst auf die Notbremsung reagiert.

Die Ergebnisse der erläuterten Untersuchungen zeigen, dass automatische Bremseingriffe einen wichtigen und wesentlichen Beitrag zur Geschwindigkeitsreduktion in kritischen Situationen leisten. Im Vergleich zu akustischen Warnungen und einem Bremsruck erzielen diese als Hauptwarnung jedoch ähnliche Reaktionszeiten. Um unerwünschte Reaktionen bei Fehlauslösungen zu vermeiden, sind automatische Eingriffe eher nach einer optischen, akustischen und/oder haptischen Hauptwarnung zur Gewinnung zusätzlicher Reaktionszeit zu nutzen.

## 2.4 Grundlagen der Fahrermodelle

In der Literatur findet man viele Autoren, die sich mit der Nachbildung und Modellierung des komplexen menschlichen Verhaltens befasst haben. [37] unterscheidet zwischen deskriptiven und motivationsbasierten Fahrermodellen, die im folgenden Abschnitt vorgestellt werden. Die deskriptiven Modelle beschreiben Teile oder die Gesamtheit der Fahraufgabe in Bezug auf das, was der Fahrer tun muss. Die motivationsbasierten Fahrermodelle bilden das Fahrerverhalten in schwierigen oder riskanten Problemsituationen ab. Zusätzlich wird in dieser Arbeit eine neue Fahrermodellart vorgestellt, die hier anwendungsorientiert benannt wird und eine Kombination aus den oben genannten Modellarten darstellen kann. Diese wurden für eine konkrete Anwendung konzipiert und sind aufgrund der zu hohen Spezifikation auf einem bestimmten Fall nicht auf die Allgemeinheit übertragbar.

Die vorgestellten Modelle werden in Kapitel 5 hinsichtlich ihrer Weiterverwendung für diese Arbeit bewertet.

### 2.4.1 Deskriptive Modelle

## Das Modell von Donges

Das Modell von Donges [56], welches bereits in Abb. 1.1 vorgestellt wurde, beschreibt die Fahreraufgabe und die hierarchische Abhängigkeit der Handlungen in verschiedenen Zeitintervallen. Das Modell berücksichtigt die Fahrsituation und das langfristige Umgebungsgeschehen, spezifiziert jedoch nicht, wie diese die einzelnen Handlungsebenen beeinflussen. Somit beinhaltet es keine motivationalen Aspekte. Die einzige Schlussfolgerung, die vom Modell gezogen werden kann, ist, dass ein Inputausfall zur Störung der Ausführung der Aufgabe führen kann.

## Das Modell von McRuer et al.

Das Modell von Mc Ruer et al. [143] beschreibt den Fahrer mithilfe von Führungsgröße (Eingangsgröße), Regelgröße (Ausgangsgröße) und Rückführungen als ein Regelungsmodell. Abb. 2.5 gibt das Fahrerlenkverhalten als Modell wieder. Die aktuelle laterale Position (lateral position) und der gewünschte Pfad werden verglichen und bei einer vorhandenen Abweichung wird ein Korrekturlenkeingriff ausgelöst. Dieser Eingriff wird dann mit dem aktuellen Gierwinkel (heading angle) abgeglichen. Falls erforderlich wird eine Lenkwinkeländerung angesteuert. Die Aufgaben des Fahrers im Teilmodell Driver beinhalten die Folgeabstandseinsteuerung (pursuit control) und die präkognitive Steuerung (precognitive control). Die Folgeabstandseinsteuerung bildet die Fahrerfähigkeit nach, den Kurvenradius anhand der momentanen, sichtbaren Umgebungsinformationen abzuschätzen. Die präkognitive Steuerung besteht aus zuvor erlernten Steuerungseingriffen, die von der aktuellen Situation und Fahrzeugbewegung ausgelöst werden.

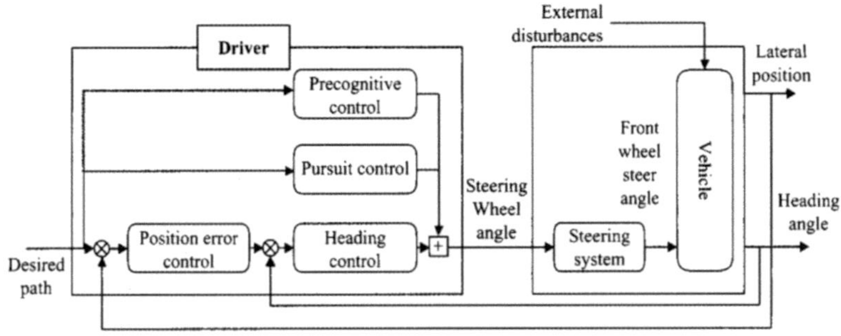


Abb. 2.5:   Modell zur Fahrzeuglenkung nach McRuer et al. [143]

Das Modell von McRuer et al. kann nur zur Nachbildung von Fahrerlenkverhalten auf geraden Strecken und Straßen mit kleinen Kurvenradien erfolgreich eingesetzt werden [165]. Die visuelle Orientierung an der Umgebung ist zu verbessern [144].

### 2.4.2  Motivationsbasierte Modelle

Motivationsbasierte Modelle beschreiben die Hintergründe und die Motivationen sowie Einflussfaktoren für die Entscheidung des Fahrers bei einer bestimmten Handlung. Die verschiedenen Modelle legen ihre Schwerpunkte auf unterschiedliche Aspekte und berücksichtigen somit verschiedene Ursachen. Im Folgenden werden die bekanntesten motivationsbasierten Modelle vorgestellt und diskutiert.

### Das Modell von Wilde

Der Fokus des Fahrermodells von Wilde [213] liegt auf dem Fahrerrisikoverhalten (s. Abb. 2.6).

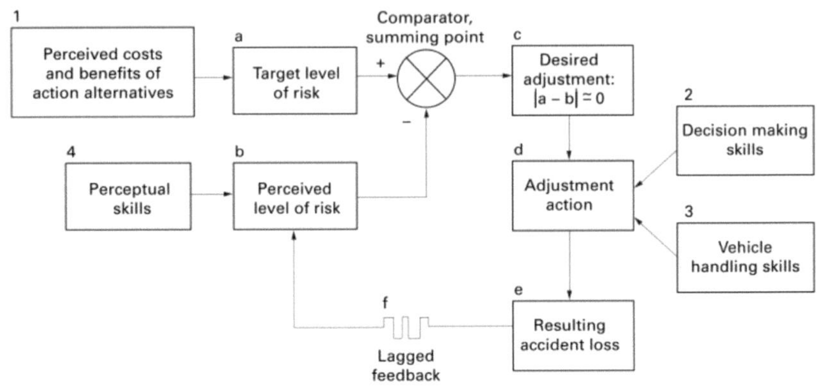


Abb. 2.6:    Das Modell von Wilde [213]

Bei einem der bekanntesten Risikomodelle wird die Bereitschaft des Fahrers, ein Risiko anzugehen, in Abhängigkeit vom erwarteten Nutzen (z. B. kurze Fahrtzeiten) und den erwarteten Kosten (z. B. mögliche Kollisionen) dargestellt. Dabei wird angenommen, dass jeder Fahrer ein persönlich-akzeptiertes Risikoniveau besitzt, das an die Umweltbedingungen angepasst wird. Bei einer Fahrt vergleicht der Fahrer sein akzeptiertes Ziel-Risikoniveau (Soll-Wert) mit dem aktuellen wahrgenommenen Risiko (Ist-Wert). Die Abweichung kompensiert er durch seine Fahrweise in Abhängigkeit von seinem Urteilsvermögen und seinen Fahrfähigkeiten, wobei der Fahrer nicht eine Risikominimierung sondern eine Risikooptimierung beabsichtigt [[214] zitiert nach [213]]. Jede Handlung ist verbunden mit einer bestimmten Unfallwahrscheinlichkeit, deren Summe in einem Jahr die Jahresunfallrate erklärt [213]. Diese Rate hat wiederum einen Einfluss auf das wahrgenommene Risikoniveau.

Wilde validiert sein Modell durch den in Schweden in 1967 durchgeführten Wechsel vom Links- zum Rechtsverkehr. Kurz nach diesem Ereignis sank die Rate der schweren Unfälle. Wilde erklärt diesen Effekt durch die Anpassung des Fahrerverhaltens an eine sicherere Fahrweise, da durch den

Wechsel das Risikoniveau plötzlich gestiegen ist. Nachdem die Fahrer sich an die neue Verkehrssituation angepasst haben, nahm ihr Vertrauen an ihr Fahrkönnen bzw. das wahrgenommene Risikoniveau zu. Die Folge war der Anstieg der Unfallrate auf dasselbe Niveau wie vor dem Richtungswechsel. Das Modell von Wilde eignet sich in dieser Form nicht für die Prädiktion des Fahrerverhaltens. Grund dafür ist die unbewusste Bildung des wahrgenommenen und akzeptierten Risikoniveaus beim Fahrer. Somit ist die Erfassung dieser unbewussten Risikobildung in Form eines vorhandenen oder nicht vorhandenen Zielrisikoniveaus, wie es bei Wilde definiert ist, zurzeit nicht möglich [201].

## Das Modell von Rumar

Rumar legt den Schwerpunkt seines Modells [169] auf die Fahrerinformationsverarbeitung. Das in Abb. 2.7 veranschaulichte Modell berücksichtigt für die Beschreibung der Fahraufgabe menschliche Funktionen wie Motivation, Erwartung, Erfahrung und Aufmerksamkeit.

Die Motivation und Erfahrung wirken sich auf die Aufmerksamkeitsrichtung und -Stärke sowie auf die Erwartung aus. Diese beeinflussen entsprechend die sensorischen Prozesse, die Wahrnehmungsstruktur und direkt die Entscheidungsprozesse. Die dargestellten Filter repräsentieren verschiedene Einschränkungen, die zu einem Fahrerfehlverhalten führen können. Physikalische Filter beziehen sich auf Sichteinschränkungen oder Reizmarkierungen. Wahrnehmungsfilter beziehen sich auf Einschränkungen der menschlichen Wahrnehmung (z.B. Nachtsicht, Geschwindigkeits- oder Verzögerungswahrnehmung) und kognitive auf psychologische Mechanismen [184]. Das Ergebnis der Informationsverarbeitungskette ist das Fahrerreaktionsverhalten.

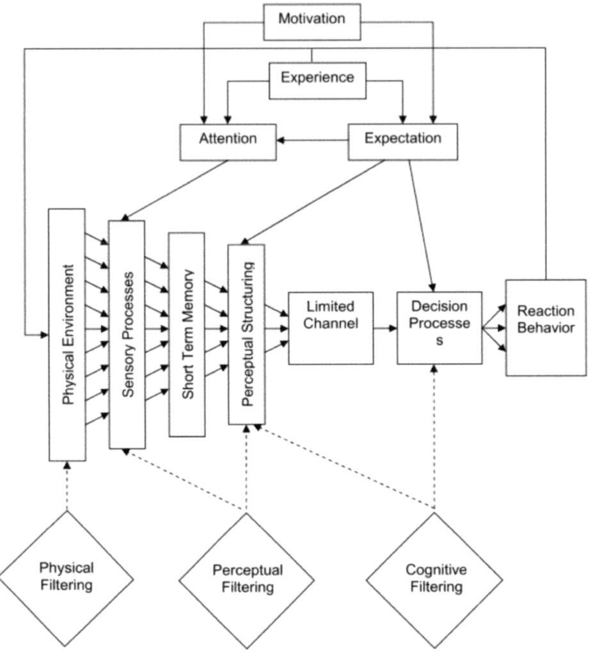


Abb. 2.7:    Das Modell von Rumar [169]

## Das Modell von Näätänen und Summala

Ein weiteres motivationsbasiertes Fahrermodell ist das in Abb. 2.8 darge-stellte Modell von Näätänen und Summala [149]. Die Motivation beein-flusst hier die Wahrnehmung, die Erwartung, das subjektive Risikoniveau und die Wachsamkeit (vigilance) bzw. die Aufmerksamkeit des Fahrers, die alle durch eine Reizsituation (Stimulus situation) provoziert werden. Ähnlich wie beim Modell von Wilde [213] ist das Risikoniveau in einer normalen Verkehrssituation gleich null. Die Autoren verstehen das subjek-tive Risiko als eine Schwelle, die überschritten sein muss, damit eine Risi-kowahrnehmung erfolgt [[99] zitiert nach [184]].

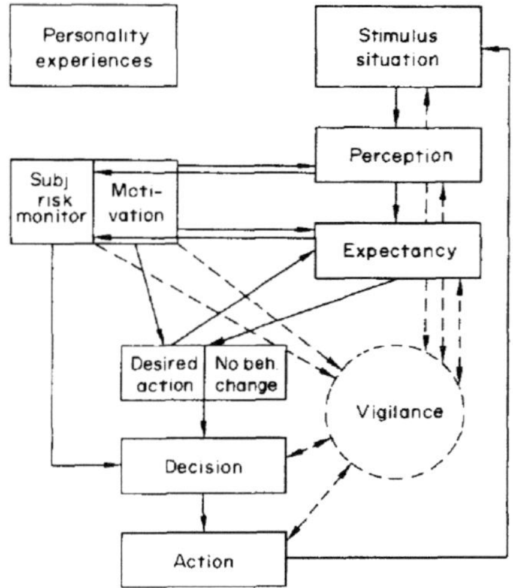


Abb. 2.8:    Das Modell von Näätänen und Summala [149]

## Das Modell von Carsten

In seinem Fahrermodell beschreibt Carsten [37] das Fahrerverhalten anhand der Wahrscheinlichkeit für einen Fehler beim künftigen Manöverausführen, der zu einem Unfall führen kann (s. Abb. 2.9). Hierzu fasst Carsten verschiedene Einflussfaktoren von anderen Fahrermodellen aus der Literatur in Kategorien zusammen und leitet den Fahrerzustand, die Erfahrung, das Bewusstsein (situation awareness), Fahrerbelastung (workload) und subjektive Faktoren (personality) mit der dargestellten gegenseitigen Zusammenwirkung ab. Das Modell kann nützlich für ein FAS bei der Erkennung von potenziell gefährlichen Fahrereingriffen sein, womit das System durch eine Warnung oder einen Eingriff den Fahrer optimal unterstützen kann.

Dieses Fahrermodell ist laut Carsten ausreichend für Testzwecke zur Betrachtung von bestimmten Zusammenhängen wie z.B. Persönlichkeit und Fahrerzustand. Dennoch ist das Modell nur eine theoretische Betrachtung und benötigt eine Validierung z.B. mithilfe von nutzerorientierten Daten.

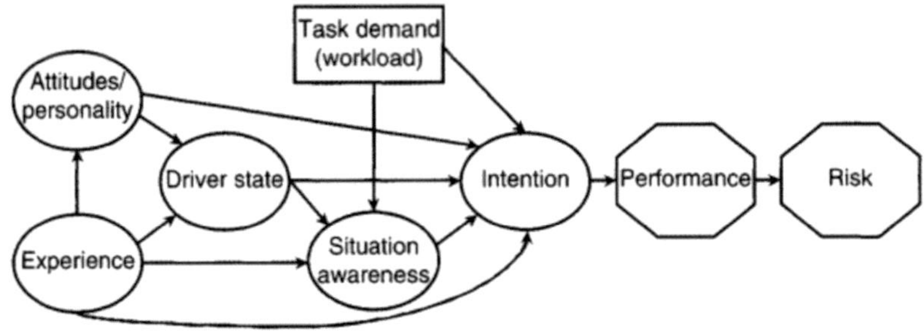


Abb. 2.9:   Das Modell von Carsten [37]

### 2.4.3   Anwendungsorientierte Modelle

## Das Modell von Georgi et al.

Das Modell von Georgi et al. [78], [224] wurde speziell für die Nutzenabschätzung mit PEBS konzipiert. Dabei wird anhand von Unfalldaten das Unfallgeschehen mit einem nachgebildeten Fahrerverhalten mit FAS simuliert (vgl. Abschnitt 2.5.2). Somit gibt das Modell das Fahrerverhalten in einer kritischen Auffahrsituation wieder.

Im ersten Schritt erfolgt anhand der Unfalldaten eine Fahrerklassifizierung. Hierzu wurde das Bremsverhalten des realen Fahrers bei Auffahrunfällen analysiert und daraus drei Fahrerverhaltenstypen mit entsprechender Gewichtung abgeleitet, die in Abb. 2.10 dargestellt sind.

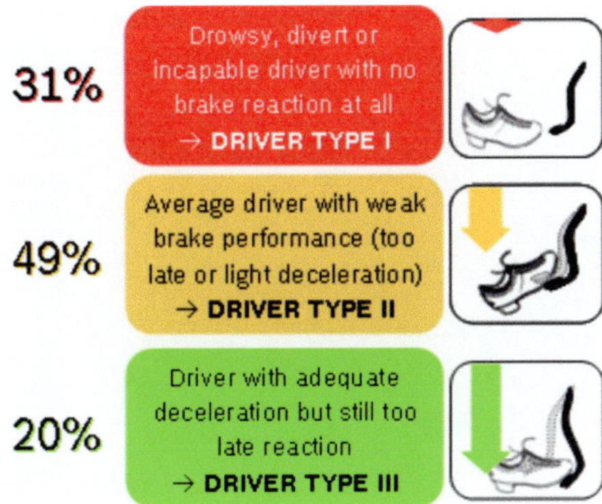


Abb. 2.10: Klassifikation des realen Fahrerverhaltens nach [78], [224]

Der erste Typ charakterisiert Fahrer, die bei einer Auffahrsituation überhaupt nicht reagieren. Beim zweiten Fahrertyp bremsen die Fahrzeugführer zu schwach und zu zögerlich und im letzten, dritten Typ wird zwar eine starke Bremsung eingeleitet, jedoch erfolgt diese viel zu spät.

Als nächstes erfolgt für jeden Fahrertyp die Fahreraktivitätsintegration aufgrund des Warndilemmas (vgl. Abschnitt 2.2.2) und somit die Anpassung des Warnzeitpunks an die Fahreraktivität (s. Abb. 2.11).

Hier treffen die Autoren die Annahme, dass durch eine Warnung eine Verbesserung der Reaktion zu erwarten ist. Für jeden Fahrertyp werden unterschiedliche Verteilungen der aktiven und inaktiven[2] Fahrer angenommen.

---

[2] Es wird unterschieden zwischen aktivem und inaktivem Fahrer. Die Aktivität kann anhand der Lenkradbewegungen und der Betätigung des Brems- und Gaspedals ermittelt. Dabei unterscheidet sich die Aktivitäts- von der Aufmerksamkeitserkennung anhand des berücksichtigten Zeitraums. Für die Aktivität wird nur der aktuelle Zeitpunkt und für Aufmerksamkeit mehrere Sekunden betrachtet.

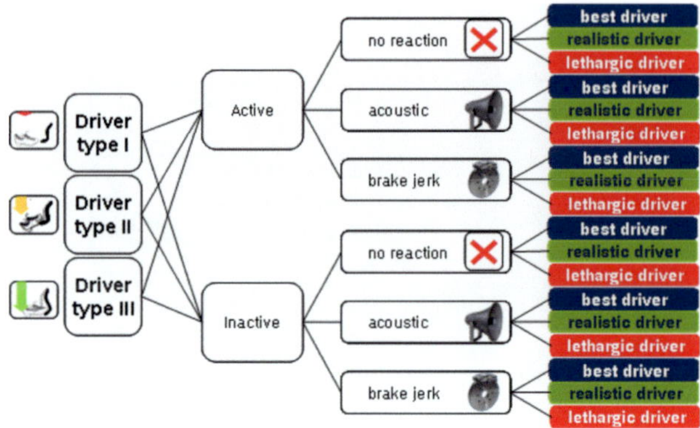


Abb. 2.11: Das Fahrermodell von Georgi et al. [78], [224]

Im dritten Schritt werden die möglichen Reaktionen auf die Warnung und ihre Verteilung auf Basis von Annahmen festgelegt. Hierzu kann sich die ursprüngliche Fahrerreaktion bei 10% der Fälle entweder gar nicht verbessern (no reaction) oder der Fahrer wird in 50 % der Fälle durch die akustische Warnung (acoustic) oder bei den restlichen 40% durch den Bremsruck (brake jerk) schneller reagieren (vgl. Abb. 2.11).

Als letztes findet die Parametrisierung der Fahrerreaktion statt. Die Autoren definieren drei Parameter – die Reaktionszeit auf die akustische Warnung, die Reaktionszeit auf dem Bremsruck und die Bremsstärke [78]. Es wird angenommen, dass es realistische (realistic), überdurchschnittliche (best driver) und unterdurchschnittliche (lethargic) Fahrer gibt, die mit unterschiedlichen Reaktionszeiten und Bremsstärken bei kritischen Situation reagieren (vgl. Abb. 2.12). Zusätzlich wird eine normale Verteilung des Fahrerreaktionsverhaltens angenommen, d.h. es überwiegen die realistischen Fahrer.

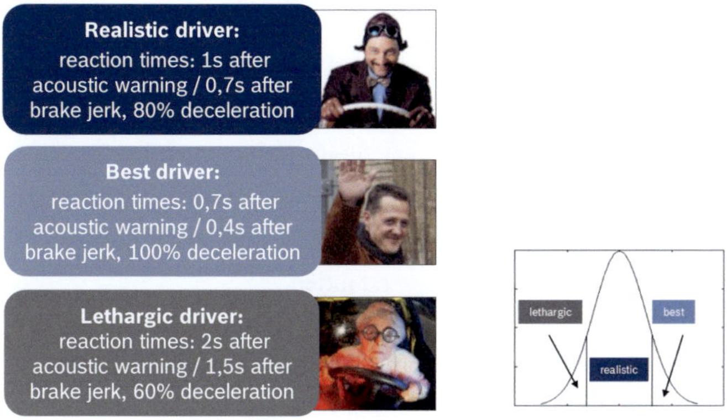

Abb. 2.12: Links: Parametrisierung des Fahrerreaktionsverhaltens; Rechts: erwartete Fahrerpopulation [78]

## 2.5 Grundlagen zur Nutzenbewertung von Assistenzsystemen

Das Ziel von sicherheitskritischen FAS ist die Erhöhung der Verkehrssicherheit. Das Hauptproblem beim Nachweis des Nutzens solcher Systeme ist die geringe Anzahl von Fahrzeugen, die diese FAS besitzen. Aus diesem Grund können auch einige Jahre nach ihrer Einführung basierend auf realen Daten anhand einfacher statistischer Analysen keine Aussagen bezüglich ihres Potenzials zur Erhöhung der Sicherheit gemacht werden. Darum werden Methoden zur Bewertung und Optimierung sicherheitskritischer FAS benötigt.

Dieser Abschnitt stellt bereits existierende Methoden zur Bewertung von FAS vor. Diese Methoden lassen sich im Allgemeinen in zwei Kategorien unterteilen: nutzerorientierte Methoden mit Daten, die im Simulator, auf einer Teststrecke oder aus einem Feldversuch erhoben werden, und theoretische Methoden, die mit Unfalldaten oder mit mathematischer Simulation den potenziellen Nutzen abschätzen.

### 2.5.1 Nutzendefinition

Im folgenden Abschnitt werden mehrere Methoden zur Nutzenuntersuchung von FAS vorgestellt. Tab. 2.1 fasst die Nutzendefinition der existierenden Methoden zusammen. Wie in Tab. 2.1 zu sehen ist, wird unter Nutzen überwiegend die Verminderung der Kollisionsgeschwindigkeit und ggf. die Reduktion der Unfallrate verstanden.

| Autor | Nutzendefinition |
|---|---|
| Busch [32] | - Verringerung der Kollisionsgeschwindigkeit<br>- Reduktion der Verletzungswahrscheinlichkeit |
| Khanafer et al. [111] | - Wahrscheinlichkeit, dass ein Unfall durch FAS vermieden werden kann |
| Georgi et al. [78] | - Reduktion der Unfallrate<br>- Verringerung der Kollisionsgeschwindigkeit |
| Kopischke [119] | - Verringerung der Kollisionsgeschwindigkeit<br>- Reduktion der Energie |
| Fach & Breuer [64] | - Reduktion der Unfallrate<br>- Verringerung der Kollisionsgeschwindigkeit |
| Hoffmann [97] | - Verringerung der Kollisionsgeschwindigkeit |

Tab. 2.1:    Definition des Nutzens bei anderen Studien.

Bei der Basis-Definition von [29] ist der Nutzen anhand der folgenden Formel (2.1) beschrieben:

$$B = N_{WO} - N_W \qquad (2.1)$$

wobei $B$ die Anzahl der Kollisionen, Anzahl der Getöteten, Größe der Schäden oder eine andere derartige Größen sein kann. $N_{WO}$ ist der Wert dieser Größen ohne FAS und $N_W$ ist der Wert, der erzielt werden kann, wenn das FAS im vollen Einsatz ist [29].

Basierend auf dieser Begriffsbestimmung wird die folgende Definition für diese Arbeit festgelegt: Der Nutzen ist der Wirkungsgrad eines FAS, einen

Anteil der Unfälle des Systemwirkfelds zu vermeiden bzw. ggf. die Kollisionsgeschwindigkeit zu mindern.

### 2.5.2 Bewertungsmethoden durch Datenanalyse von Unfalldatenbanken

Es sind mehrere Datenbanken mit Datensammlungen realer Unfällen vorhanden, die sich nach Umfang und Detailierungsgrad unterscheiden.

In der International Road Traffic and Accident Database (IRTAD) werden mehrere nationale amtliche Unfallstatistiken zusammengefasst. Sie können für einen Ländervergleich verwendet werden, sind jedoch für vertiefende Studien nicht geeignet [32].

In den USA wird von der National Highway Traffic Safety Administration (NHTSA) das Fatality Analysis Reporting System (FARS) gepflegt. Dort werden für jeden Fall Variablen über den Unfall, Fahrzeuge und beteiligte Personen erhoben. In dem National Automotive Sample System – Crashworthness Data System (NASS-CDS) werden Unfälle mit Personen- und schweren Sachschäden durch interdisziplinäre Teams nach einem statistisch repräsentativen Muster erhoben [32].

In Deutschland werden in der amtlichen Straßenverkehrsunfallstatistik alle Unfälle geführt, die von der Polizei oder anhand Verkehrsunfallanzeigen dokumentiert sind. Die Daten sind allerdings aufgrund des geringen Detailierungsgrads nur eingeschränkt für die Bewertung von FAS einsetzbar. Die Datensammlung bietet jedoch eine repräsentative Zusammenfassung des deutschen Unfallgeschehens und wird deshalb oft zum Vergleich mit anderen Datenmengen und deren Hochrechnung verwendet [[183] zitiert nach [32]].

Im Raum Hannover und Dresden werden im Rahmen der German In Depth Accident Study (GIDAS) Unfälle mit Personenschaden aufgenommen. Dies ist ein Kooperationsprojekt der Bundesanstalt für Straßenwesen (BaSt) und der Forschungsvereinigung Automobiltechnik (FAT) [79].

Aufgrund des hohen Detaillierungsgrads der Unfalldokumentation und der repräsentativen Abbildung des gesamten Unfallgeschehens von Deutschland eignet sich GIDAS für die Nutzenuntersuchung von sicherheitskritischen FAS in hohem Maße. Durch Gewichtungskoeffizienten können die Prognosen, die mit GIDAS-Daten erstellt werden, einfach auf die amtliche Unfallstatistik hochgerechnet werden. Pro Unfall können zwischen 300 und 5000 Informationen erhoben werden, die in einer hierarchisch aufgebauten Datenbank gespeichert werden. Eine ausführliche Beschreibung der Unfallrekonstruktion ist unter [77] zu finden. Informationen bezüglich der in GIDAS erhobenen Daten sind unter [79] verfügbar. Variablen, die für die Bewertung des Nutzens von FAS wichtig sind, sind der Unfalltyp, -Ort und –Zeitpunkt. Die Beschreibung der am Unfall beteiligten Fahrzeuge und der Straße werden ebenfalls erfasst (Fahrzeugtyp, -alter, -masse, Straßenart, -decke, -zustand, -beleuchtung etc.). Desweiteren werden das Alter und die Größe der beteiligten Personen sowie die erlittenen Verletzungen beschrieben. Besonders wichtig für die Bewertung des Nutzens von FAS anhand Daten aus Unfalldatenbanken und somit auch für diese Arbeit sind die Variablen der Vorkollisionsphase, die anhand der physikalischen Gesetzmäßigkeiten der Stoßmechanik rekonstruiert[3] werden [79]. Hierzu gehören die Initial- und Kollisionsgeschwindigkeit, die mittlere Bremsverzögerung vor der Kollision und die Kollisionsstellung der Unfallbeteiligten. Mit diesen Daten kann sehr gut die longitudinale Bewegung der Fahrzeuge vor dem Unfall nachgebildet werden und somit den Nutzen für longitudinale FAS untersucht werden. Damit auch die laterale Bewegung der Unfallbe-

---

[3] Durch eine aus Aufprall-Energie- und Zeit-Abstand-Zusammenhänge bestehende Rückwärtsrechnung kann der Unfall so realistisch wie möglich rekonstruiert werden. Für besonders komplizierte Fälle wird zusätzlich die Simulationssoftware „PC Crash" angewandt. Hierzu ist es sehr wichtig über detaillierte und genaue Skizzen des Unfalls inklusive der Fahrzeugendpositionen zu verfügen [77].

teiligten simuliert werden kann, werden in GIDAS seit ein paar Jahren auch Daten zur Trajektorienbeschreibung der Fahrzeugbewegungen erhoben, die in einer Pre-Crash Matrix gespeichert werden [61]. Mithilfe der geometrischen Position der Fahrbahnmarkierung, Spurabgrenzung, die Sichtbehinderungen sowie der Trajektorienbewegungen der Teilnehmer können in der Zukunft FAS wie LDW, LCA, Kreuzungsassistenten etc. bewertet werden. Da für die vorliegende Arbeit diese Daten noch nicht vorlagen, wird die exemplarische Anwendung der vorliegenden Methodik mit einem Notbremsassistenten durchgeführt. Die theoretische Betrachtung berücksichtigt jedoch diese Systeme und gibt Hinweise auf ihre Nutzenuntersuchung.

Es existieren mehrere Ansätze, die mithilfe von Unfalldaten den Nutzen eines FAS abschätzen. Diese lassen sich in den folgenden vier Gruppen einteilen, die sich bezüglich Aufwand und Detaillierungsgrad unterscheiden [32]:

- Retrospektive Feldbewertung,
- Detaillierte Einzelfallanalyse,
- Analyse mit Szenariotechnik,
- Wirkfeld und Wirkgrad.

Bei der retrospektiven Feldbewertung wird anhand großer Unfalldatensammlungen versucht, das unfallvermeidende Potenzial von FAS abzuschätzen. Vermiedene Unfälle werden jedoch in einer Unfalldatenbank nicht erfasst. Daher werden die Fahrleistungen der mit dem System ausgerüsteten Fahrzeuge als Bezugsgröße verwendet. Da die Fahrleistungen meistens unbekannt sind, werden sie geschätzt oder es wird angenommen, dass sie annähernd gleich wie ohne FAS sind [[67] zitiert nach [32]]. Ein Beispiel für diesen Ansatz ist die Untersuchung von Daimler zum ESP-Nutzen (vgl. [64]). Eine retrospektive Feldanalyse war hier nur möglich, weil Daimler ESP in alle Fahrzeugklassen von Mercedes eingeführt hat. Durch einen Vergleich mit der Unfallentwicklung von Fahrzeugen anderer Hersteller bei Fahrunfällen (Schleuderunfälle) konnte der Nutzen von ESP dargestellt werden. Dieser Ansatz kann erst nach Produkteinführung durchgeführt werden, da die Daten erst nach einigen Jahren in statistisch relevantem Umfang zur Verfügung stehen [32].

Bei der detaillierten Einzelfallanalyse werden durch eine statistische Analyse Einzelfälle ausgewählt, die typisch für eine Klasse von Unfällen sind [32]. Durch die Rekonstruktion des Unfalls und die Simulation des Unfallablaufs mithilfe eines nachgebildeten FAS können die Auswirkungen des Systems auf das Unfallgeschehen des Einzelfalls untersucht werden. Dieser Ansatz bietet die Möglichkeit das Unfallszenario mit wenigen Daten beliebig genau abzubilden, seine Vorhersage für das Gesamtunfallgeschehen ist allerdings aufgrund der zu geringen Fallzahlen eingeschränkt [32].

Durch die Analyse mit Szenariotechnik wird eine prospektive Bewertung des Systems durchgeführt. Hierzu wird kein exakter Nutzen des FAS bestimmt, sondern eine erwartete Nutzen-Bandbreite eingegrenzt. Mit einem pessimistischen Szenario wird der minimale Nutzen des Systems prognostiziert. Beispielsweise schätzt das pessimistische Szenario einer Fahrdynamikregelung, dass kein Unfall vermieden werden kann, aber die Kollisionsgeschwindigkeit bzw. die Unfallschwere vermindert wird [[72] zitiert nach [32]]. Durch ein optimistisches Szenario wird die obere Grenze der Bandbreite abgeschätzt. [[72] zitiert nach [32]] geht hierbei davon aus, dass alle Schleuderunfälle vermieden werden können.

Der vierte Ansatz ermittelt das Wirkfeld und den Wirkgrad eines FAS. Das Wirkfeld ist die Gesamtheit aller Unfälle, bei denen das System laut seiner Beschreibung ausgelöst werden kann. Der Wirkungsgrad repräsentiert den Anteil der Unfälle, die durch das FAS vermieden werden können. Vorteil dieser Methode ist der geringe Aufwand und die schnell erzielten Ergebnisse. Der Nachteil dieses Ansatzes ist die exakte Bestimmung des Wirkungsgrades, der eine detaillierte Funktionsweise des FAS erfordert [31], [[30] zitiert nach [32]].

Der Vorteil der vorgestellten Ansätze ist ihr geringer Aufwand. Bisher ist keine Methode bekannt, die bei der Anwendung von Unfalldaten die Fahrer-Fahrzeug-Interaktion in die Systembewertung einbezieht. Ein Nachteil ergibt sich aus den teilweise ungenauen Daten in den Datenbanken, wie beispielsweise die Lenk- und Bremsbewegungen, die Fahrspur oder die Ursachen für die Unfälle [32].

Die Methoden mit Unfalldaten sind im Allgemeinen vorteilhaft, da sie repräsentative Aussagen über das gesamte Unfallgeschehen erlauben.

Im Folgenden wird auf einige weiterentwickelte Verfahren im Einzelnen eingegangen.

## Automatische Einzelfallanalyse von Busch

Die Automatische Einzelfallanalyse von Busch [32] verwendet Unfalldaten aus der GIDAS-Datenbank zur Prognose des Sicherheitsgewinns eines FAS. Abb. 2.13 zeigt die Vorgehensweise der Methode von Busch.

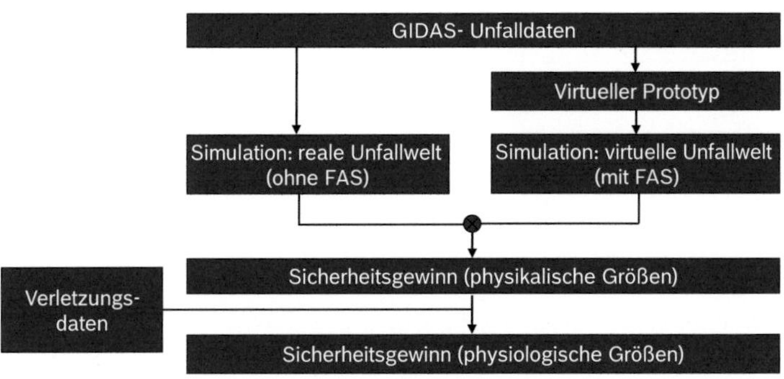


Abb. 2.13: Vorgehensweise der Automatischen Einzelfallanalyse nach Busch [32]

Hierzu simuliert er anhand der Daten aus GIDAS den realen Unfall, indem er ausgehend vom Kollisionszeitpunkt rückwärts das Unfallgeschehen rekonstruiert. Iterativ wird dabei das Annäherungsverhalten der Unfallbeteiligten solange rückwärts nachgebildet, bis ein Abbruchkriterium wie beispielsweise die Erreichung der Sensorreichweite erfüllt ist. Bei der Simulation des Annäherungsverhaltens ist unter anderem das Verzögerungsverhalten zu beachten. Da das Bremsverhalten bei der Nachbildung des Unfallgeschehens in der Regel unbekannt ist, wird es in GIDAS vereinfacht als konstante, mittlere Verzögerung angenommen. Ausgehend von der Kollision werden hiermit die Initialbedingungen wie die Aufenthaltsorte und Geschwindigkeiten iterativ bestimmt.

Mithilfe einer virtuellen Nachbildung der Funktionsweise des zu untersuchenden FAS kann für jeden Unfall simuliert werden, wie das FAS den Ablauf des Unfalls verändert hätte. Somit können die Auswirkungen des FAS auf das Unfallgeschehen dargestellt werden. Der Nutzen des Systems kann anhand des Vergleichs zwischen realem Ablauf und Simulation mit FAS abgeleitet werden. Durch den Vergleich der relativen Geschwindigkeiten mit und ohne FAS zum Zeitpunkt der Kollision lässt sich der Sicherheitsgewinn durch das System ermitteln. Anhand der Relativgeschwindigkeit zum Kollisionszeitpunkt kann die Verletzungswahrscheinlichkeit und –schwere nach [[8] zitiert nach [32]] errechnet werden.

Da in GIDAS der Anteil der Unfälle mit Schwerverletzten höher ist als diese der Bundesstatistik, leitet Busch Hochrechnungsfaktoren ab und rechnet den prognostizierten Sicherheitsgewinn auf die amtliche Unfallstatistik hoch.

Busch wendet seine automatische Einzelfallanalyse für den Bremsassistenten und die automatische Notbremsfunktion an [32]. Die Funktion des Bremsassistenten wird über den Bremspedalgradienten gesteuert. Abhängig von der Geschwindigkeit der Bremspedalbetätigung wird die Kritikalität der Situation abgeleitet und dementsprechend die Funtkion des Bremsassistenten gesteuert. Der virtuelle Prototyp des Notbremsassistent ermöglicht die Simulation von zwei Sensorerfassungsbereichen: Nahbereich (Reichweite 40 m, Öffnungswinkel 90 °) und Fernbereich (Reichweite 120 m, Öffnungswinkel 16 °).

Der hohe Detaillierungsgrad der FAS- und Unfalldarstellung sowie die statistische Repräsentativität der Ergebnisse sind die Stärken der Methode von Busch. Der Bremsassiten wird jedoch direkt nach der Einleitung der Fahrerbremsung ausgelöst, da GIDAS nur Angaben zur mittleren Verzögerung liefert. Es fehlt somit die Einbeziehung des Fahrerverhaltens in die Simulation.

**Methode von Khanafer et al.**

Die Methode von Khanafer et. al. [111], [112] ist eher eine statistische Methode zur Abschätzung des Unfallvermeidungspotenzials aktiver FAS. Der Ansatz verwendet Daten von DESTATIS, die eine Datenbank des Statistischen Bundesamtes der Bundesrepublik Deutschland ist.

Im ersten Schritt dieser Methode erfolgt die Unterteilung der Unfallarten nach möglichen Unfallursachen aufgrund des fehlenden Zusammenhangs der beiden Größen in der Datenbank. Ein Unfall kann durch den Fahrer, durch das Fahrzeug oder durch äußere Einflüsse verursacht sein. Dabei kann der durch den Fahrer verursachte Unfall in weitere vier Unterkategorien unterteilt werden [111], [112]:

- Zeitlich vorgelagerte äußere Einflüsse: Der Fahrer nimmt aufgrund von Unachtsamkeit, Alkoholeinfluss, Drogeneinfluss oder anderer Ursachen, die die Wahrnehmungsfähigkeit des Fahrers beeinträchtigen, die Gefahr nicht wahr.

- Fahrerbewertung der aufkommenden Situation: Der Fahrer nimmt eine Situation wahr, aber stuft diese nicht als gefährlich ein und reagiert nicht angemessen darauf. Ein Beispiel für eine solche Situation ist die nicht angepasste Fahrweise bei Niederschlag. Der Fahrer erkennt, dass die Fahrbahn nass ist, bewertet es aber nicht als Gefahr und passt seine Geschwindigkeit nicht an.

- Fehlverhalten in einer kritischen Situation: Der Fahrer nimmt eine Situation als gefährlich wahr, reagiert aber falsch oder nicht ausreichend. Ein typisches Beispiel hierfür ist nicht ausreichendes Bremsen bei plötzlich auftauchenden Hindernissen.

- Nachträgliche Unterstützung einer korrekten Fahrerreaktion: Der Fahrer erkennt eine gefährliche Situation und reagiert richtig oder angemessen auf diese Situation, kann jedoch den Unfall nicht verhindern, da Reaktionszeit und physikalische Gegebenheiten dies nicht ermöglichen.

Als nächstes werden Annahmen bezüglich der Häufigkeitsverteilungen der einzelnen Ursachen basierend auf Werten aus der Literatur und persönlichen Erfahrungen getroffen.

Abhängig von der Unfallart und –Ursache schätzen die Autoren die Wahrscheinlichkeit ab, durch das betrachtete FAS den Unfall zu vermeiden. Das Produkt der Multiplikation dieser Wahrscheinlichkeit und der angenommenen Häufigkeitsverteilungen der Unfallursachen ist das geschätzte Vermeidungspotenzial des FAS. Hierzu werden zusätzlich die Randbedingungen der Funktionsgrenzen sowie die Systemwirksamkeit bei verschiedenen Ortslagen berücksichtigt.

Die Methodik kam für die Bewertung von ACC zum Einsatz.

Aufgrund der geringen Detaillierungstiefe der erforderlichen Daten ist diese Methodik sowohl mit DESTATIS als auch mit GIDAS o.ä. Daten durchführbar. Trotz niedrigem Aufwand schnell und einfach das Vermeidungspotenzial eines FAS abzuschätzen, hat diese Methode den Nachteil, dass keine kinematischen Auswirkungen des FAS betrachtet werden. Desweiteren wird das Fahrerverhalten nicht berücksichtigt. Der Ansatz ist sehr stark von den angenommenen Häufigkeitsverteilungen, d.h. von der subjektiven Bewertung abhängig.

## Methode von Georgi et al.

Die Methode von Georgi et. al. [78], [224] verwendet Daten aus der GIDAS Datenbank zur Bestimmung des Nutzens des Notbremsassistenten PEBS von Bosch. Der Ansatz ist eine Weiterentwicklung der Analyse mit Wirkfeld und Wirkgrad, die ein Fahrerverhaltensmodell für das FAS und eine idealisierte Funktionsspezifikation berücksichtigt. Abb. 2.14 zeigt die Vorgehensweise dieser Methode.

Abb. 2.14: Vorgehensweise der Georgi-Methode [78], [224]

Aus den GIDAS-Daten wird das Wirkfeld aller relevanten Unfälle bestimmt. Hierzu wurden alle Unfälle mit einer PKW Beteiligung extrahiert, wobei das unfallverursachende Fahrzeug in der ersten Kollision mit frontaler Stoßrichtung vorwärts auf den Unfallgegner aufgefahren war und Frontschaden erlitten hatte [224]. Anhand dieser Kriterien wurde ein Wirkfeld von 1103 Unfälle ermittelt.

Die Funktion wurde nach der im Abschnitt 2.2.2 vorgestellten Beschreibung in MATLAB implementiert. Das Fahrerverhaltensmodell (s. Abschnitt 2.4.3) erlaubt die Einbeziehung der Fahrer-Fahrzeug-Interaktion bei der Funktionsnutzenabschätzung. Durch das entwickelte MATLAB-Modell kann schnell und einfach die Auswirkung des Warnzeitpunkts auf den gesamten FAS-Nutzen dargestellt werden.

Der Bewertungsansatz von Georgi et al. ist eine der wenigen Unfalldaten-Methoden, die für die Nutzenabschätzung das Fahrerverhalten modelliert und in die Simulation einbezieht. Das Fahrermodell beruht jedoch auf Annahmen wie beispielsweise der Reaktionszeiten, die anhand von Werten aus der Literatur und Expertenerfahrungen abgeschätzt wurden und mit dem realen FAS nicht evaluiert wurden.

## Methode von Kopischke

Der Ansatz von Kopischke ist eine Kombination von Unfalldatenanalyse, Simulation mit mathematischen Modellen und Fahrversuchen auf einer Teststrecke [119].

Kopischke entwickelt mathematische Modelle einer Notbremsfunktion, die er in Simulationen und mit einem entsprechend ausgestatteten Versuchsträger für ausgewählte Szenarien überprüft und bewertet. Die Funktion erfasst die Umwelt mithilfe eines Radarsensors und eines Laserscanners. Die Notbremsfunktion wird nur dann ausgelöst, wenn die Kollision fahrphysikalisch (u.a. auch durch Ausweichen) nicht mehr zu vermeiden ist.

Der quantitative Nutzen der Funktion wird für drei Szenarien simuliert: unbewegtes Hindernis, stehendes aber mobiles Hindernis und querfahrendes Fahrzeug mit konstanter Geschwindigkeit. Dabei werden die simulierten Szenarien mit dem Fall eines ungebremsten Fahrzeugs verglichen. D.h. es findet eine optimistische Bewertung der Funktion statt, die aufgrund einer Schocksituation zu einer ausbleibenden Reaktion des Fahrers führt [119]. Die verwendeten Bewertungskriterien sind die Geschwindigkeits- bzw. Energiereduktion.

Kopischke validiert seine mathematischen Modelle mithilfe von Fahrversuchen auf einer Teststrecke, womit die Akzeptanz der Sicherheitsfunktion ermittelt wurde. Als Hindernis wurde ein Schaumstoffwürfel verwendet, der mit einer Aluminiumfolie überzogen war, damit die Radarstrahlen besser reflektiert werden können. Die meisten Fahrer akzeptieren bzw. wünschen einen früheren Auslösezeitpunkt, bei dem sie die Situation als "gefährlich" empfinden [119].

Der Sicherheitsgewinn der Notbremsfunktion wird anhand der voraussichtlichen Reduktion der Verletzungsschwere bestimmt [119], die mithilfe der in der Verkehrsdatenbank von Volkswagen bis 1998 registrierten Unfälle mit stehenden Hindernissen ermittelt wurde.

Der Vorteil dieser Methode ist die Kombination aus mehreren Methoden (mathematische Simulation, Unfalldaten, Probandenversuch) zur Ermittlung des Nutzens und der Akzeptanz eines FAS. Die Probandenversuche werden allerdings nur zur Bewertung der Akzeptanz verwendet. Das gemessene Fahrerverhalten mit der Funktion wird bei der mathematischen Simulation nicht berücksichtigt.

### 2.5.3 Bewertungsmethoden mit Versuchen im realen Straßenverkehr

Versuche im realen Verkehr haben den Vorteil einer realistischen Umgebung, bei der freies Fahren praktiziert und das Fahrerverhalten dabei analysiert werden kann. Unter diesen Bedingungen kann ein FAS erst in einem abgesicherten Serienzustand erprobt werden. Unter der Berücksichtigung einer großen geografischen Flexibilität, einer realistischen Umgebung und des Fahrerverhaltens besitzen die Versuche im realen Straßenverkehr die höchste externe Validität[4] unter allen nutzerorientierten Methoden.

Der Nachteil der Versuche im realen Straßenverkehr besteht darin, dass aufgrund der fehlenden experimentellen Kontrolle viele Faktoren einen Einfluss auf das Verhalten der Teilnehmer haben können. Es ist nicht möglich einzelne Szenarien zu reproduzieren. Aus diesem Grund sind Kausal-

---

[4] Externe Validität beschreibt die Allgemeingültigkeit der Erkenntnisse. Eine hohe externe Validität liegt vor, wenn die Ergebnisse auf die Gesamtpopulation übertragbar sind sowie auch für alternativ denkbare Versuchsdesigns Gültigkeit besitzen [133].

schlüsse problematisch, womit die interne Validität[5] dieser Methode kritisch einzustufen ist [133]. Aufgrund der fehlenden Kontrolle der Randbedingungen ist auch die Reliabilität[6] der Datenerhebung nur schwer einzuschätzen [133]. Im Rahmen von Studien im realen Straßenverkehr werden sehr große Datenmengen erhoben, die eine große Bandbreite des Fahrerverhaltens abbilden. Große Datenmengen zeigen auch bei sehr kleinen Effekten ein signifikantes Ergebnis und führen zu einer verzerrten Ergebnisdarstellung [133]. Diese Methode ist erst spät im Entwicklungsprozess einsetzbar. Für sicherheitskritische FAS ist es schwierig eine hohe Anzahl an Unfällen oder Beinahe-Kollisionen im beobachteten Zeitraum zu erzielen und somit z.B. die Ursachen hierfür zu analysieren oder den Nutzen des Systems zu evaluieren. Desweiteren ist die systematische Variation von Faktoren sehr aufwändig. Sicherheitskritische Funktionen können nicht gezielt untersucht werden, da keine gefährlichen Situationen provoziert werden dürfen.

**The 100 Car-Study**

Die 100 Car-Study wurde in der Region von Washington, DC, USA mit 100 Fahrzeugen durchgeführt [151]. An der Studie nahmen 109 Fahrer im Alter von 18 bis 55 Jahren (43 Frauen, 66 Männer) teil. Es wurden insgesamt 2 000 000 Meilen gefahren und 43 000 Stunden an Datenmenge gesammelt. Pro Fahrzeug entstanden zwischen 12- und 13-monatige Datensammlungen, die von fünf Kameras und der Fahrzeugkinematik erfassen-

---

[5] Interne Validität beschäftigt sich mit der Frage, inwieweit Alternativverklärungen für das Vorliegen oder die Höhe der gefundenen Effekte ausgeschlossen werden können [133].

[6] Reliabilität beschreibt das Ausmaß, in dem Beobachtungen oder Messungen zuverlässig sind. Eine hohe Reliabilität liegt vor, wenn dieselbe Messung bei der gleichen Untersuchungseinheit auch wiederholt zu vergleichbaren Werten führen würde [133].

der Sensorik aufgenommen wurden. Zwei der Kameras wurden jeweils vorne und hinten installiert zur Aufnahme der Verkehrssituation vor und hinter dem Fahrzeug. Die restlichen drei Kameras wurden zur Beobachtung des Fahrers und des Beifahrers verwendet. Das Ziel dieser Studie war, Daten von der Vorkollisionsphase zu liefern, die zum Verständnis der Unfallursachen und zur Weiterentwicklung von sicherheitskritischen FAS beitragen sollten.

Bei der gesamten Studienzeit passierten insgesamt 69 Unfälle, davon 15 mit dem vorausfahrenden und 12 mit dem folgenden Fahrzeug. 1 bzw. 2 Unfälle waren mit Personenschaden. Die restlichen waren Unfälle mit (kleinen) Sachschäden [151].

Eine Analyse des Fahrerzustandes zeigt, dass bei ca. 80% der Unfälle und ca. 65% der Beinahe-Unfälle die Fahrer unaufmerksam waren. Bei Auffahrunfällen lag der Anteil der abgelenkten Fahrer bei ca. 90% bei Unfällen bzw. 70% bei Beinahe-Unfällen.

Die Daten der 100 Car-Study liefern wertvolle Erkenntnisse über Unfalleinflussfaktoren, die für die Weiterentwicklung von FAS wie beispielsweise Fahrerzustandserkennung und ihre Anwendung für die Parametrisierung von Funktionen wichtig sind. Angesicht der großen Datenmengen ist der Anteil der aufgenommenen Kollisionen jedoch zu gering, um allgemeine Aussagen bzgl. des Nutzens eines FAS treffen zu können.

### 2.5.4 Bewertungsmethoden mit Versuchen auf Testgeländen

Verglichen mit einem Fahrsimulatorversuch bietet ein Versuch auf einem Testgelände den Vorteil einer realitätsnahen Umgebung, insbesondere das echte fahrdynamische Empfinden und die reale Sinneswahrnehmung. Gleichzeitig ist ein höherer Grad an experimenteller Kontrolle im Vergleich zu Untersuchungen im realen Straßenverkehr gewährleistet. Im Gegensatz zu den Versuchen im realen Straßenverkehr fahren die Teilnehmer bei Teststreckenuntersuchungen auf speziell konzipierten, abgesperrten Routen und nicht im öffentlichen Straßenverkehr. Die Probanden fahren in einem „künstlichen" Umfeld, wo es möglich ist, die Infrastruktur der Teststrecke dem Ziel der Untersuchung anzupassen, was im realen Straßenverkehr undenkbar oder nur eingeschränkt durchführbar ist. Durch die Beeinflussbarkeit der Variablen ist es möglich, ihren Einfluss auf das Fahrerverhalten kontrolliert zu untersuchen, womit eine hohe interne Validität erzielt werden kann.

Die künstlich gestaltete Fahrumgebung kann jedoch zu einem Verhalten führen, das die Fahrer im realen Verkehr nicht zeigen würden [133]. Im Vergleich zu Versuchen im realen Straßenverkehr besitzen die Untersuchungen auf einer Teststrecke geringere externe Validität. Die Untersuchung eines FAS auf einer Teststrecke erfordert eine hohe Funktionsabsicherung. Desweiteren führt die Teststrecke zu Einschränkungen beim Szenario-Konzept bezüglich Geschwindigkeit und Verkehrssituation. Besonders aufwändig sind die Darstellung und das Reproduzieren einer gefährlichen Situation, die für den Probanden jedoch zuverlässig verletzungsfrei ausgehen muss.

Zusätzlich bieten die Versuche auf einer Teststrecke sowie im Fahrsimulator die Möglichkeit subjektive Daten bezüglich der Akzeptanz[7], Kaufbereitschaft und Attraktivität des Systems zu erheben. Der Nutzen und die Akzeptanz des Systems sind zwei voneinander abhängige Faktoren, die parallel betrachtet werden sollten.

Die vorliegende Arbeit fokussiert sich auf die Methodik zur Nutzenuntersuchung und –optimierung von FAS, betrachtet aber weiterhin auf Basis bereits entwickelter und etablierter Methoden die Nutzerakzeptanz des

---

[7] Unter Akzeptanz ist hier die „positive Annahme oder Übernahme einer Idee, eines Sachverhaltes oder eines Produktes, und zwar im Sinne aktiver Bereitwilligkeit und nicht nur im Sinne reaktiver Duldung" zu verstehen [[48] zitiert nach [14].

Systems. In [46] und [5] beschäftigen sich die Autoren mit der Evaluierung von Fahrerassistenzsystemen.

## Methode von Hoffmann

In Abschnitt 2.3.2 wurden bereits die Untersuchungen unterschiedlicher Frontalkollisionsmaßnahmen von Hoffmann diskutiert [97]. Mithilfe des EVITA Verfahrens (Experimental Vehicle for Unexpected Target Approach) konnte das Fahrerverhalten mit diesen Frontalkollisionsmaßnahmen auf einer Teststrecke in Darmstadt untersucht werden.
EVITA besteht aus einem Zugfahrzeug und einem Anhänger (Dummy Target) (s. Abb. 2.15). Auf dem Anhänger ist das originale Heck einer Mercedes A-Klasse montiert, an dem ein Radarsensor befestig ist. Am Heck des Zugfahrzeugs befindet sich eine Seilwinde mit Windenbremse und einem Elektromotor. Der Anhänger ist nur über das Seil der Winde mit dem Zugfahrzeug verbunden.

Abb. 2.15: Aufbau von EVITA: Zugfahrzeug und Anhänger (Dummy Target) [97]

Zur Darstellung einer kritischen Situation wird durch einen Befehl der Anhänger abgebremst. Das Zugsfahrzeug fährt während dieses Vorgangs mit konstanter Geschwindigkeit weiter. Durch das Bremsen des Dummy Target wickelt sich das Seil der Winde ab. Während der Anhänger verzögert, berechnet die Verarbeitungseinheit des Abstandssensors permanent die Time-To-Collision (TTC). Unterschreitet die TTC einen festgelegten Wert, schließt die Seilwindenbremse im Zugfahrzeug. Der Anhänger beschleunigt dann auf das mit konstanter Ausgangsgeschwindigkeit fahrende Zugfahrzeug [97].

Wie oben bereits diskutiert, ist die Darstellung einer kritischen Situation bei Versuchen auf einer Teststrecke eine Herausforderung. Die kollisionsvermeidende Beschleunigung des Anhängers führt zu einer Verfälschung des Bremsreaktionsverhaltens der Probanden. Die Fahrer neigen dazu die eingeleitete Verzögerung zu verringern [97]. Aus diesem Grund wird angenommen, dass der Fahrer seinen Verzögerungsvorgang zum Zeitpunkt des Anhängerabzugs weiterführen würde und somit seine Geschwindigkeit extrapoliert.

### 2.5.5  *Bewertungsmethoden mit Versuchen im Fahrsimulator*

Die Methodik des Fahrsimulators hat den Vorteil, dass sie eine hohe Präzision der Einstellungen und eine gute Reproduzierbarkeit der zu bewertender Szenarien besitzt. Daten, die im Simulator erhoben werden, weisen in der Regel hohe Genauigkeit auf, die sehr detaillierte Datenanalysen ermöglicht. Diese Methodik kann bereits in früheren Entwicklungsphasen, auch bei prototypischen Funktionen zum Einsatz kommen. Eine kritische Situation kann relativ einfach gestaltet und kontrolliert werden. Dabei bleibt die Verletzungsgefahr für den Probanden auch bei FAS-Fehlauslösungen minimal. Aus diesem Grund bieten die Fahrsimulatorversuche große Variationsbreite bzgl. der Umgebungsbedingungen und Systemparameter [22]. Genauso wie auf einer Teststrecke können im Simulator subjektive Daten erhoben werden.

Aufgrund der geringen Verletzungsgefahr kann es zu einem niedrigen Gefährdungsempfinden kommen. Die fehlende 3D-Bilddarstellung und unvollständige Darstellung von Trägheitskräften kann zu simulatorspezifischen Artefakten führen. Das fahrdynamische Gefühl kann durch den Einsatz eines dynamischen Fahrsimulators verbessert werden, der durch Beschleunigungs- und Neigungsbewegungen ein möglichst wirklichkeitsnahes Fahrgefühl vermitteln soll. Trotzdem sind sich die Probanden bewusst, dass der Versuch in einer virtuellen Umgebung durchgeführt wird und ihre Sicherheit nicht gefährdet ist. Das kann ihr Fahrverhalten beim Versuch beeinflussen. Aus diesem Grund ist die externe Validität ähnlich wie bei Versuchen auf einer Teststrecke gering. Desweiteren ist die Variation an Straßenverkehrsszenarien nicht gegeben, was zur Einschränkung der Repräsentativität der Aussagen führen kann.

**Methode von Fach und Breuer**

Fach und Breuer [64], [22] führen mehrere Studien zur Untersuchung unterschiedlicher Ausprägungen eines Bremsassistenten (BAS) im dynamischen Fahrsimulator von Daimler durch.

In einer dieser Studien wird der Nutzen des BAS, der anhand der Bremspedalbetätigung die Situation als kritisch erkennt und sofort vollen Bremsdruck zu Verfügung stellt, mithilfe einer unabhängigen Stichprobe untersucht. Das kritische Szenario wurde bei einer Ortdurchfahrt simuliert, bei dem plötzlich ein Kind auf die Fahrbahn lief [64]. Der Vergleich zwischen den Gruppen mit und ohne System zeigt eine Reduktion der Unfallrate von 26% (58% ohne BAS, 32% mit BAS).

In einer weiteren Studie wurde die Wirksamkeit des radarbasierten Bremsassistenen (BAS PLUS) analysiert, der bei dieser Studie zusätzlich zur Bremskraftunterstützung eine Warnung bot [22]. Hierzu wurden mehrere Szenarien konzipiert und mit 110 Versuchspersonen getestet. Durch eine Gegenüberstellung der Gruppen mit BAS und mit BAS PLUS konnte

der Nutzen der Warnung bezüglich der Kollisionsratereduktion und Auf-
prallgeschwindigkeitsreduktion nachgewiesen werden [22].

### 2.5.6 Zusammenfassung und Begründung der Notwendigkeit einer neuen Methodik zur Nutzenuntersuchung und -Optimierung

In diesem Abschnitt wurden mehrere verschiedene Ansätze zur Untersuchung und Nachweis des Nutzens von FAS vorgestellt. Jede Methode hat
ihre Vor- und Nachteile (s. Tab. 2.2). Für jede der Methoden gilt, wie in
Abb. 2.16 dargestellt, je höher die allgemeine Gültigkeit desto niedriger die
Empfindlichkeit bzw. der Detaillierungsgrad der Methode und umgekehrt.
Die Ansätze mit Unfalldaten bestimmen zwar den Nutzen aus dem gesamten Unfallgeschehen und besitzen somit eine hohe Validität, haben aber
den Nachteil, dass sie gar nicht oder nur eingeschränkt die Fahrer-
Fahrzeug-Interaktion betrachten.
Die Versuche im realen Straßenverkehr können ebenfalls den Vorteil einer
hohen Validität aufweisen. Aufgrund der großen Varianz in den Daten ist
die interne Validität gering. Damit aussagekräftige Erkenntnisse bzgl. der
Unfallursachen und des Fahrerverhaltens vor einer Kollision gewonnen
werden können, müssen ausreichend Unfalldaten vorliegen. Deren Erhebung ist jedoch bei Versuchen im realen Straßenverkehr mit sehr hohem
Aufwand und hohen Kosten verbunden. Sowohl die Versuche auf der Teststrecke als auch im Simulator besitzen hohe Datenqualität, hohen Detaillierungsgrad und können schnell mit überschaubarem Aufwand und Kosten
weiterführende Resultate liefern. Beide Methoden sind allerdings aufgrund
der hohen experimentellen Kontrolle bei der Generalisierung der gewonnenen Erkenntnisse eingegrenzt.

| | **Theoretische Methoden** | **Nutzerorientierte Methoden** | | |
| --- | --- | --- | --- | --- |
| | | **Straßenverkehr** | **Teststrecke** | **Simulator** |
| **Vorteile** | + externe Validität<br>+ gesamte Fahrerpopulation<br>+ Identifikation Unfallursachen<br>+ mittel großer Aufwand / Relative Kosten | + externe Validität<br>+ Fahrdatenerhebung<br>+ „Natürliches" Fahrverhalten<br>+ Identifikation Unfallursachen<br>+ Einfluss der Infrastruktur | + interne Validität<br>+ mittelmäßiger Aufwand / Relative Kosten<br>+ kurze Dauer<br>+ Erhebung von Fahrdaten<br>+ Erhebung von subjektiven Daten<br>+ mittelmäßige Datenmenge<br>+ hohe Datenqualität<br>+ Bewertung Fahrer-Fahrzeug-Interaktion<br>+ Methoden zur Modellen der Fahraufgabe<br>+ Methoden zur Modellen der Nebenaufgabe | + interne Validität<br>+ mittelmäßiger Aufwand / Relative Kosten<br>+ kurze Dauer<br>+ keine Verletzungsgefahr<br>+ Erhebung von subjektiven Daten<br>+ mittelmäßige Datenmenge<br>+ hohe Datenqualität<br>+ Einfluss der Infrastruktur<br>+ Methoden zur Modellen der Fahraufgabe<br>+ Methoden zur Modellen der Nebenaufgabe<br>+ Bewertung Fahrer-Fahrzeug-Interaktion |
| **Nach-teile** | - modelliertes Fahrverhalten & Fahrerverhalten<br>- teilweise unzureichende bzw. ungenauen Daten<br>- modelliertes FAS | - interne Validität<br>- hohe Aufwand / Relative Kosten<br>- Verletzungsgefahr<br>- sehr lange Dauer<br>- keine Erhebung von subjektiven Daten<br>- große Datenmengen<br>- geringe Datenqualität<br>- bedingte Bewertung Fahrer-Fahrzeug-Interaktion | - externe Validität<br>- Verletzungsgefahr für den Fahrer<br>- kontrolliertes „Natürliches" Fahrverhalten<br>- Identifikation Unfallursachen | - externe Validität<br>- kontrolliertes „Natürliches" Fahrverhalten<br>- Identifikation Unfallursachen |

Tab. 2.2:    Vor- und Nachteile der Methoden

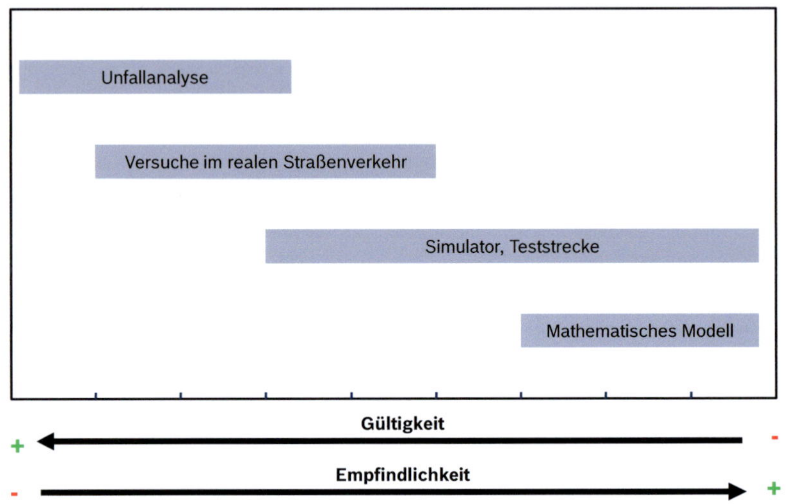


Abb. 2.16:  Spektrum der Bewertungsmethoden zur Untersuchung des Nutzens von FAS in Anlehnung an [108]


## Forschungsbedarf und Ziel der Arbeit

Im Gegensatz zu Systemen der passiven Sicherheit existieren keine etablierten Verfahren zur Bewertung des Nutzens von FAS zur Unfallvermeidung bzw. Unfallfolgenminderung (vgl. auch [32]). Wie in Abb. 2.16 dargestellt ist zurzeit keine Methode vorhanden, die sowohl eine hohe allgemeine Gültigkeit als auch eine hohe Empfindlichkeit der Ergebnisse aufweist. Hierzu soll die vorliegende Arbeit ihren wissenschaftlichen Beitrag leisten.

Aus dem ermittelten Forschungsbedarf lässt sich das folgende Ziel der vorliegende Arbeit ableiten: Es gilt, eine Methodik zu entwickeln, die Fahrer-Fahrzeug-Interaktion berücksichtigt, den Nutzen eines sicherheitskritischen FAS mit einem hohen Detaillierungsgrad sowie gleichzeitig mit einer hohen Gültigkeit untersucht und die Möglichkeit zur Ableitung von Optimierungsmaßnahmen bietet.

# 3. Konzeption einer Methodik zur Nutzenanalyse und Optimierung sicherheitsrelevanter Fahrerassistenzsysteme

## 3.1 Anforderung an die Methodik

Wie in Abschnitt 2.5 bereits diskutiert wurde, existiert zurzeit keine Methode, die sowohl eine hohe allgemeine Gültigkeit als auch hohen Detaillierungsgrad aufweist.

Im Folgenden werden mehrere Kriterien aufgestellt und diskutiert, die eine solche Methodik erfüllen sollten. Die Anforderungen wurden in [6] ausgearbeitet und sind in Abb. 3.1 grafisch dargestellt, wobei die Unterkriterien als Hilfestellung zur Bewertung der Hauptanforderungen zu verstehen sind.

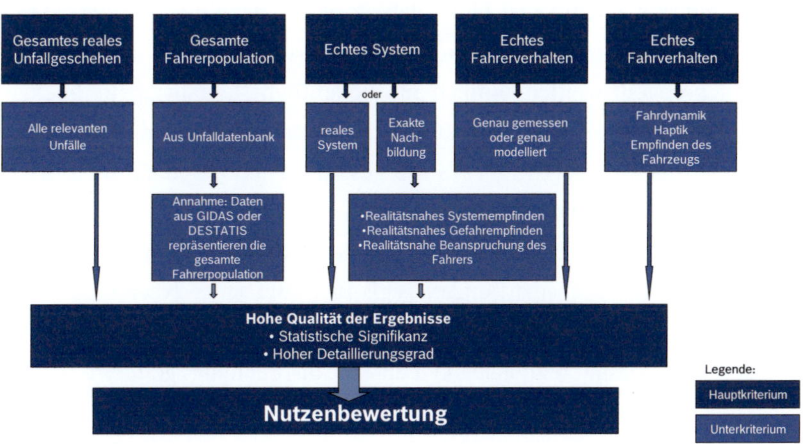


Abb. 3.1:   Anforderungen an die Methodik [6]

1) *Gesamtes reales Unfallgeschehen*: Um statistisch repräsentative und allgemeingültige Aussagen bzgl. des Nutzens eines FAS machen zu können, ist die Berücksichtigung des realen Unfallgeschehens erforderlich (vgl. [6]). Hierzu sollte durch die Methode mindestens das Wirkfeld des FAS, d.h. alle relevante Unfälle, ermittelt werden können.

   Anhand der im Abschnitt 2.5 diskutierten Vor- und Nachteile der einzelnen Methoden können nur Auswertungen von Unfalldatenbanken eine Gesamtunfallentwicklung liefern, vorausgesetzt die Daten können auf die amtliche Unfallstatistik hochgerechnet werden.

2) *Gesamte Fahrerpopulation*: Für die Allgemeingültigkeit der mit dieser Methode erzielten Ergebnisse ist die Betrachtung der gesamten Fahrerpopulation erwünscht (vgl. [6]).

   Ähnlich wie beim ersten Kriterium kann die gesamte Fahrerpopulation zurzeit nur anhand von Unfalldatenbanken abgebildet werden. Durch Gewichtungskoeffizienten können die Prognosen, die mit GIDAS-Daten erstellt werden, einfach auf die amtliche Unfallstatistik hochgerechnet werden. Aus diesem Grund wird angenommen, dass die Daten aus GIDAS oder DESTATIS die gesamte Fahrerpopulation repräsentieren und nachbilden können.

3) *Echtes System*: Ein reales oder zumindest exakt nachgebildetes FAS ist bei der Methode anzuwenden (vgl. [6]). Bei einer Nachbildung des Systems sollte ein realitätsnahes Systemempfinden und Gefahrempfinden sowie eine realitätsnahe Fahrerbeanspruchung geliefert werden können.

4) *Echtes Fahrerverhalten*: Die Fahrerinteraktion mit dem System und dem Fahrzeug in einer kritischen Situation sollte bei der Methode betrachtet werden, da diese ein wichtiges Kriterium zur Zielerreichung des FAS ist, nämlich den Unfall zu vermeiden oder die Unfallfolgen zu mindern. Hierzu sollte das Fahrerverhalten gemessen (z.B. mithilfe ei-

ner nutzerorientierten Methode) oder auf Basis von realen Daten genau modelliert werden.

5) *Echtes Fahrverhalten*: Um die Fahrerinteraktion mit dem System möglichst realitätsnah erfassen zu können, ist eine realistische Nachbildung der Fahrdynamik vorausgesetzt (vgl. [6]).

6) *Qualität der Ergebnisse*: Eine hohe Ergebnisqualität, die mit einer statistischen Signifikanz belegt werden kann, ist Voraussetzung. Insbesondere wird ein hoher Detaillierungsgrad für die Untersuchung unterschiedlicher FAS-Ausprägungen verlangt (vgl. [6]).

7) *Nutzenbewertung*: Die Bestimmung des Nutzens eines FAS muss objektiv erfolgen. Abschätzungen des Vermeidungspotenzials sind nicht akzeptabel.

## 3.2 Bewertung existierender Methoden

In diesem Abschnitt werden die Methoden, die in Abschnitt 2.5 eingeführt wurden, anhand der in Abschnitt 3.1 vorgestellten Anforderungen bewertet und gegenübergestellt. Diese Bewertung entstand im Rahmen der Arbeit von Arnold et al. (vgl. [6]).

Da die 100 Car-Study kein konkretes Ziel zur Nutzenuntersuchung eines FAS hatte, wird diese Methode bei dieser Bewertung nicht betrachtet.

Die Bewertung der restlichen Methoden ist in Tab. 3.1 zu finden. Die entsprechende Skala für die Durchführung der Bewertung ist im Anhang D.1 zu finden.

### 3.2.1 Bewertung der Methode von Busch

Die Busch-Methodik [32] arbeitet mit Unfalldaten aus GIDAS. Im Vergleich zu anderen Datenbanken, wie beispielsweise die amtliche Unfallstatistik, haben die Daten dieser Datenbank einen sehr hohen Detaillierungsgrad. In [6] werden aus diesem Grund die Kriterien „gesamtes reales Unfallgeschehen" und „gesamte Fahrerpopulation" für seine Methodik positiv bewertet. Da er allerdings mit einem virtuellen Prototyp des FAS arbeitet und das Fahrerverhalten nicht mit einbezieht, können mit seiner Methode nur fahrerunabhängige FAS untersucht werden, die somit für „echtes System", „echtes Fahrerverhalten" und „echtes Fahrverhalten" negativ bewertet werden muss (vgl. [6]). Aufgrund der Berechnung des Nutzens anhand der Reduktion der Kollisionsgeschwindigkeit und entsprechend des Sicherheitsgewinns bei der Verminderung der Unfallschwere sind die Punkte „Qualität der Ergebnisse" und „Nutzenbewertung" positiv bewertet.

### 3.2.2 Bewertung der Methode von Khanafer et al.

Ähnlich wie Busch verwendet die Khanafer et al. Methodik [111] Unfalldaten von DESTATIS zur Nutzenabschätzung und ist gut bei „gesamtes reales Unfallgeschehen" sowie „gesamte Fahrerpopulation" (vgl. [6]). Die Kriterien für „echtes System", „echtes Fahrerverhalten", „echtes Fahrverhalten" sind wie bei allen Methoden mit Unfalldaten nicht erfüllt. Da die Autoren eine subjektive Häufigkeitsverteilung der einzelnen Unfallursachen ableiten und folglich eine Wahrscheinlichkeitsberechnung des abgeschätzten Vermeidungspotenzials durchführen, sind die Qualität der Ergebnisse und die Nutzenbewertung nach den aufgestellten Anforderungen nicht ausreichend gut.

### 3.2.3 Bewertung der Methode von Georgi et al.

Genauso wie Busch verwendet die Methodik von Georgi et al. [78] GIDAS-Unfalldaten. Daher sind die Kriterien „gesamtes reales Unfallgeschehen" und „gesamte Fahrerpopulation" erfüllt (vgl. [6]). Die Verwendung eines Fahrermodells für die Nutzenberechnung unterscheidet diese Methodik von allen anderen unfalldatenbasierten Ansätzen. Jedoch ist das modellierte Fahrerverhalten mit dem FAS leider auf Basis von Annahmen aufgebaut und erfüllt deswegen die Anforderungen beim Punkt „echtes Fahrerverhalten" nicht. Für die Kriterien „echtes System" und „echtes Fahrverhalten" erhält die Methodik einen Minuspunkt, da das untersuchte System einen abgewandelten Algorithmus zur Bestimmung des Warnzeitpunkts nutzt (vgl. Abschnitt 4). Die Qualität der Ergebnisse und die Nutzenberechnung werden positiv bewertet, da der Nutzen sowohl für die unterschiedlichen Fahrertypen als auch als durchschnittlicher Wert ausgegeben wird.

### 3.2.4 Bewertung der Methode von Kopischke

Kopischke [119] verwendet mathematische Modelle zur FAS-Abbildung, die er für drei Situationen simuliert. Daher erfüllt die Methodik die Anforderung „gesamtes reales Unfallgeschehen" nicht. Die Akzeptanz dieser Modelle wurde mithilfe von Probanden validiert und somit auch bei „gesamte Fahrerpopulation" negativ bewertet. Aufgrund der mathematischen Simulation ohne Einbindung des Fahrers im Regelkreis sind die Kriterien „echtes System", „echtes Fahrerverhalten" und „echtes Fahrverhalten" nicht erfüllt (vgl. [6]). Durch die Abbildung des Vermeidungspotenzials der entwickelten Modelle anhand der Reduktion der Kollisionsgeschwindigkeit und Energiereduktion erhält er eine positive Bewertung für die Qualität der Ergebnisse und seine Nutzenbewertung.

### 3.2.5 Bewertung der Methode von Hoffmann

Ähnlich wie bei jeder nutzerorientierten Methode ist der Ansatz von Hoffmann [97] negativ bei „gesamtes reales Unfallgeschehen" und „gesamte Fahrerpopulation" bewertet, da nur ein Szenario mit begrenzter Anzahl von Probanden evaluiert wird. Wegen der Untersuchung der realen FAS-Eingriffe im realen Fahrzeug sind die Kriterien „echtes System", „echtes Fahrerverhalten" und „echtes Fahrverhalten" hier voll erfüllt (vgl. [6]). Die

Qualität der Ergebnisse und Nutzenbewertung ist ebenfalls durch die Ermittlung des Geschwindigkeitsabbaus gewährgeleistet.

### 3.2.6 Bewertung der Methode von Fach & Breuer

Fach & Breuer [64] evaluieren FAS im dynamischen Fahrsimulator für bestimmte Situationen und mit einer bestimmten Anzahl von Probanden. Daher sind die Kriterien „Gesamtes reales Unfallgeschehen" und „Gesamte Fahrerpopulation" nicht erfüllt (vgl. [6]).

| Methodik <br><br> Anforderung | Busch | Khanafer et al. | Georgi et al. | Kopischke | Fach & Breuer | Hoffmann |
|---|---|---|---|---|---|---|
| 1) Gesamtes reales Unfallgeschehen | + | + | + | - | - | - |
| 2) Gesamte Fahrerpopulation | + | + | + | - | - | - |
| 3) Echtes System | - | - | - | - | + | + |
| 4) Echtes Fahrerverhalten | - | - | - | - | + | + |
| 5) Echtes Fahrverhalten | - | - | - | - | + | + |
| 6) Qualität der Ergebnisse | + | - | + | + | + | + |
| 7) Nutzenbewertung | + | - | + | + | + | + |

Tab. 3.1: Bewertung der Methoden (nach [6]). Bewertungsskala: positiv (+), negativ (-)

Aufgrund der Implementierung des FAS im dynamischen Fahrsimulator ist von einem realitätsnahen System- und Gefahrenempfinden sowie einer realitätsnahen Fahrerbeanspruchung auszugehen und es kann das Fahrerverhalten gemessen werden. Somit sind die Anforderungen „echtes System", „echtes Fahrerverhalten" und „echtes Fahrverhalten" erfüllt. Durch die Darstellung des FAS-Nutzens anhand der Unfallrate und Kollisionsgeschwindigkeitsreduktion sind die Punkte „Qualität der Ergebnisse" und „Nutzenbewertung" positiv bewertet.

### 3.2.7 Zusammenfassung und Schlussfolgerung

Die Methoden mit Unfalldaten weisen im Allgemeinen eine hohe externe Validität auf, indem sie das gesamte reale Unfallgeschehen repräsentieren. Hierzu scheidet die Methode von Khanafer et al. aufgrund der niedrigen Qualität der Ergebnisse und Nutzenbewertung aus. Kopischke verwendet leider mathematische Modelle zur Bewertung des Nutzens und spiegelt die Probandenversuche zur Akzeptanzvalidierung nicht in den entwickelten Modellen wider. Die Methodik von Busch ist aufgrund fehlender Fahrermodelle nur anwendbar für FAS, die die Interaktion mit dem Fahrer nicht berücksichtigen. Als einzige kommt die Georgi et al.-Methodik den Anforderungen nahe, scheidet allerdings aufgrund des nicht validierten Fahrermodells aus.

Die nutzerorientierte Methoden von Hoffmann und Fach & Breuer berücksichtigen zwar die Fahrer-Fahrzeug-Interaktion, sind jedoch nur für eine Situation und Probandengruppe übertragbar.

Um die Anforderungen an einen hohen Detaillierungsgrad und gleichzeitig hoher allgemeiner Gültigkeit erfüllen zu können, ist eine Kombination aus nutzerorientierten und theoretischen (Unfalldatenanalyse) Methoden notwendig.

## 3.3 Konzeption der neuen Methodik

Die neuentwickelte Methodik ist eine Kombination aus unfalldatenbasierter und nutzerorientierter Methoden. Diese Methode ist in Abb. 3.2 dargestellt und besteht aus drei Komponenten.

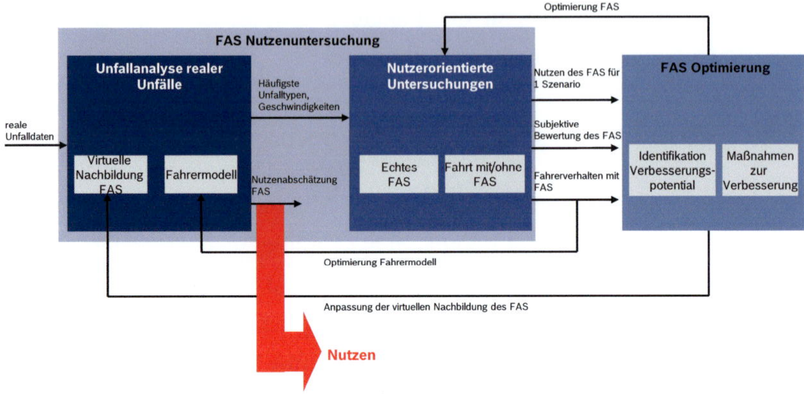


Abb. 3.2:   Konzeption der Methodik zur Nutzenanalyse und Optimierung von sicherheitsrelevanten FAS

Der erste Bestandteil der in dieser Arbeit entwickelten Methode ist die Unfallanalyse von realen Unfällen. Durch die Gewinnung der Daten aus einer Unfalldatenbank wie beispielsweise GIDAS, die detaillierte Angaben bzgl. Initial- und Endzustand der Kollisionsteilnehmer sowie ihrer Bewegungstrajektorien zur Verfügung stellt, ist die kinematische Rekonstruktion und Simulation des Unfalls möglich. Für die Simulation des FAS-Nutzens ist eine ausführliche, virtuelle Nachbildung des FAS wichtig. Damit die Fahrerinteraktion mit dem System und Fahrzeug berücksichtigt werden kann, ist ein Fahrermodell notwendig. Durch eine Simulation des rekonstruierten Unfalls mit dem Fahrermodell und dem virtuellen Prototyp des FAS ist es möglich, eine erste Nutzenvorhersage zu geben, die durch die Anzahl der vermiedenen Unfälle bzw. reduzierter Kollisionsgeschwindigkeit abgebildet wird. Die Unfalldaten können Angaben liefern, wie beispielsweise die häufigsten Unfallszenarien oder häufigste Geschwindigkeiten, bei denen die Unfälle passieren. Diese Angaben sind ein wichtiger Input für die nutzerorientierten Untersuchungen.

Die nutzerorientierten Untersuchungen haben das Ziel den Nutzen des FAS für einige der häufigsten Unfallszenarien zu untersuchen und die Fahrerinteraktion mit dem System zu validieren. Durch den Input bzgl. häufigster Unfalltypen, Geschwindigkeiten, etc., der von der Unfalldatenanalyse ausgegeben wird, kann das Szenario für den Versuch konzipiert werden, damit der Nutzen für einen repräsentativen Fall untersucht werden kann. Falls es spezielle Angaben über die Fahrerpopulation des bestimmten Unfalltyps gibt, können diese bei der Auswahl der Probandenstichprobe berücksichtigt werden. Durch den Vergleich von zwei unabhängigen Stichproben, die mit einem realen FAS und ohne FAS gefahren sind, kann der Nutzen für dieses Szenario bestimmt werden. Die Fahrerinteraktion mit dem FAS und die subjektive Bewertung des Systems durch die Probanden können ebenfalls erhoben werden. Die gewonnenen Erkenntnisse zur Fahrerinteraktion können auf das Fahrermodell nachgebildet werden und somit kann eine neue, genauere und allgemeingültige Nutzenuntersuchung mit den Unfalldaten ausgeführt werden. Voraussetzung für die Allgemeingültigkeit ist die Erweiterung bzw. Verbesserung des Fahrermodells durch weitere Probandenversuche mit anderen Fahrsituationen.

Die durch den Probandenversuch aufgezeichneten objektiven Daten bieten die Möglichkeit, eine detaillierte Analyse der einzelnen FAS-Bestandteile (wie z.B. Teilfunktionen oder Eingriffe) durchzuführen. Somit kann in der dritten Komponente der neuen Methodik, falls notwendig, eine Optimierung des FAS realisiert werden. Durch die Detailnutzenanalyse können Verbesserungspotenziale für das FAS abgeleitet werden. Mithilfe der getroffenen Maßnahmen zur Systemoptimierung und ihrer Validierung anhand eines Probandenversuchs können neue Ergebnisse über die Fahrer-Fahrzeug-Interaktion gewonnen werden, die für ein optimiertes Fahrermodell genutzt werden sollen. Eine Unfallanalyse mit dem optimierten Fahrermodell und der angepassten virtuellen Nachbildung des FAS kann neue Aussagen über den erwarteten Systemnutzen liefern.

Durch die neue Kombination aus Unfalldatenanalyse und nutzerorientierten Untersuchungen bietet die in dieser Arbeit vorgestellte neue Methodik sowohl eine allgemeine Gültigkeit als auch einen hohen Detaillierungsgrad der FAS-Nutzenuntersuchung. Zusätzlich kann die neue Methodik durch die hohe Empfindlichkeit der gewonnenen Daten sowohl das FAS und als auch sich selbst durch die Optimierung des Fahrermodells verbessern und somit genauere Angaben über den erwarteten Systemnutzen ermöglichen.

# 4. Nutzenuntersuchung sicherheitsrelevanter Fahrerassistenzsysteme mit der neuentwickelten Methodik

Das nachfolgende Kapitel stellt die Vorgehensweise zur Nutzenuntersuchung der in dieser Arbeit entwickelten Methodik vor. Hierbei findet zuerst eine theoretische Betrachtung der Methodik und danach ihre konkrete Anwendung auf den PEBS Notbremsassistenten statt.

## 4.1 Analysen realer Unfälle

Der erste Schritt ist die Analyse von realen Unfalldaten. Auf Basis dieser Analyse können Abschätzungen über den erwarteten FAS-Nutzen getroffen werden. Außerdem liefern die Unfalldaten wichtige Inputs für die Konzeption von nutzerorientierten Untersuchungen.

### *4.1.1 Theoretische Betrachtung*

Im Abschnitt 2.5 wurden mehrere Methoden der Unfalldatenanalyse vorgestellt. Anhand der im Abschnitt 3.2. durchgeführten Bewertung dieser Methoden wurde ermittelt, dass die Vorgehensweise von Busch [32] und Georgi et al. [78] die besten sind. Da jedoch nur Georgi et al. [78] die Fahrerinteraktion in Form eines Fahrermodells berücksichtigt, verwendet die Unfallanalyse von realen Unfalldaten der neuen Methode die Vorgehensweise von [78] bzw. [224].

Die in dieser Arbeit entwickelte Methodik nutzt Unfalldaten aus der GIDAS-Datenbank, da diese jeden erfassten Unfall besonders detailliert dokumentiert und beschreibt sowie Daten von der Vorkollisionsphase liefert (vgl. [32], [90]). In GIDAS werden ausschließlich Kollisionen mit Personenschaden erfasst. Somit kann die vorgestellte neue Methodik nur das Unfallvermeidungs- und Unfallfolgenminderungspotenzial bezüglich der Unfälle mit Personenschaden ermitteln. Der Nutzen für Sachschadenunfälle kann aufgrund der fehlenden Datenbasis nicht bewertet werden. Abb. 4.1 zeigt die Vorgehensweise zur Nutzenabschätzung mit GIDAS-Unfalldaten, die auf Basis der Methoden von [32] und [78] abgeleitet wurde.

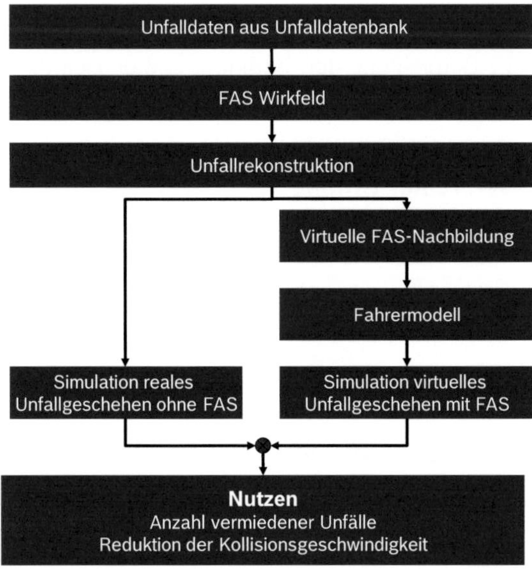


Abb. 4.1:　Vorgehensweise für die Nutzenuntersuchung mit Unfalldaten in Anlehnung [78], [32]

Im ersten Schritt ist aus der gesamten Datenbasis das Wirkfeld des FAS zu bestimmen. Dieses wird anhand des Unfalltyps, der Kollisionsstellung der Unfallbeteiligten sowie der Randbedingungen des FAS (z.B. Pkw-Unfälle für Systeme, die nur für Personenkraftwagen produziert werden) beschrieben. Im zweiten Schritt wird jedes Unfallgeschehen mithilfe der Parameter der Vorkollisionsphase (Initial- und Kollisionsgeschwindigkeit, mittlere

Bremsverzögerung, Straßenreibwert, Trajektorienbeschreibung der Pre-Crash-Matrix bzgl. der Bewegungen der Unfallbeteiligten), die anhand des Energieabbaus und der Fahrzeugposition bestimmt werden, ohne System rekonstruiert. Die Simulation der Unfallentwicklung mit FAS und ohne FAS kann parallel durchgeführt werden. Beim realen Unfallgeschehen ohne FAS wird die kinematische Entwicklung des ursprünglichen Unfalls simuliert. Diese gilt als Vergleichsbasis für die Simulation des virtuellen Unfallgeschehens mit FAS. Die Simulation mit FAS unterteilt sich in mehrere einzelne Vorgänge. Die FAS Nachbildung sollte möglichst detailliert die Funktionsalgorithmen abbilden. Als nächstes sind die Fahrerinteraktionen mit dem System und die durch das FAS hervorgerufenen Reaktionen darzustellen. Mithilfe der Wechselwirkungsbeschreibungen des FAS mit dem Fahrer und der Umwelt kann die kinematische Entwicklung des Unfallgeschehens beim Einsatz eines FAS simuliert werden. Durch den Vergleich der Unfallvorgänge mit und ohne System können die Anzahl der vermiedenen Unfälle sowie die Reduktion der Kollisionsgeschwindigkeit durch das FAS ermittelt werden.

Zusätzlich können durch die Angaben zur Fahrzeugposition bei der Kollision sowie des Unfallorts und Straßentyps Häufigkeitsverteilungen der Unfallszenarien erstellt werden, die als Input für nutzerorientierte Studien zur besseren Übertragbarkeit der Ergebnisse auf die Realität verwendet werden.

Weitere Erkenntnisse kann GIDAS bezüglich Unfallursachen für einzelne Unfalltypen liefern. Hierzu führt das GIDAS-Team Befragungen mit den Fahrern durch, um personenbezogene Unfallursachen besser klassifizieren zu können. Die Qualität dieser Angaben ist jedoch unter Umständen sehr gering, da der Fahrzeugführer sich nicht immer an das genaue Unfallgeschehen erinnern kann oder aus persönlichen Gründen nicht mitteilen möchte. Die Angaben zur Unfallursachen können für die Modellierung des Fahrerverhaltens bzw. für die Optimierung eines FAS angewendet werden.

### 4.1.2 Unfalldatenanalyse am Beispiel von PEBS

Dieser Abschnitt stellt die Anwendung der in Abschnitt 4.1.1 vorgestellten theoretischen Vorgehensweise am Beispiel von PEBS dar.
Abb. 4.2 zeigt die Umsetzung der in Abschnitt 4.1.1 vorgestellten Vorgehensweise.

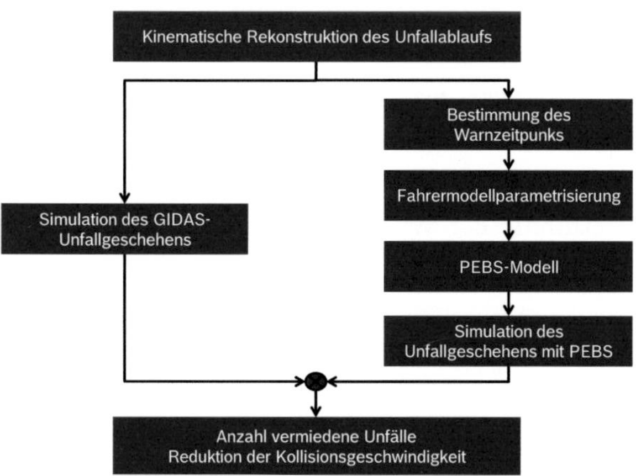


Abb. 4.2:    Vorgehensweise bei der Simulation des Unfallgeschehens mit PEBS

Aufgrund fehlenden Zugriffs auf die GIDAS-Datenbank wurde eine Bosch-interne vorgefertigte Excel-Datei mit einem Wirkfeld von 1001 Unfällen für PEBS bereitgestellt. Die Daten beinhalten die Initial- und Kollisionsgeschwindigkeit, die mittlere Verzögerung von allen Unfallbeteiligten sowie den Straßenreibwert. Der Datensatz enthält Unfälle von 2002 bis 2005. Im Vergleich zu [78], der Unfälle von 2001 bis 2005 untersucht, sind die Daten für die neuentwickelte Methodik um ein Jahr jünger, was auch am ermittelten Wirkfeld zu sehen ist (vgl. [78] 1103 Unfälle). Angesichts der Wirkfelddifferenzen wird die Unfalldatenanalyse mit dem vorhandenen

Datensatz für PEBS durchgeführt und im Anschluss mit den Ergebnissen in [78] verglichen.

## Unfallrekonstruktion

Bei der Unfallrekonstruktion wird der Ablauf der Vorkollisionsphase simuliert. Dabei wird aufgrund der begrenzt zur Verfügung stehenden Daten angenommen, dass die Kollision sich auf einer geraden Strecke ereignet hat. Die Rekonstruktion wird rückwärts ausgehend vom Kollisionszeitpunkt (t = 0) iterativ durchgeführt vgl. [32]. Abb. 4.3 zeigt, dass für jede Iteration für beide Unfallbeteiligten der hinterlegte Weg und die Geschwindigkeit berechnet werden. Die Berechnung wird solange ausgeführt, bis das Abbruchkriterium erfüllt ist.

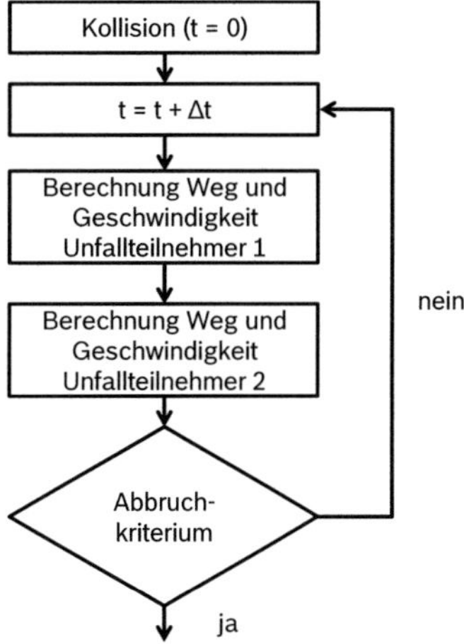


Abb. 4.3: Iterative Rückwärtsberechnung für die Unfallrekonstruktion in Anlehnung an [32]. Hierbei ist $\Delta t$ aufgrund der Rückwärtsrechnung negariv.

Das Abbruchkriterium ist vom simulierten FAS abhängig. Für PEBS wird an der Stelle abgebrochen, an der die erste Bremsreaktion von einem der Kollisionsfahrzeuge stattgefunden hat. Falls kein Unfallteilnehmer gebremst hat, wird zu dem Zeitpunkt abgebrochen, an dem die Warnfunktion ausgelöst worden wäre.

Die Geschwindigkeit und der Abstand werden mit der konstanten mittleren Verzögerung $a_{Gidas}$ berechnet, obwohl in der Realität der Verzögerungsvorgang nicht konstant ist. Grund dafür ist das Bremsverhalten, das dem GIDAS-Team bei der Unfallanalyse vor Ort nicht bekannt ist.

Der Geschwindigkeits- bzw. Abstandsverlauf kann in zwei Bereiche unterteilt werden (s. Abb. 4.4).

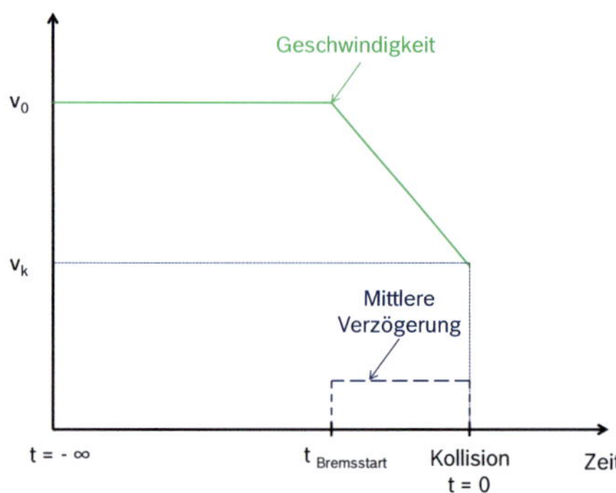


Abb. 4.4:   Geschwindigkeitsverlauf in Abhängigkeit von einer konstanten mittleren Verzögerung

Für $t \in [\, t_{Bremsstart}; 0)$ bewegen sich beide Fahrzeuge mit konstanter Verzögerung. Im zweiten Bereich $t \in (-\infty; t_{Bremsstart})$ gilt eine Bewegung mit konstanter Geschwindigkeit. Zum Zeitpunkt der Kollision haben beide Unfallbeteiligten eine Kollisionsgeschwindigkeit $v_k$. Da es sich um eine

Rückwärtsrechnung handelt, die vom Kollisionszeitpunkt beginnt, ist der hinterlegte Abstand somit null.

$$v(t = 0) = v_k \qquad (4.1)$$

$$s(t = 0) = 0 \qquad (4.2)$$

Der Bremsstartpunkt $t_{Bremsstart}$ lässt sich anhand der verzögerten Bewegung nach Gleichung (4.3) errechnen, wobei $v_0$ die Initialgeschwindigkeit und $a_{Gidas}$ die mittlere Bremsverzögerung ist.

$$t_{Bremstart} = \frac{v_0 - v_k}{a_{Gidas}} \qquad (4.3)$$

Für die Unfallbeteiligten, die vor der Kollision nicht gebremst haben, gilt $t_{Bremsstart} = 0$.
Für den Bereich mit einer verzögerten Bewegung $t\epsilon\ [t_{Bremsstart}; 0)$ gelten für die Geschwindigkeiten und hinterlegten Wege die Gleichungen (4.4) bzw. (4.5).

$$v(t + \Delta t) = v(t) + a_{Gidas} * \Delta t \qquad (4.4)$$

$$s(t + \Delta t) = s(t) + v(t) * \Delta t + \frac{1}{2} a_{Gidas} * \Delta t^2 \qquad (4.5)$$

Für den ungebremsten Zeitbereich $t \in (-\infty;\ t_{Bremsstart})$ bewegen sich die Fahrzeuge mit einer konstanten Geschwindigkeit. Für die Weg- und Geschwindigkeitsberechnung gelten somit die Gleichungen (4.6) bzw. (4.7).

$$v(t + \Delta t) = v_0 \qquad (4.6)$$

$$s(t + \Delta t) = s(t) + v_0 * \Delta t \qquad (4.7)$$

**Warnzeitpunkt**

Für die Festlegung des Warnzeitpunkts existieren zwei Methoden.

Die erste Methode wurde von [78] verwendet. Hierzu nutzen Georgi et al. vorgefertigte feste Tabellenwerte für die TTC[8] (Time To Collision), die in Abhängigkeit von der Relativgeschwindigkeit den Warnzeitpunkt bestimmen. Dabei wird die Aktivität der Fahrer für das Warndilemma (vgl. Abschnitt 2.2.2) berücksichtigt. Nachteil dieser Methode ist die für die Berechnung der TTC benötigte Annahme, dass beide Fahrzeuge sich mit konstanter Geschwindigkeit bewegen, wodurch die Kritikalitätsabschätzung verfälscht wird.

Die bessere Methode ist die Bestimmung des Warnzeitpunkts anhand der Vermeidungsverzögerung (s. Abschnitt 2.2.2). Damit bestimmt PEBS in der Realität die Kritikalität der Verkehrssituation und entsprechend warnt.

---

[8] TTC= d_x/v_rel, wobei d_x der Abstand und v_rel die Relativgeschwindigkeit zwischen den beiden Fahrzeugen sind.

Hierzu wird zu jedem Zeitschritt die Vermeidungsverzögerung und die prädizierte[9] Vermeidungsverzögerung berechnet. Nach der Überschreitung bestimmter Schwellen wird die Warnung ausgelöst.

In dieser Arbeit wird zusätzlich zu der Georgi et al.-Vorgehensweise für die Warnzeitpunktbestimmung die Vermeidungsverzögerung betrachtet. Für beide Methoden wurden Simulationen durchgeführt, die den direkten Vergleich der Ergebnisse ermöglichen.

**Fahrermodellparametrisierung**

Das Fahrermodell wurde nach dem in Abschnitt 2.4 beschriebenen Modell von Georgi et al. [78] implementiert. Nach diesem Modell reagieren die Fahrer unabhängig davon, ob sie aktiv oder inaktiv sind, immer mit dem gleichen Bremsverhalten. Es wird angenommen, dass 10% der Fahrer bei einer kritischen Auffahrsituation keine Bremsreaktion zeigen. Die restlichen 90% werden nach ihrer Bremsreaktion unterteilt. 50% reagieren nach der akustischen Warnung und 40% leiten eine Bremsreaktion nach dem Bremsruck ein. Zusätzlich werden die reagierenden Fahrer in drei Fahrertypen unterteilt, die in Tab. 4.1 dargestellt sind. Diese Werte wurden für die Simulation mit PEBS benutzt.

---

[9] Die prädizierte Vermeidungsverzögerung wird in Abhängigkeit von der Fahreraktivität ermittelt. Hierzu werden für einen aktiven und einen inaktiven Fahrer Annahmen bzgl. der Reaktionszeiten getroffen. Damit werden die prädizierten Werte der Relativgeschwindigkeit, des Abstands zwischen beiden Fahrzeugen und die daraus resultierende Vermeidungsverzögerung errechnet.

| Bremsreaktion / Fahrertyp | Reaktionszeit nach akustischer Warnung [s] | Reaktionszeit nach Bremsruck [s] | Bremsstärke [%] |
|---|---|---|---|
| Best driver | 0,7 | 0,4 | 100 |
| Realistic driver | 1,0 | 0,7 | 80 |
| Lethargic driver | 2,0 | 1,5 | 60 |

Tab. 4.1:　Bremsreaktion der unterschiedlichen Fahrertypen nach [78]

Für die Umsetzung der Bremsverzögerung nutzen Georgi et al. [78] eine Kombination aus dem ursprünglichen GIDAS-Fahrer und dem Fahrermodell, damit es nicht zu einer Verschlechterung der Unfallentwicklung gegenüber dem GIDAS-Fall kommt (s. Abb. 4.5 links).

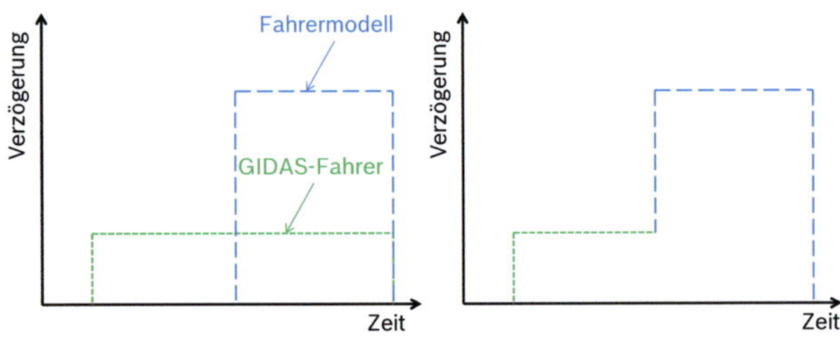


Abb. 4.5:　Umsetzung Bremsverhalten. Links: Verzögerung des GIDAS-Fahrers und laut Fahrermodell. Rechts: Maximum aus GIDAS-Fahrer und Fahrermodell

Aus diesem Grund wird immer das Maximum aus beiden Verzögerungen für die Simulation mit FAS verwendet (Abb. 4.5 rechts). In dieser Arbeit wurden zwei Simulationen für das Fahrerverhalten durchgeführt. Die erste Simulation erfolgt nach der Vorgehensweise von Georgi et al. (vgl. Abb. 4.5 rechts). Eine zusätzliche Simulation wird nur mit dem Reaktionsverhalten aus dem Fahrermodell (vgl. Abb. 4.5 links) durchgeführt. Die Ergebnisse der beiden Methoden können somit direkt gegenübergestellt und verglichen werden.

## PEBS-Modell

PCW wurde nach der in Abschnitt 2.2.2 vorgestellten Definition implementiert. Der Warnzeitpunkt wurde mit beiden Methoden (TTC Tabellen-Methode nach [224] und Vermeidungsverzögerung) bestimmt.

EBA wurde ebenfalls nach der in Abschnitt 2.2.2 erwähnten Definition modelliert. Da die Vorgehensweise von [224] mit den GIDAS-Daten eine konstante Verzögerung verwendet, können die im Abschnitt 2.2.2 erwähnten Schwellen zur Auslösung der Zielbremsung nicht berücksichtig werden. Die Zielbremsung wurde in diesem Fall direkt nach dem Bremsstart ausgelöst.

AEB wurde nach der in Abschnitt 2.2.2 genannten Spezifikation umgesetzt. Sowohl bei EBA als auch bei AEB wurde der GIDAS-Straßenreibbbeiwert für die Ermittlung der maximalen Verzögerung verwendet.

## Simulation des Unfallgeschehens

Mithilfe der Warnzeitpunktbestimmung, der Parametrisierung des Fahrermodells und der PEBS-Nachbildung kann die Unfallsimulation mit PEBS für das Wirkfeld durchgeführt werden. Die Simulation des ursprünglichen GIDAS-Falls kann parallel durchgeführt werden. Zum Schluss wird die Differenz zwischen den beiden Simulationen gebildet, die der PEBS-Nutzenbestimmung für einen Fall entspricht.

Da es drei Fahrertypen mit zwei unterschiedlichen Aktivitäten und drei Reaktionsarten (d.h. keine Reaktion, Reaktion auf die akustische Warnung oder Reaktion auf den Bremsruck, insgesamt 14 Kombinationen) gab, die verschiedene Auftretenswahrscheinlichkeiten bzw. Gewichtungen hatten, wurden 14 Berechnungen für jede Nutzenbestimmung von PEBS durchgeführt. Durch die Gewichtung jeder Berechnung anhand der Gewichtungs-faktoren (s. Anhang 0) wird der Nutzen von PEBS ermittelt.

## PEBS-Nutzenabschätzung

Im Folgenden wird das Nutzenpotenzial von PEBS anhand des prozentua-len Anteils der vermiedenen Kollisionen sowie der reduzierten Kollisions-geschwindigkeit bestimmt, falls es trotz FAS zu einem Unfall gekommen ist. Die erzielten Ergebnisse werden parallel mit der Referenz von [78] verglichen, die wie erwähnt, ein unterschiedliches Wirkfeld für PEBS hat-te.

In Abb. 4.6 sind die Ergebnisse der vermiedenen Unfälle zu sehen. Hier sind die Simulation mit der Vorgehensweise von Georgi et al. [78] zur Bestimmung des Warnzeitpunkts (TTC- Methodik) mit dem in dieser Ar-beit verwendeten Wirkfeld von PEBS und die zusätzliche Simulation mit Vermeidungsverzögerung dargestellt.

Für diese Warnzeitpunktsimulationen erfolgte die Fahrerreaktion nach der Vorgehensweise von [78], d.h. es wurde immer die Kombination aus GIDAS-Fahrer und Fahrermodell (vgl. Abb. 4.5 rechts) als Bremsverzöge-rung ausgegeben. Im Diagramm ist deutlich zu sehen, dass die Referenzer-gebnisse von [78] und die Simulation mit der TTC-Methodik ähnliche Ergebnisse erzielen. Bei dem Wirkfeld von 1001 Kollisionen kann PCW bis zu 39% der Unfälle vermeiden. Grund dafür ist, dass im Vergleich zur GIDAS-Unfallentwicklung (d.h. ohne Warnung) eine frühere Reaktion durch die Warnung erfolgt. Durch die Zielbremsung können weitere 18% bzw. für den gesamten EBA 57% erzielt werden. Die automatischen Ein-griffe in Form einer Teil- oder Vollbremsung tragen mit zusätzlichen 19% bei.

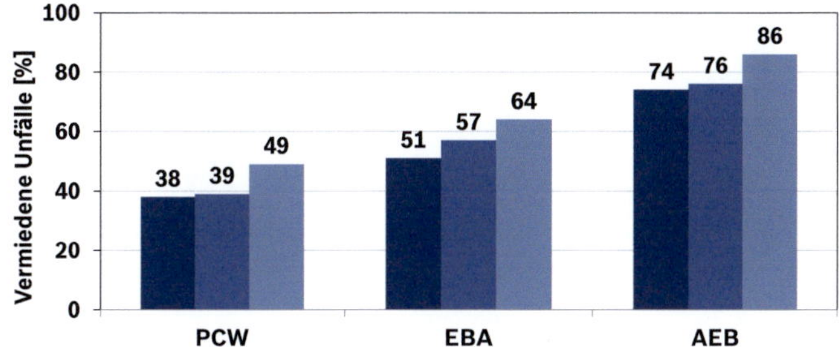



Abb. 4.6:  Vermiedene Unfälle nach der Georgi et al.-Vorgehensweise.
Das Fahrerbremsverhalten besteht aus der Kombination von GIDAS-Fahrerverzögerung und Fahrermodellverzögerung.
*) Simulierte Ergebnisse in dieser Arbeit

Somit liegt das gesamte Vermeidungspotenzial von PEBS (entspricht AEB) bei 76%. Die minimale Differenzen zu den Referenzergebnissen von [78] von bis zu 6 % sind aus den unterschiedlichen Wirkfeldern zu erklären. Interessant sind die Ergebnisse der zweiten Simulation mit der Methode der Vermeidungsverzögerung. Dabei erhöht sich das Vermeidungspotenzial allein durch PCW auf 49%, die Zielbremsung trägt zu weiteren 15% bei und die gesamte PEBS-Funktion zu 86% Unfallvermeidung bei. Die Erklärung der Differenzen bis zu 10% bei PCW ist der unterschiedliche Warnzeitpunkt bei den verschiedenen Methoden. In Abb. 4.7 ist die Differenz des Warnzeitpunkts veranschaulicht, der mit den unterschiedlichen Methoden bestimmt wurde.

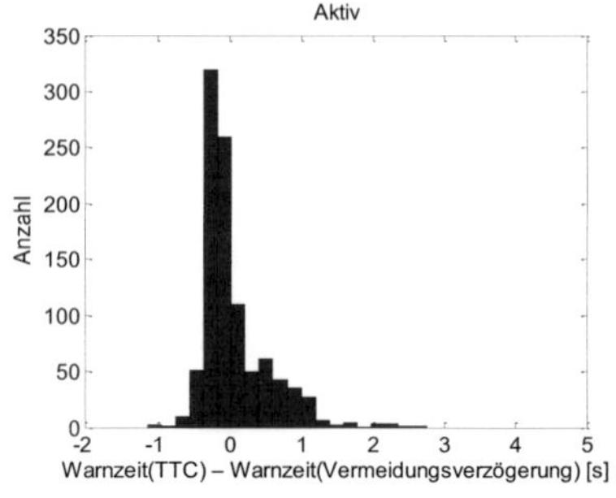
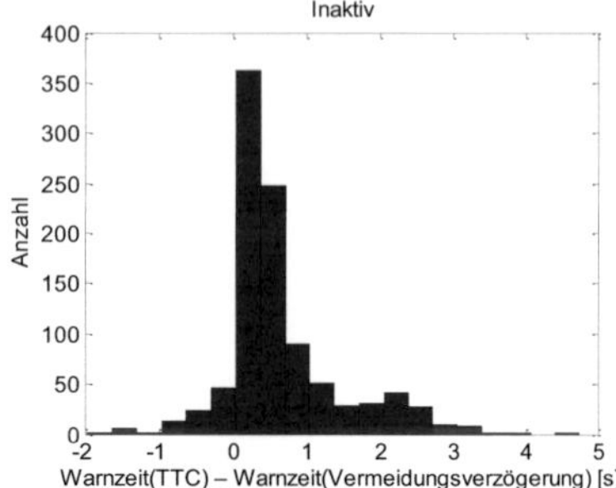

Abb. 4.7:   Vergleich Warnzeitpunktbestimmung (TTC-Methode) – (Vermeidungsverzögerung-Methode).

Links: im aktiven Fahrerzustand.

Rechts: im inaktiven Fahrerzustand.

Aufgrund der Unfallrekonstruktion bekommt alles, was vor der ursprünglichen Kollision (t = 0) stattfindet, ein negatives Vorzeichen. Eine negative Differenz bedeutet, dass die Tabellen-Methode früher gewarnt hat. Die Methode mit der Vermeidungsverzögerung warnt früher, wenn die Differenz positiv ist.

Für den aktiven Fahrer warnt die TTC- Methode in 255 Fällen früher. Bei inaktivem Fahrer jedoch wird die Warnung mit der Vermeidungsverzögerungsmethode bei 831 Fällen früher ausgelöst. Es bleibt also eine absolute Differenz von 576 Fällen von beiden Zuständen, bei denen die Vermeidungsverzögerungsmethode früher als die TTC- Methode warnt. Somit erfolgt eine frühere Bremsreaktion und es kann mehr Geschwindigkeit abgebaut werden, was zur Erhöhung des Nutzens führt. Die TTC- Methode ist eine Vereinfachung der Warnzeitpunktbestimmung im realen PEBS. Der Vermeidungsverzögerungsalgorithmus ist die genaue Nachbildung der echten PEBS-Warnfunktion. Somit liefern die damit erzielten Ergebnisse eine höhere Aussagekraft bezüglich des erwarteten Nutzens des PEBS.

Abb. 4.8 stellt die Ergebnisse für die Reduktion der Kollisionsgeschwindigkeit für die Fälle dar, bei denen die Kollision nicht vermieden werden konnte.

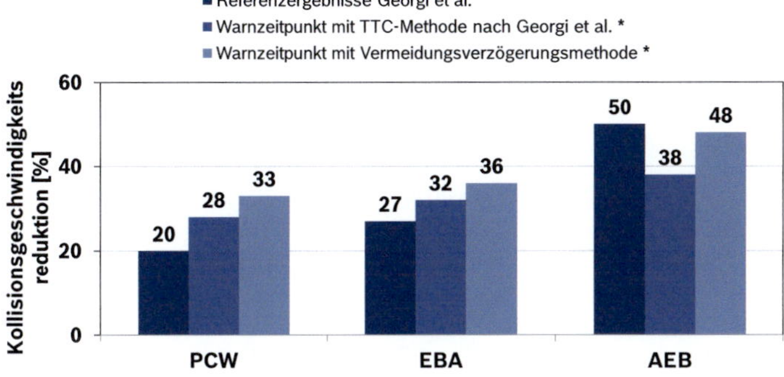


Abb. 4.8:  Kollisionsgeschwindigkeitsreduktion nach der Georgi et al.-Vorgehensweise. Fahrerbremsverhalten besteht aus der Kombination von GIDAS-Fahrerverzögerung und Fahrermodellverzögerung. *) Simulierte Ergebnisse in dieser Arbeit

Anhand der TTC-Nutzenabschätzungsmethode kann eine Kollisionsgeschwindigkeitsreduktion von 28% für PCW und 32% für die Zielbremsung (EBA) vorhergesagt werden. Mithilfe der Vermeidungsverzögerungsnutzenabschätzungsmethode beträgt die Kollisionsgeschwindigkeitsreduktion für PCW 33% und 36% für die Zielbremsung. Eine Differenz von ca. 10% ist zwischen den unterschiedlichen Warnzeitpunktmethoden bei AEB zu sehen. Dies bedeutet, dass die frühere Warnung nicht nur zu einer früheren Bremsreaktion sondern auch zur längeren Zeitdauer der automatischen Teilbremsung führt.

Abb. 4.9 zeigt eine weitere Simulation für beide Warnzeitpunktmethoden, jedoch regierte hier der Fahrer nur mit dem angenommenen Fahrerverhaltensmodell (vgl. Abb. 4.5 links). Eine Fahrermodellreaktion kann nur durch eine Warnung ausgelöst werden. Da beim GIDAS-Unfall keine Warnung vorhanden war, ist eine Kombination aus der GIDAS-Fahrerverzögerung und dem Fahrermodell nicht sinnvoll. Für die nachfolgende Berechnung wurde somit nur das angenommene Bremsverhalten des Fahrermodells berücksichtigt. Im Vergleich zur Abb. 4.6 verringert sich das Vermeidungspotenzial tendenziell für alle Teilfunktionen. Nur mit einer Warnung werden 3% bzw. 2 % weniger Unfälle vermieden. Dies entspricht 36% mit der TTC- Methode und 47% mit der Vermeidungsverzögerung. Der größte Einfluss dieser Verzögerungskombination ist bei EBA zu sehen (vgl. Abb. 4.6 mit Abb. 4.9).

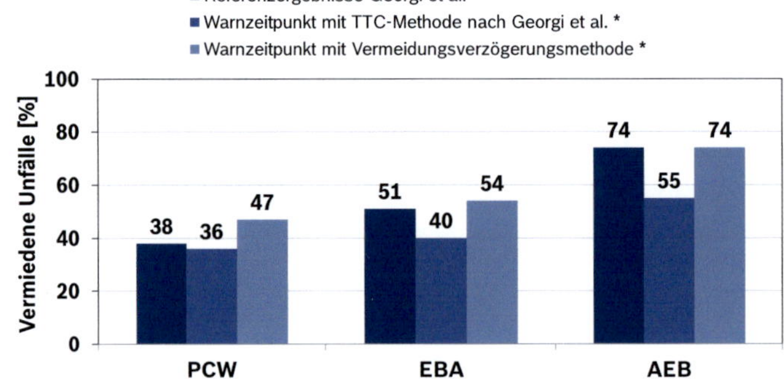


Abb. 4.9:  Vermiedene Kollisionen. Nach der Georgi et al.-Vorgehensweise nur mit Fahrermodellbremsverhalten (keine Kombination mit GIDAS-Verzögerung). *) Simulierte Ergebnisse in dieser Arbeit

Allein durch die Fahrermodellverzögerung können 40% (d.h. 17% weniger als mit einer Kombination aus der GIDAS-Fahrerverzögerung und dem Fahrermodell) mit der TTC-Nutzenabschätzungsmethode bzw. 54% der Unfälle (10% weniger) mit der Vermeidungsverzögerungs-Nutzenabschätzungsmethode vermieden werden. Die Differenz zwischen

Abb. 4.6 und Abb. 4.9 bei der gesamten Funktion (AEB) kommt durch die Summe der Unterschiede bei Warnung und Zielbremsung zustande, da die Fahrermodell-Bremsverzögerungsumsetzung keinen Einfluss auf die automatische Teilbremsung hat. Wie in Abb. 4.9 zu sehen ist können 55% der Unfälle laut die TTC-Methode bzw. 74% nach Vermeidungsverzögerungsmethode vermieden werden.

Bei der Kollisionsgeschwindigkeitsreduktion ist der Einfluss der Bremsverzögerung entsprechend dem Fahrermodell (s. Abb. 4.10) sehr klein.

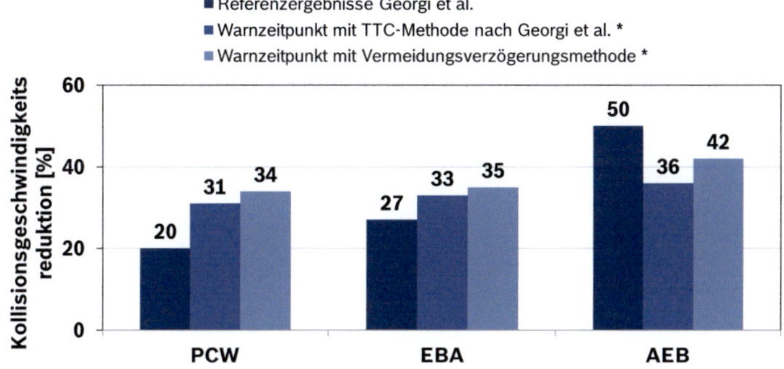


Abb. 4.10: Kollisionsgeschwindigkeitsreduktion nach der Georgi et al.-Vorgehensweise nur mit Fahrermodellbremsverhalten (keine Kombination mit GIDAS-Verzögerung).
*) Simulierte Ergebnisse in dieser Arbeit

Die Anzahl der vermiedenen Kollisionen ohne Kombination mit GIDAS-Verzögerung ist kleiner als diese mit kombiniertem Verzögerungsverlauf (vgl. Abb. 4.6 mit Abb. 4.9). Die PEBS-Funktion kann zu einem höheren Kollisionsgeschwindigkeitsabbau der nicht vermiedenen Unfälle bei der Nutzenabschätzung nur mit Fahrermodellbremsverhalten beitragen. Im Vergleich zu Abb. 4.8 schwanken die Werte maximal um 6%. Die Verteilung ist allerdings mit der in Abb. 4.8 vergleichbar. Die Geschwindigkeit kann zwischen 31% bis 36% bzw. 34% bis 42% durch die einzelnen (Teil-)Funktionen vermindert werden.

### 4.1.3 Zusammenfassung

In diesem Abschnitt wurde die Nutzenpotenzialabschätzung mithilfe von Unfalldaten theoretisch erläutert und praktisch anhand PEBS dargestellt.

Die GIDAS-Datenbank bietet zurzeit qualitativ hochwertige und detailliert beschriebene Daten für Unfälle in der Längsdynamik. Die Unfallrekonstruktion und –simulation ist anhand dieser Daten relativ unproblematisch. Für die Nutzenuntersuchung von FAS zur Querführung stehen jedoch nur geringe Datenmengen zur Verfügung. GIDAS optimierte in den letzten Jahren ihre Methodik zur Unfallerhebung mit dem Ziel, möglichst ausführlich und realitätstreu die Vorkollisionsphase nachbilden zu können. Sobald genügend Daten zur Verfügung stehen, sollte die Vorgehensweise zur Unfallrekonstruktion sowohl für die Längs- als auch für die Querführung erweitert werden.

Die Qualität der Daten von Unfalldatenbanken hinsichtlich personenbezogener Unfallursachen (z.B. Unaufmerksamkeit, Schläfrigkeit, etc.) ist sehr niedrig. Solche Angaben existieren nur vereinzelt. Aus diesem Grund sollten in Zukunft mehr Erkenntnisse diesbezüglich mithilfe von Versuchen im realen Straßenverkehr gewonnen werden.

Anhand der praktischen Anwendung der Methodik am Beispiel von PEBS konnte gezeigt werden, dass eine realitätstreue Systemmodellierung bedeutsam ist. Hierzu wurde der Vergleich zwischen den unterschiedlichen Methoden zur Bestimmung des Warnzeitpunkts von PEBS dargestellt. Die Methode von [78] ist eine vereinfachte Vorgehensweise zur Warnzeitpunktauslegung (TTC-Methode). Die Gegenüberstellung mit der Vermeidungsverzögerung-Warnzeitpunktbestimmung, die PEBS in der Realität nutzt, zeigten Abweichungen im Fall der Inaktivität des Fahrers, die entsprechend das Endergebnis der Nutzenabschätzung beeinflusst haben.

Die Fahrermodellparametrisierung und –umsetzung ist sehr wichtig für die Nutzenabschätzung von sicherheitskritischen FAS. Das von [78] entwickelte Fahrermodell sollte anhand nutzerorientierter Versuche validiert werden, um sicherzustellen, dass die getroffenen Annahmen der Realität entsprechen und zusätzlich die Fahrerinteraktion mit PEBS im Allgemeinen zu untersuchen. Desweiteren ist die Umsetzung des Fahrermodells im Zusammenhang mit den GIDAS-Daten sehr wichtig. In [78] nehmen die Autoren in ihrer PEBS-Nutzenuntersuchung immer das Maximum der Fahrermodellverzögerung und der GIDAS-Fahrerverzögerung, das nicht begründet und argumentiert wurde und das PEBS-Endnutzenergebnis sehr stark beeinflusst.

## 4.2 Nutzerorientierte Untersuchungen

Nachdem die Analyse realer Unfalldaten durchgeführt und eine erste Abschätzung des erwarteten FAS-Nutzen erzielt wurde, folgt bei der neuentwickelten Methodik der zweite Schritt – der nutzerorientierte Versuch zur Nutzenuntersuchung an einem konkreten Unfallszenario sowie die Analyse der Fahrerinteraktion mit FAS. Die Unfallanalyse liefert wertvolle Erkenntnisse zur Versuchs-Konzeption.

### *4.2.1 Theoretische Betrachtung*

Vor Durchführung des nutzerorientierten Versuchs müssen Entscheidungen zur Konzeption des Versuchs getroffen werden, wovon die Qualität der erzielten Ergebnissen zur Nutzenuntersuchung mit Probandenversuchen sehr stark abhängt (vgl. [59], [118]). Abb. 4.11 zeigt einen Leitfaden zur Vorgehensweise bei der Konzeption nutzerorientierter Versuche.

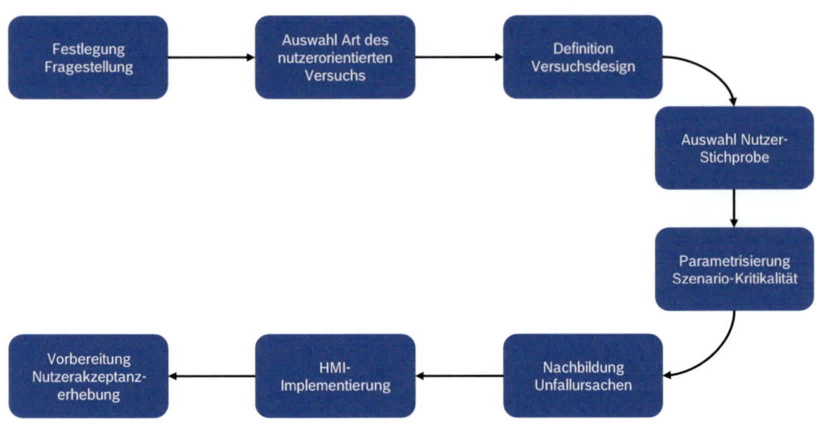


Abb. 4.11: Vorgehensweise zur Konzeption von nutzerorientierten Versuchen.

1) *Fragestellung festlegen*: Als erstes ist die konkrete Fragestellung bzw. das Ziel der Untersuchung zu definieren. Abhängig von der jeweiligen Fragestellung sind die Bewertungskriterien und die entsprechenden konkreten Hypothesen abzuleiten. Mithilfe der erhobenen Daten sind diese anhand einer statistischen Auswertung zu verifizieren oder falsifizieren.

2) *Art des nutzerorientierten Versuchs auswählen*: Bei der Auswahl eines nutzerorientierten Versuchs sollte darauf geachtet werden, dass die Daten eine hohe interne Validität und Reliabilität aufweisen. Dies bedeutet, dass die Messungen unter den gleichen Bedingungen reproduzierbar sind sowie einen der Fragestellung angemessenen Detaillierungsgrad der zu erfassenden Effekte aufweisen [94], [108], [[21] zitiert nach [22]]. Ein weiteres Kriterium ist die Objektivität der Daten. Objektive Messergebnisse liegen vor, wenn verschiedene Personen, die die Messungen unabhängig voneinander vornehmen, zu den gleichen Messergebnissen gelangen [94], [108], vgl. [21], [22]. Ein weiteres Kriterium für die Auswahl ist das Entwicklungsstadium des FAS

[118]. Prototyp-Funktionen, die ggf. noch fehlerbehaftet sein können, sind im Simulator zu untersuchen. Produktnahe FAS, die eine hohe Absicherung besitzen, können auch auf einer Teststrecke untersucht werden. Der Aufwand ist ein sehr wichtiges Kriterium. Darunter ist sowohl die Ökonomie[10] [[123] zitiert nach [22]], [94], [108] als auch die Höhe des eingesetzten Arbeitsaufwands für Versuchskonzeption sowie die Komplexität der Datenerhebung und -auswertung [25] zu verstehen. In Tab. 2.2 wurden die Aufwandabschätzungen der einzelnen nutzerorientierte Methoden vorgestellt. Die Kosten und die Dauer hängen stark von der Größe der Probandenstichprobe ab. Im Allgemeinen gilt jedoch, dass ein Versuch im Simulator oder auf einer Teststrecke einen überschaubaren Aufwand im Gegensatz zu diesem im realen Straßenverkehr hat. Abhängig von FAS kann der Aufwand zur Konzeption eines reproduzierbaren und für den Probanden sicheren Szenarios auf einer Teststrecke sehr hoch sein. Die Sicherheit der Probanden ist eine Anforderung, die durch die Untersuchung nicht beeinträchtigt werden darf (vgl. [22], [25]).

3) *Versuchsdesign definieren*: Für die Festlegung des Versuchsdesigns können die von der Unfallanalyse zusätzlich gewonnen Daten wie z.B. häufigste Unfallart, Geschwindigkeit etc. genutzt werden. Die Berücksichtigung der Unfallanalyse für den Versuchsszenario-Entwurf sorgt für die Repräsentativität des gemessenen Fahrerverhaltens. Aufgrund der real nachgebildeten Unfallszene ist die Übertragbarkeit der erzielten Ergebnisse höher.

Nachdem das Versuchsszenario festgelegt wurde, ist zu definieren, welche Informationen der Proband über das Experiment bekommen

---

[10] Die Methoden müssen ein vernünftiges Verhältnis zwischen zeitlichem und finanziellem Aufwand sowie erhobenem Datenwert erzielen.

soll. Für sicherheitskritische FAS spielt die Nachbildung eines der Realität entsprechenden Fahrgefühls eine enorme Rolle. Da im realen Straßenverkehr ein Unfall meistens unerwartet ist, sind die Informationen über das konkrete Untersuchungsziel möglichst gering zu halten. Hierzu kommen meistens unterschiedliche Cover-Stories zum Einsatz, die den angeblichen Zweck des Tests schildern soll, so dass der Proband nichts vom wirklichen Untersuchungsziel ahnt.

4) *Nutzer-Stichprobe auswählen* [11] : Für die Nutzenuntersuchung des FAS ist der Versuch mit solchen Fahrern durchzuführen, die die Grundgesamtheit, d.h. die erwartete Nutzerpopulation repräsentieren. Bevor die Stichprobe jedoch ausgewählt wird, muss die Grundgesamtheit bestimmt bzw. identifiziert werden. Als nächstes ist die Grundgesamtheit anhand von Merkmalen und ihrer Häufigkeitsverteilungen (falls diese bekannt) nachzubilden (vgl. [[19] zitiert nach [110]]). Die Aussagekraft der durch den Versuch erzielten Ergebnisse sowie ihre Übertragbarkeit auf die Zielgruppe hängt sehr stark von der Stichprobengröße und –mischung ab. Daher muss als nächstes der Stichprobenumfang festgelegt werden. Aufgrund der proportionalen Relation zwischen Kosten und Aufwand soll versucht werden, eine Mindestanzahl an Probanden auszuwählen, die zumindest mit vergleichbaren Häufigkeiten und in allen möglichen Kombinationen die erwartete Nutzerpopulation nachbildet. Wenn die Eigenschaften $n$ von 1 bis $k$ bekannt sind, kann die Probandenanzahl durch Formel (4.8) bestimmt werden [26].

---

[11] Eine Stichprobe ist eine der zuvor definierten Grundgesamtheit nach wissenschaftlichen Regeln entnommene Teilmenge (Sample), die im Rahmen der Untersuchung erfasst und befragt wird [[171]zitiert nach [110]].

$$n \geq \prod_{i=1}^{k} n_i \qquad (4.8)$$

Falls die Eigenschaften Alter ($n_1 = 3$; 3 Ausprägungen: alt, mittel, jung), Geschlecht ($n_2 = 2$; 2 Ausprägungen: weiblich, männlich) und Produktausprägung ($n_3 = 2$; 2 Ausprägungen: mit System, ohne System) sind, ergibt sich eine Mindestanzahl von $3 \times 2 \times 2 = 12$. Wesentliche Eingangsgrößen zur Festlegung des Stichprobenumfangs sind die Qualität der erhobenen Daten (Skalenniveau), die geforderte Genauigkeit der Ergebnisse sowie die zugelassene Irrtumswahrscheinlichkeit (Formeln und Beispiele bei [26] zu finden) [22].

Die Auswahl der Stichproben beeinflusst ebenfalls die Anzahl der benötigten Probanden. Es wird unterschieden zwischen abhängigen Stichproben und unabhängigen Stichproben. Falls unterschiedliche Ausprägungen einer Systemauslegung untersucht werden sollen, bietet sich der Einsatz von abhängigen Stichproben an. Unabhängige Stichproben sind dann auszuwählen, wenn z.B. die Eignung einer Auslegung für bestimmte Nutzerpopulationsteile zu ermitteln ist [22]. Grundsätzlich gilt, dass unabhängige Stichproben eine höhere Anzahl an Probanden als abhängige Stichprobe benötigen, um statistisch signifikante Ergebnisse zu erzielen (vgl. [59], [22], [21]).

Unfälle ereignen sich meistens dann, wenn der Fahrer das kritische Ereignis nicht erwartet hat. Bei nutzerorientierten Versuchen kann dieses unvorbereitete Verhalten nur einmal erhoben und bewertet werden. Danach ist der Proband aufgrund der Antizipation schon auf die Situation vorbereitet und zeigt erhöhte Wachsamkeit (vgl. [22]). Hierzu schränkt sich die Wahl auf unabhängige Stichproben ein.

5) *Parametrisierung der Szenario-Kritikalität*: Die Parametrisierung der Szenario-Kritikalität ist ebenfalls ein wichtiges Kriterium für die Nutzenuntersuchung eines sicherheitskritischen FAS. Eine bedeutende

Rolle spielt hier der Initialzustand beim Auslösen der kritischen Situation. Wenn der Initialzustand mit sehr geringer Kritikalität ausgewählt wird, ist zu erwarten, dass viele Probanden sowohl mit FAS als auch ohne FAS problemlos die Situation unfallfrei bewältigen können. Abb. 4.12 zeigt ein beispielhaftes Auffahrunfallszenario, wobei $d_{x1}$ der Initialabstand zwischen dem Ego- und vorausfahrenden Fahrzeug (CO: Collision Object) ist, $s_{ego}$ der von Ego zurückgelegte Weg ist, $s_{co}$ die von CO zurückgelegte Strecke ist und $d_{x2}$ der Abstand zum Ende der Situation ist (d.h. der Anhalteabstand, der bei einer Kollision kleiner null ist).

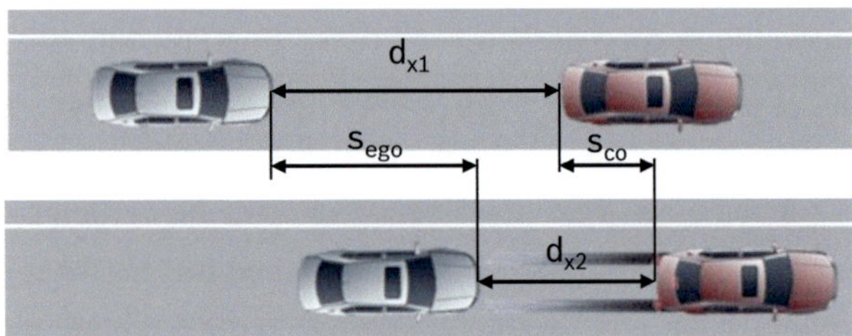


Abb. 4.12: Szenario Kritikalität-Parametrisierung

Gleichung (4.9) zeigt, dass der Anhalteabstand $d_{x2}$ vom Initialabstand $d_{x1}$ sowie die vom Ego $s_{ego}$ und CO $s_{co}$ hinterlegten Wege abhängig ist.

$$d_{x2} = d_{x1} - s_{ego} + s_{co} \tag{4.9}$$

Bei einer verzögerten Bewegung ergibt sich für die von CO zurückgelegte Strecke $s_{co}$ nach Gleichung (4.10), wobei $v_{co,0}$ die Initialgeschwindigkeit, $a_{co}$ die Beschleunigung und $t_{co,brems}$ die Bremszeit von CO sind. Das Verhalten von CO ist jedoch bei allen Probanden gleich und spielt eine untergeordnete Rolle bei der

Szenarioparametrisierung.

$$s_{co} = v_{co,0} * t_{co,brems} + \frac{1}{2} * a_{co} * t_{co,brems}^2 \tag{4.10}$$

Der von Ego zurückgelegte Weg $s_{ego}$ kann in zwei Abschnitte unterteilt werden (s. Gleichung (4.11). Der erste Teil ist der Abschnittsbereich, bei dem der Fahrer die Situation wahrnimmt, interpretiert und seine erste Reaktion einleitet, die in Gleichung (4.11) durch die Reaktionszeit $t_{react}$ wiedergegeben wird. Der zweite Teil ist die Umsetzung der Reaktion (z.B. die Bremsung oder das Ausweichen), die durch die ego-Beschleunigung $a_{ego}$ und die Bremszeit $t_{ego,brems}$ nachgebildet wird.

$$s_{ego} = v_{ego,0} * t_{react} + v_{ego,0} * t_{ego,brems} + \frac{1}{2} * a_{ego} \\ * t_{ego,brems}^2 \tag{4.11}$$

Um den Nutzen eines FAS untersuchen zu können, muss das Szenario den realen Unfallinitialzustand repräsentieren, d.h. ohne FAS müssen genügend Unfälle passieren. Für Gleichung (4.9) bedeutet das, dass $d_{x2} = 0$, also $d_{x1} = s_{ego} - s_{co}$ erfüllt sein sollte. Um $d_{x1}$ bzw. den Initialzustand einzustellen, müssen Annahmen über das Reaktionsverhalten (z.B. $t_{react}$) bei der nachgebildeten kritischen Situation getroffen werden.

Je nachdem, ob es sich um ein FAS zur Unfallvermeidung oder nur Unfallfolgenminderung handelt sind die Initialbedingungen anders zu gestalten. Für unfallvermeidende FAS soll bei der Auslegung der Initialbedinungen darauf geachtet werden, dass der Unfall physikalisch vermeidbar ist. Bei unfallfolgenmindernden Systemen kann das Szenario so parametrisiert werden, dass die Kollision nicht zu vermeiden ist (d.h. auch bei sehr kurzen Fahrerreaktionszeiten und sofortiger Vollbremsung der Unfall nicht vermieden werden kann).

6) *Unfallursachen nachbilden*: Genau so wie das Szenario und die Kritikalitätsparametrisierung sind die Unfallursachen beim Versuch wiederzugeben. Hierzu kann ebenfalls die Unfallanalyse als Informationsinput dienen. Falls diesbezüglich aussagekräftige und umfangreiche Erkenntnisse von Versuchen im realen Straßenverkehr vorliegen, können diese für die Unfallursachennachbildung berücksichtigt werden. Nachdem eine Klassifikation der möglichen Unfallursachen stattgefunden hat, sind diese mit geeigneten Methoden in der Versuchsumgebung nachzubilden.

7) *HMI-Implementierung*: Die realitätsnahe HMI-Implementierung ist ein sehr wichtiger Punkt für die Untersuchung des Fahrerverhaltens mit FAS. Falls es sich um einen Prototypen handelt, ist die Detektion bzw. Wahrnehmung von visuell-akustischen Warnungen durch einige Probandenvorversuche zu kontrollieren. Die realitätsnahe Parametrisierung von haptischen Warnungen ist nur durch Expertenbeurteilungen sinnvoll, da Fahrer, die wenig mit dieser Modalität im Fahrzeug zu tun haben, sehr schwer unterschiedliche Ausprägungen voneinander unterscheiden können. Die durch die Experten ausgewählten Parametrisierungen können nach Zieldefinition zu einem späteren Zeitpunkt mit „naiven"[12] Probanden auf Akzeptanz untersucht werden. Auf diesen Punkt wird im Kapitel 5 näher eingegangen.

8) *Nutzerakzeptanzerhebung vorbereiten*: Nutzerorientierte Versuche bieten die Möglichkeit, die subjektive Meinung der Probanden über das System und die Interaktion zu erheben. Dafür existieren verschiedene Methoden wie beispielsweise Fragebögen oder eine direkte Be-

---

[12] „Naive" Probanden sind Fahrer, die das wirkliche Ziel der Studie nicht kennen.

fragung durch den Versuchsleiter. Hinweise zur Konzeption und Durchführung der subjektiven Datenerhebung können unter [5] und [46] gefunden werden.

Nachdem die Konzeption der Studie festgelegt wurde, sind die Probanden in zwei vergleichbar aufgeteilte Gruppen einzuteilen (s. Abb. 4.13). Die erste Gruppe fährt ohne FAS und die andere mit Systemunterstützung. Durch den Vergleich zwischen den beiden Gruppen, können ggf. die Anzahl der vermiedenen Unfälle bzw. reduzierte Kollisionsgeschwindigkeit ermittelt werden und somit der FAS-Nutzen für das ausgewählte Versuchsszenario bestimmt werden.

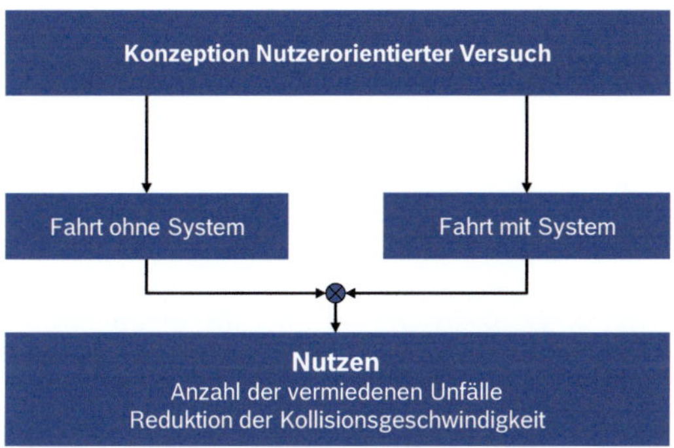


Abb. 4.13: Vorgehensweise zur Bestimmung des Nutzens von FAS mit nutzerorientiertem Versuch

### 4.2.2  Nutzerorientierte Untersuchung am Beispiel von PEBS

Im folgenden Abschnitt wird die theoretische Betrachtung, die im Abschnitt 4.2.1 behandelt wurde, am Beispiel von PEBS umgesetzt.

## Konzeption der Studie

### *Ziel der Studie*

Das Ziel der Studie ist es den quantitativen Nutzen von PEBS mithilfe einer nutzerorientierten Untersuchung zu ermitteln. Als Nutzen wurde folgendes definiert [156]:

- die Vermeidung von unmittelbar drohenden Auffahrunfällen und
- im Falle eines nicht mehr vermeidbaren Unfalls die Minderung der Unfallfolgen.

Im Hinblick auf das Ziel der Studie wurden folgende Hypothesen abgeleitet.

*Hypothese 1: „PEBS reduziert die Anzahl der Kollisionen".*

*Hypothese 2: „PEBS reduziert die Kollisionsgeschwindigkeit".*

### *Der dynamische Fahrsimulator des DLR*

Die reproduzierbare Szenario-Darstellung für einen Notbremsassistenten wie PEBS kann auf einer Teststrecke sehr aufwändig sein. Aus diesem Grund sind die Reliabilität, die interne Validität und Objektivität der Daten bei Versuchen im Fahrsimulator höher als auf einer Teststrecke. Die Komplexität einer reproduzierbaren und für den Probanden sicheren Versuchsauslegung kann die Kosten und die Dauer der Untersuchung auf einer Teststrecke sprengen. In einem Fahrsimulator sind die Kosten hingegen überschaubar (vgl. Kapitel 2). Der Vorteil eines Versuchs auf einer Teststrecke – das realistische System- und Gefahrenempfinden – kann durch einen dynamischen Fahrsimulator realitätsnah nachgebildet werden. Aus diesen Gründen wurde für die Nutzenuntersuchung des Notbremsassistenten PEBS der dynamische Fahrsimulator des Deutschen Zentrums für Luft- und Raumfahrt (DLR) ausgewählt.

Der dynamische Fahrsimulator des DLR, illustriert in Abb. 4.14, ermöglicht die Erprobung und Untersuchung von Fahrerassistenzsystemen in einem fortgeschrittenen Produktstadium.

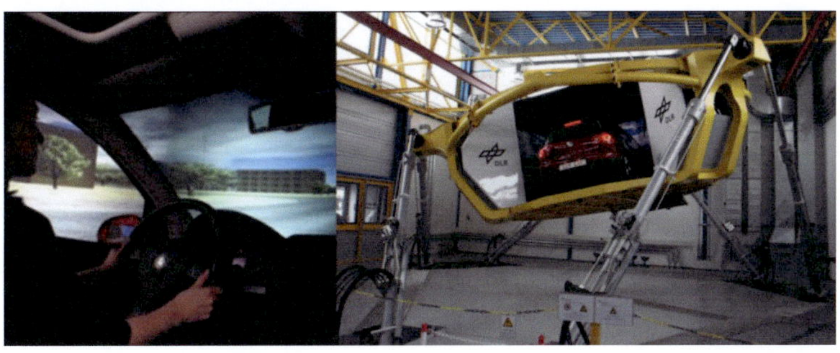

Abb. 4.14: Links: Das Cockpit. Rechts: Der dynamische Fahrsimulator des Deutschen Zentrums für Luft- und Raumfahrt. [49]

Das Bewegungssystem, das hochwertige Projektionssystem und das komplett integrierte Fahrzeug erzeugen ein realistisches Fahrgefühl. Das Bewegungssystem basiert auf einem Hexapod System, welches die Bewegung in sechs Freiheitsgraden ermöglicht. Somit können Bremsvorgänge und ein Bremsruck realitätsnah dargestellt werden. Anhand der Beschleunigungsrückmeldungen des Fahrzeugs an den Fahrer kann ein ähnliches Fahrverhalten wie im Realverkehr beobachtet werden, so dass im Simulator gezeigte Effekte in die Realität übertragbar sind [49].
Ein komplettes Fahrzeug ist in die Simulatorkabine integriert. Das Fahrzeug ist vom Projektionssystem des dynamischen Fahrsimulators umschlossen. Dieses bietet ein breites visuelles Feld für den Vorder- und Seitenbereich des Fahrzeugs (270° x 40°) mit einer hohen Auflösung von insgesamt ca. 9200 x 1280 Pixel. Der Innenspiegel und die in den Seitenspiegel eingebauten TFT-Bildschirme ermöglichen die Beobachtung des hinter dem Fahrzeug simulierten Verkehrsgeschehens.

Die Kommunikation zwischen dem Cockpit und der Simulationsumgebung erfolgt über den CAN-Bus. Dieses ermöglicht die Übertragung der Fahreraktionen und die Steuerung der Instrumente im Cockpit. Alle vom Fahrer betätigten Eingaben und Aktionen können außerdem aufgezeichnet und ausgewertet werden.

Der Fahrer gibt wie im realen Fahrzeug durch Einstellen des Lenkradwinkels und Betätigung der Pedalerie die Führungsgrößen für die Fahrzeugbewegung vor. Durch die Bewegungen des Fahrsimulators, die Visualisierung, die Klangeffekte und die Instrumente im Fahrzeuginneren erhält er Rückmeldung über den aktuellen Fahrzeugzustand und kann diesen durch entsprechende Handlungen beeinflussen.

### *Versuchsdesign und Szenario-Parametrisierung*

Für die Nutzenuntersuchung von PEBS im dynamischen Fahrsimulator ist eine unerwartete Unfallszene erforderlich, die in der Realität oft vorkommt. Nach der neuentwickelten Methodik kommen hier Unfalldatenanalysen zu Hilfe. In Tab. 4.2 sind die vier am häufigsten auftretenden Unfallszenarien aus einer Unfallanalyse aus den USA aufgelistet. Wie daraus ersichtlich wird, geschehen 37% der Auffahrunfälle, wenn ein vorausfahrendes und ein folgendes Fahrzeug sich mit einer konstanten Geschwindigkeit bewegen und plötzlich das erste Auto verzögert. Das gleiche Szenario ist die häufigste Unfallart bei einer Unfalldatenanalyse mithilfe von GIDAS [223]. Ein ahnliches Ergebnis bekommt [122] anhand einer Analyse der Unfälle zwischen 2002 und 2006 aus der deutschen Versicherungsunfallforschung. Hierbei geschehen 22% der Fälle durch eine Kollision mit einem vorausfahrenden oder wartenden Fahrzeug, welches abfährt, stoppt oder angehalten ist. Vergleichende Häufigkeitsverteilungen können bei [69] gefunden werden. Da dieses Szenario am häufigsten vorkommt, wurde diese Szene für die Studie gestaltet und im Simulator implementiert.

| Nr. | Szenario Beschreibung | Relative Häufigkeit |
|---|---|---|
| 1 | Vorausfahrendes und folgendes Fahrzeug fahren auf einer geraden Straße mit konstanter Geschwindigkeit und das vorausfahrende Fahrzeug verzögert. | 37 % |
| 2 | Das folgende Fahrzeug fährt auf einer geraden Straße mit konstanter Geschwindigkeit und fährt auf ein zum Stillstand kommendes Fahrzeug auf. | 30,2 % |
| 3 | Das folgende Fahrzeug fährt auf einer geraden Straße mit konstanter Geschwindigkeit und fährt auf ein mit niedriger konstanter Geschwindigkeit fahrendes Fahrzeug auf. | 14,1 % |
| 4 | Das vorausfahrende und folgende Fahrzeug verzögen auf einer geraden Straße und das vorausfahrende Fahrzeug bremst später mit einer höheren Verzögerung. | 4,5% |

Tab. 4.2:   Top 4 der Auffahrunfallszenarien aus einer In Depth Analyse in den USA [[150] zitiert nach [208]]

Abb. 4.15 zeigt eine schematische Beschreibung des Testszenarios.

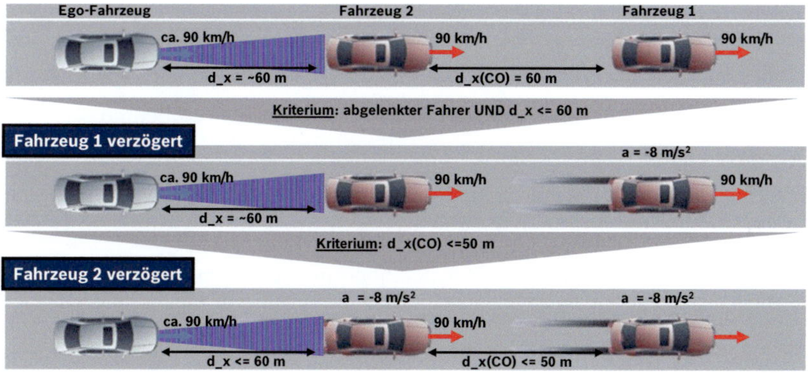


Abb. 4.15:  Unfallszenario im DLR-Simulator

Die Szene wurde auf einer einspurigen Landstraße mit Gegenverkehr gewählt, damit der Fahrer bei der kritischen Situation nicht ausweichen kann. Die Testperson, die das Ego-Fahrzeug fährt, folgt Fahrzeug 2. Damit den

Probanden das Verhalten des unmittelbar vorausfahrenden Fahrzeugs plausibel erscheint, wurde auch Fahrzeug 1 in die Simulation aufgenommen. Eine Analyse der Initialgeschwindigkeit bei den in GIDAS erfassten Kollisionen zeigt, dass ca. 80% der PEBS-relevanten Unfälle bei einer Geschwindigkeit von 90 km/h geschehen [223]. Demzufolge wird beiden vorausfahrenden Fahrzeugen eine Geschwindigkeit von 90 km/h zugewiesen. Der Proband wird vor dem Versuch angewiesen, eine Distanz von etwa 50 m zum Vordermann einzuhalten. Zur Erleichterung kann er sich an den Leitpfosten orientieren. Falls die Testperson zu nah (unter 40 m) oder zu weit (über 70 m) vom Fahrzeug 2 entfernt ist, bekommt diese eine automatische Ansage während der Fahrt, ihren Abstand anzupassen.

Über 70% der Auffahrunfälle geschehen aufgrund der Unaufmerksamkeit des Fahrers (vgl. Abb. 4.17). Aus diesem Grund wird die Testperson während des Versuchs durch eine Nebenaufgabe abgelenkt. Der Proband wird über eine Videoverbindung vom Versuchsleiter beobachtet, um sicherzustellen, dass er an der Nebenaufgabe arbeitet. Wenn der Versuchsleiter sicher ist, dass die Versuchsperson visuell abgelenkt ist, wird die kritische Situation ausgelöst, falls beide der folgenden Kriterien erfüllt sind:

- Der Fahrer ist mindesten 15 Minuten gefahren und
- der Abstand zwischen dem Ego-Fahrzeug und Fahrzeug 2 war kleiner als 60 m. Die Schwelle 60 m wurde festgelegt, um eine kritische Situation zu erzielen und die Vergleichbarkeit zwischen der Kontroll- und Versuchsgruppe sicherzustellen.

In diesem Moment wurde die Bremsung des Fahrzeugs 1 mit einer Verzögerung von -8 m/s$^2$ ausgelöst. Sobald die Distanz zwischen den beiden vorausfahrenden Fahrzeugen 50 m erreichte, wurde die Bremsung mit -8 m/s$^2$ bis zum Stillstand des Fahrzeugs 2 automatisch gestartet.

Die Parametrisierung des Szenarios wurde anhand der im Abschnitt 4.2.1 vorgestellten Vorgehensweise durchgeführt. Bei einer konstanten Verzögerung von -8 m/s$^2$ ergibt sich für $t_{CO,brems} = v_{CO,0}/a_{CO} = 3{,}125\,s$. Nach

Gleichung (4.10) legt das zweite vorausfahrende Fahrzeug eine Strecke $s_{co} = 39{,}06\ m$ zurück. Für das folgende Fahrzeug wurde eine Reaktionszeit von ca. 2 s ($t_{react} = 2\ s$) angenommen. Bei einer sofortigen konstanten Verzögerung von -8 m/s$^2$ [13] ergibt sich nach Gleichung (4.11) für $s_{ego} = 89{,}06\ m$ bei $t_{ego,brems} = v_{ego,0}/a_{ego} = 3{,}125\ s$. Somit kann der Initialabstand nach $d_{x1} = s_{ego} - s_{co} = 50\ m$ ermittelt werden. Da die Verzögerungsumsetzung sowohl im realen Fahrzeug als auch im DLR-Simulator mit bestimmten Totzeiten erfolgt, wurde der Initialabstand zur Auslösung der kritischen Situation auf 60 m festgelegt.

***Probandenstichprobe***

Mit dem Ziel, eine repräsentative Stichprobe der typischen Autofahrer zu erhalten, wurden die folgenden, zuvor beschriebenen relevanten Eigenschaften für die Bestimmung der benötigten Probandengröße festgelegt:

- Alter: jung, mittel, alt
- Geschlecht: männlich, weiblich
- System Ausprägung: mit und ohne System
- Zustand: unaufmerksam.

Nach Gleichung (4.8) ergibt sich somit eine Mindestanzahl $n \geq \prod_{i=1}^{k} n = 3 * 2 * 2 * 1 = 12$.

An der Studie nahmen 42 Probanden im Alter zwischen 21 und 80 (Durchschnittsalter 45) teil, die in zwei Gruppen mit jeweils 21 Versuchspersonen aufgeteilt wurden. Dabei waren 18 Probanden weiblich und 24 männlich (s. Abb. 4.16).

---

[13] Durch empirische Voruntersuchungen mit Probanden im Simulator wurde eine maximale mögliche Verzögerung von ca. -8 m/s$^2$ ermittelt.

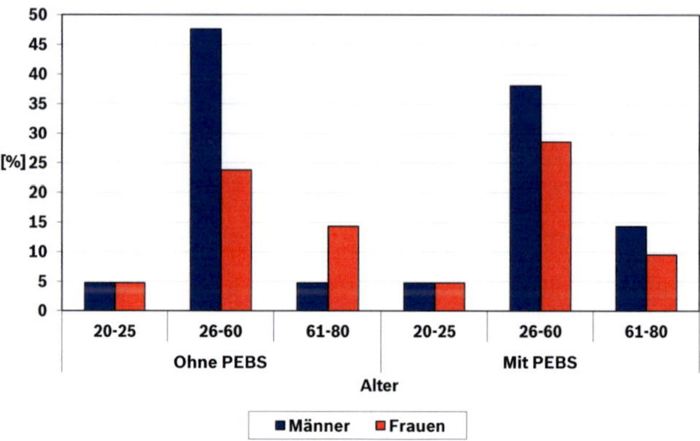



Abb. 4.16: Alters- und Geschlechtsverteilung der Versuchspersonen

Alle Probanden hatten im Vorfeld ein Simulatortraining absolviert, um Verfälschungen der Versuchsergebnisse aufgrund der Simulatorumgebung oder gesundheitlicher Beeinträchtigungen auszuschließen.

### Unfallursachen-Nachbildung: Nebenaufgabe

Ähnlich wie beim Unfallszenario wurden hierfür ebenfalls schon bekannte Erkenntnisse zur Klassifizierung der Unfallursachen verwendet.

Abb. 4.17 zeigt, dass bei über 70% der Auffahrunfälle der Fahrer unaufmerksam oder abgelenkt war.

Um eine den realen Unfällen ähnliche Situation zu erzeugen und die Szene kritisch und unerwartet für den Probanden wirken zu lassen, wurden alle Versuchspersonen kontinuierlich während der Fahrt mithilfe einer Nebenaufgabe abgelenkt.

Die Methodik der gezielten Ablenkung ist bereits aus mehreren Probandenstudien zur Evaluierung verschiedener Fahrerassistenzsysteme bekannt. In der Simulatorstudie von Daimler zur Evaluierung des BAS-PLUS wurde der Fahrer durch einen Unfall auf der Gegenfahrbahn abgelenkt [64], [22]. Eine andere Art den Probanden abzulenken, ist die Bedienung des Radios bzw. des Navigationssystems, die von Färber und Maurer unmittelbar vor der Auslösung einer automatischen Notbremse (ANB) verwendet wurde [65]. In der Untersuchung eines kommunikationsbasierten Querverkehrsassistenten von [114] mussten die Probanden die Aufschrift einer Vignette auf der linken Seitenscheibe vorlesen.

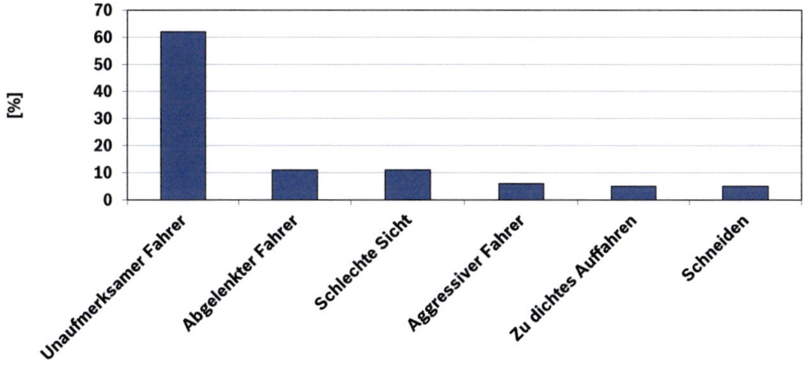


Abb. 4.17: Hauptfehler der Fahrer in Auffahrunfallsituationen. In Anlehnung an [124] (Deutsche Übersetzung)

Eine Erklärung, warum sich der Proband durch eine Nebenaufgabe ablenken lässt, wurde von Krüger et al. geliefert. Der Verlauf der Fahraufgabe erscheint der Versuchsperson wenig anspruchsvoll. Daher beginnt der Proband die Nebenaufgabe zu bearbeiten. Die Situation wird während der Ausführung der Nebenaufgabe über kurze Kontrollblicke überwacht. Erst wenn Abweichungen zur antizipierten Situation auftreten, wird die Nebenaufgabe unterbrochen [[121] zitiert nach [97]].

Die Nebenaufgabe wird auf einem Bildschirm rechts vom Fahrer angezeigt. Abb. 4.18 veranschaulicht die Positionierung und Darstellung der Nebenaufgabe während des Versuchs.

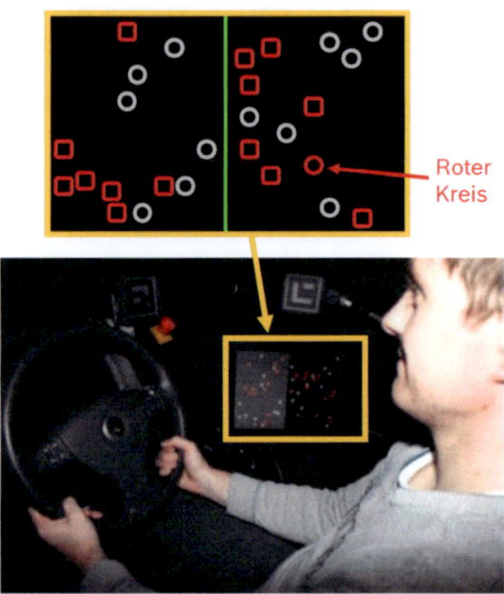


Abb. 4.18: Die Nebenaufgabe zur gezielten Ablenkung der Probanden. Oben: Darstellung der Nebenaufgabe. Unten: Position des Bildschirms, auf dem die Nebenaufgabe abgebildet wurde

Das Display ist in zwei Hälften aufgeteilt. In jeder Bildschirmhälfte werden jeweils sechs graue Kreise und sieben rote Quadrate zufällig angezeigt. In einer der beiden Bildschirmhälften wird einer der grauen Kreise durch einen roten ersetzt. Der Proband muss die entsprechende Bildschirmhälfte mit der Hand berühren, in der der rote Kreis erscheint. Hierbei werden die Anzahl und die Richtigkeit der bearbeiteten Nebenaufgaben aufgezeichnet. Die visuelle Nebenaufgabe wird von DLR in Anlehnung an die von Mattes et. al. [140] zur Messung der Fahrerablenkung gestalteten SURT-Aufgabe (Surrogate Reference Task) entwickelt. Diese Art der visuellen Nebenaufgabe lehnt sich dabei an Treisman's Feature Integration Theory [198] an. Diese Theorie besagt, dass die Schnelligkeit, einen Zielreiz (target) in einem Display zu identifizieren, durch die visuelle Ähnlichkeit der anderen, sozusagen störenden Objekte (distractors) beeinflusst wird. Durch die Merkmalskombinationen Farbe (grau / rot) und Form (Rechteck / Kreis) im vorliegenden Experiment kann keine parallele Verarbeitung stattfinden, sondern der Versuchsteilnehmer muss aktiv, d.h. seriell, nach dem Zielreiz suchen, was die Suche erschwert.

Die Aufgabe kommt der Bedienung eines Radios nahe.

### *PEBS-Nachbildung*

PEBS wird als eine Software-Funktion in die Simulatorumgebung implementiert.

Für das ausgewählte Unfallszenario ist die Implementierung eines realistischen Radar-Sensor-Modells nicht notwendig. Hierfür wird ein vereinfachtest Radar-Modell mit einer Reichweite von 200 m, 30° Öffnungswinkel und 100% Detektionsvermögen nachgebildet.

Diese Studie fokussiert sich speziell auf das Verhalten des Fahrers mit PEBS. Hingegen kann der Nutzen von automatischen Vollbremseingriffen auch ohne Simulatoruntersuchungen kinematisch berechnet werden. Aus diesem Grund besteht die PEBS-Funktion bei dieser Studie aus PCW, EBA und der automatischen Teilbremsung von AEB, die zeitlich unabhängig d.h. bis zur ersten Bremsreaktion implementiert wird. Die Funktion wird auf Basis der Hauptursache für Auffahrunfälle nur für den abgelenkten Zustand ausgelegt. Die Warnkaskade von PCW besteht aus einer synthetischen akustischen Warnung (earcon) und einem Bremsruck, der 300 ms später ausgelöst wird.

Diese Vereinfachungen sind für die repräsentative Funktionalität von PEBS nicht kritisch und haben näherungsweise vernachlässigbare Auswirkungen auf die Studienergebnisse.

Damit der Bremsruck realitätsnah im dynamischen Simulator abgebildet wird, wird seine Parametrisierung anhand von Expertentests festgelegt und demensprechend implementiert. Abb. 4.19 zeigt die Bremsruckauslegung und die einstellbaren Parameter. Der Bremsruck hatte eine Stärke von -5 m/s$^2$ und eine Dauer von 0,1 s. Die konkret eingestellten Werte sind aus Tab. 4.3 zu entnehmen.

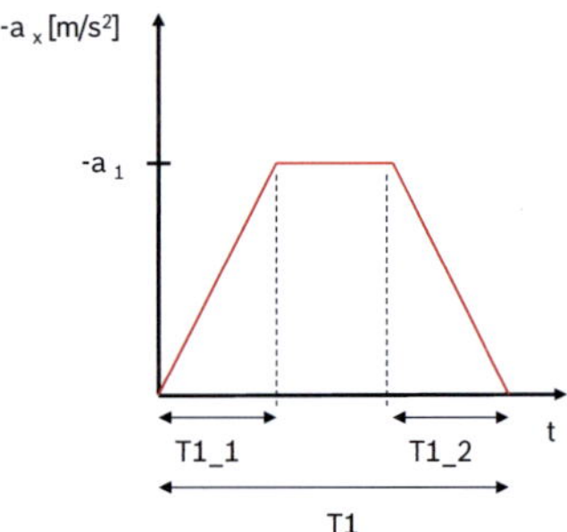


Abb. 4.19:  Bremsruckauslegung bei der DLR-Probandenstudie

| Parametrisierung | T1_1 [s] | T1_2 [s] | T1 [s] | a$_1$ [m/s$^2$] |
|---|---|---|---|---|
|  | 0,05 | 0,05 | 0,1 | -5 |

Tab. 4.3:    Parametrisierung des Bremsrucks im dynamischen Simulator des DLR


***Nutzerakzeptanzerhebung***

Zur Erhebung der subjektiven Meinung bezüglich PEBS wird vor und nach der Studie ein Fragebogen von jeder Testperson ausgefüllt. Der Entwurf der Fragen erfolgt nach der Methodik von [5].

Der erste Teil der Fragebögen wird vor dem Versuch verteilt. Dieser Bogen beinhaltet allgemeine Fragen zur Person, Alter, Geschlecht und Fahrstil. Zusätzlich zum Fragebogen bekommt jeder Proband vor dem Start der Testfahrt eine Instruktion, wie er sich im Simulator zu verhalten hat, und eine Beschreibung von mehreren Fahrerassistenzsystemen (PEBS, ESP autom. Abstandsregelung, Nachtsichtunterstützung, Spurverlassenswarner, Totwinkelassistent), die dem Probanden eine kleine Übersicht über ihre Funktionsweise geben.

Direkt nach dem Abschluss des Experiments wird eine einzelne Frage gestellt, mit der abgefragt wurde, ob der Proband verstanden hat, welches Assistenzsystem untersucht wurde. Nachdem diese Frage beantwortet wurde, ist der zweite Teil der Fragebögen verteilt worden. Dieser Teil fokussiert sich auf den Notbremsassistenten und fragt unter anderem nach der Attraktivität des Systems aus der Sicht des potenziellen Kunden sowie nach seiner Kaufbereitschaft. Ein weiterer Aspekt in diesem Fragebogenteil sind Fragen zur Wahrnehmung der Warnungen. Hierzu werden Daten zur Wahrnehmungsrate der PCW-Funktion erhoben und Informationen bezüglich des Warnzeitpunkts gesammelt.

Die Fragebögen, die Beschreibung der Fahrerassistenzsysteme und die Instruktion sind im Anhang D.3 zu finden.

## Versuchsablauf

Die Probanden werden in zwei Gruppen eingeteilt. Die erste Gruppe (Versuchsgruppe) erlebt die Bremssituation bei der ersten Fahrt mit PEBS und bei der zweiten Fahrt ohne PEBS. Bei den Probanden der zweiten Gruppe (Kontrollgruppe) ist es umgekehrt – sie fahren zuerst ohne Fahrerassistenzsystem und bei der zweiten Fahrt mit PEBS. Wie in Abb. 4.20 veranschaulicht ist, wird für die Auswertung lediglich die Bedingung der ersten Fahrt betrachtet, da nur somit sichergestellt werden kann, dass die Probanden von der kritischen Situation tatsächlich überrascht werden. Eine Verfälschung der Auswertung bei der zweiten Fahrt durch eventuell auftretenden Lerneffekte und Antizipation kann somit vermieden werden.

Die Teilnehmer werden über den eigentlichen Zweck des Experiments nicht informiert, damit die kritische Situation überraschend für die Versuchspersonen auftritt und somit ein realistischer Hergang eines Unfalls dargestellt werden kann.

Bei der simulierten Fahrstrecke handelt es sich um eine Landstraße mit einer Länge von 36,1 km. Diese Strecke wird zweimal für eine Zeitdauer von mindestens 15 min. durchfahren, einmal mit und einmal ohne PEBS. Die Probanden haben die Aufgabe, während der Fahrt einen Abstand von 50m zum Vordermann zu halten und dabei kontinuierlich die Nebenaufgabe richtig zu bearbeiten. Um die Entfernung zum Vordermann besser einschätzen zu können, wird vom Simulatorsystem ein akustisches Feedback in Form einer weiblichen Stimme gegeben. Bei einem Abstand unter 40 m ist das Feedback „Ihr Abstand ist zu klein.", bei einem Abstand von über 70 m „Ihr Abstand ist zu groß.". Fahren die Probanden schneller als 105 km/h, erfolgt die Ansage „Bitte passen Sie Ihre Geschwindigkeit an.".

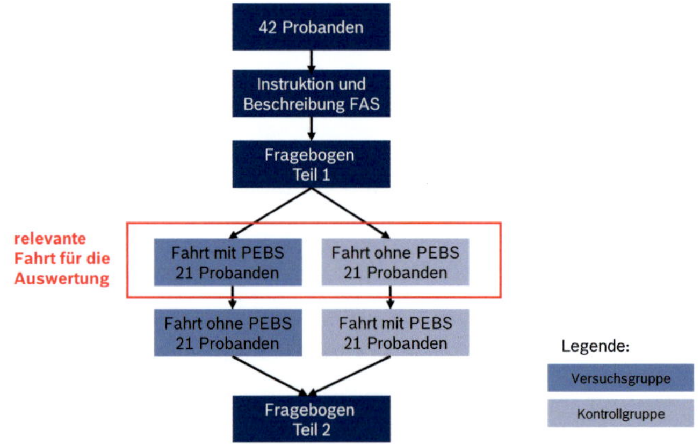


Abb. 4.20: Versuchsablauf zur Untersuchung des PEBS-Nutzens

Probanden erhalten nur dann einen Punkt bei der Nebenaufgabe, wenn sie die richtige Bildschirmhälfte berühren und gleichzeitig der Abstand zum Vordermann zwischen 45 m und 55 m ist. Das Feedback an den Fahrer bezüglich des Erfolgs seiner Bearbeitung der Nebenaufgabe bezieht sich dabei nur auf die Nebenaufgabe und nicht auf die Abstandshaltung. Bei richtig bearbeiteter Nebenaufgabe wird die berührte Bildschirmhälfte in grüne Farbe dargestellt. Falls die Antwort falsch ist, wurde die Bildschirmhälfte in rot angezeigt.

Nach einer Fahrzeit von mindestens 15 min. wird die Bremssituation vom Versuchsleiter aktiviert, wenn er sicher ist, dass die Versuchsperson abgelenkt ist. Ein Kriterium hierfür ist die regelmäßige Bearbeitung der Nebenaufgabe.

## Aufbereitung der Daten

Wie schon erwähnt, wird die Bremssituation vom Versuchsleiter anhand seiner subjektiven Meinung ausgelöst, dass die Versuchsperson abgelenkt ist. Um sicherzustellen, dass alle Probanden die Bedingung für Unaufmerksamkeit unmittelbar vor der kritischen Situation erfüllen, wird ein zusätzliches Kriterium auf die bereits aufgezeichneten Daten angewendet. Dieses Kriterium besagt, dass der Start der Vordermannsbremsung nicht später als 2,5 s nach der letzten Bearbeitungsaktivität der Nebenaufgabe ausgelöst wird. Die Schwelle von 2,5 s wird auf Basis des Hysterese-Effekts[14] festgelegt.

Abb. 4.21 stellt die Häufigkeitsverteilung nach diesem Maß dar.

Das Diagramm bestätigt, dass die Mehrheit der Fahrer bei der Situationsauslösung abgelenkt ist. Trotzdem gibt es sechs Probanden, die ihre letzte Nebenaufgabe bis zu 46 s vor der Vordermannbremsung getätigt haben. Ihr Zustand wird als unbekannt bezeichnet und ihre Daten werden für die

---

[14] Beim Hysterese-Effekt dauert die Wirkung eines Aufmerksamkeitsprozesses an, obwohl die Ursache nicht mehr vorhanden ist [40].

nachfolgenden Auswertungen nicht berücksichtigt. Somit bleiben 36 vollständige Datensätze für die Datenauswertung.

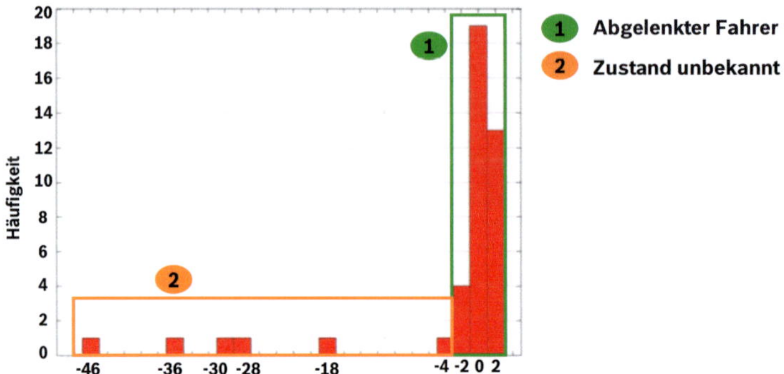


Abb. 4.21: Kriterium zur Validierung der Fahreraufmerksamkeit bei der Auslösung der kritischen Situation

## Ergebnisse

### *Ergebnisse der objektiven Daten*

Im Folgenden werden die abgeleiteten Hypothesen anhand der in der Probandenstudie gemessenen Daten untersucht.

### Die Kollisionsrate

Hypothese 1: „PEBS reduziert die Anzahl der Kollisionen".
Die erste Hypothese fokussiert sich auf die Kollisionsrate. Für die Untersuchung dieser Fragestellung werden alle abgelenkten Fahrer der Versuchs- und Kontrollgruppe verglichen. Die Anzahl der Probandendaten, die dieses Kriterium erfüllt haben, beträgt 36. Die in Abb. 4.22 veranschaulichte

Häufigkeit der Unfälle der abgelenkten Probanden zeigt, dass ohne PEBS elf Versuchspersonen kollidiert sind. Im Gegensatz dazu ist die Häufigkeit der Unfälle mit PEBS nur fünf. Diese Anzahl entspricht einer Kollisionsratereduktion von 55% in diesem Experiment. Ein Chi-Quadrat-Test ausgeführt mit den Kollisionsraten der beiden Gruppen zeigt ein signifikantes Ergebnis ($p = 0,044 < 0,05$).

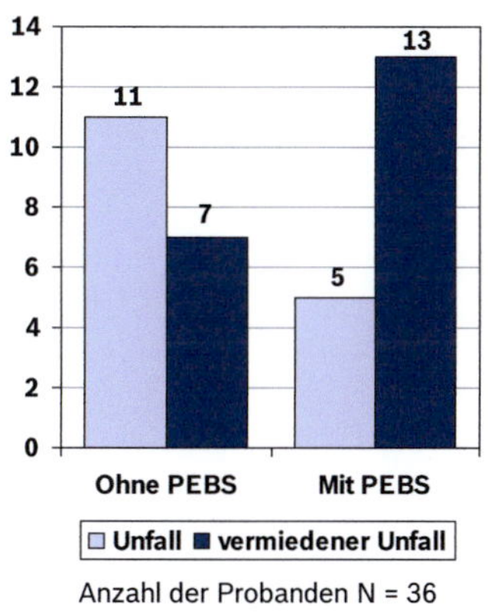


Abb. 4.22: Kollisionsrate von allen abgelenkten Probanden [156]

Streng genommen gelten diese Resultate nur für die in dieser Studie untersuchte vereinfachte PEBS-Funktion. Allerdings sind die hier getesteten Teilfunktionen (PCW, EBA und die zeitunabhängige automatische Teilbremsung) diese, die zur Kollisionsvermeidung der gesamten PEBS-Funktion beitragen. Demzufolge sind die hier erzielten Ergebnisse nicht nur für die vereinfachte sondern auch für die gesamte PEBS-Funktion gültig.

Es konnte gezeigt werden, dass es mit PEBS zu signifikant weniger Kollisionen kommt als ohne PEBS, wenn der Fahrer abgelenkt ist.

### Die Kollisionsgeschwindigkeit

Hypothese 2: „PEBS reduziert die Kollisionsgeschwindigkeit".
Die zweite Hypothese fokussiert sich auf die Folgen einer Kollision. Für die Untersuchung dieser Fragestellung werden die Kollisionsgeschwindigkeiten beider Gruppen verglichen. Abb. 4.23 links zeigt die Varianz der Geschwindigkeiten beider Gruppen. Der Mann-Whitney-U-Test wird mit den Kollisionsgeschwindigkeiten aller abgelenkten Probanden durchgeführt, deren Anzahl für diese Bedingung 16 ist. Der statistische Test zeigte eine tendenzielle Reduktion der Kollisionsgeschwindigkeit ($p = 0,062$).

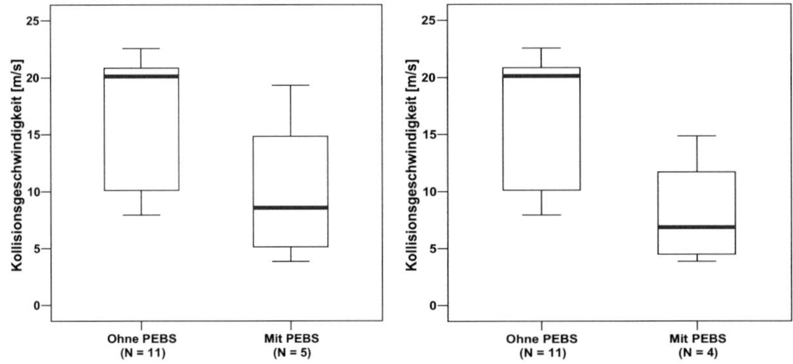

Abb. 4.23: Vergleich der Kollisionsgeschwindigkeit mit und ohne PEBS; Links: alle abgelenkten Probanden; Rechts: alle abgelenkten Probanden, die mindestens die akustische Warnung oder den Bremsruck wahrgenommen haben

Eine zusätzliche Untersuchung wird mit den Daten der abgelenkten Probanden durchgeführt, die eine der beiden Warnungen bewusst wahrgenommen haben – das akustische Signal oder den Bremsruck. Ziel ist es zu prüfen, ob die bewusste Wahrnehmung der Warnung den PEBS Nutzen erhöht. Für diese Analyse werden die Daten von einem Probanden nicht berücksichtigt, da er in seinem Fragebogen angegeben hat, dass er weder die akustische noch die haptische Warnung wahrgenommen hat. Somit sind 15 Datensätze für diese Fragestellung verfügbar. In Tab. 4.4 sind die statistischen Eckdaten des Vergleichs der Kollisionsgeschwindigkeit eingetragen. Aus Tab. 4.4 kann entnommen werden, dass durch PEBS eine Kollisionsgeschwindigkeitsreduktion von 8 m/s erzielt wird, die gegenüber dem Fall ohne PEBS einer 50%igen Verminderung entspricht.

| Bedingung | Anzahl Probanden | Mittelwert [m/s] | Std. Abweichung [m/s] |
|-----------|------------------|------------------|-----------------------|
| ohne PEBS | 11 | 16,17 | 5,95 |
| mit PEBS | 4 | 8,08 | 4,92 |

Tab. 4.4: Vergleich der Kollisionsgeschwindigkeit der abgelenkten Probanden, die mindestens eine der beiden Warnungen wahrgenommen haben

Abb. 4.23 rechts zeigt, dass der Median der Kollisionsgeschwindigkeit ohne PEBS bei ca. 20 m/s liegt, d.h. viele der Probanden haben weniger als 5 m/s Geschwindigkeit abgebaut. Offensichtlich haben diese Fahrer entweder zu spät oder zu leicht gebremst. Ein Mann-Whitney-U-Test bestätigt, dass der beobachtete Unterschied zwischen den Gruppen signifikant ist (p = 0,037). Bei der Verifikation dieser Hypothese kann somit die Wichtigkeit der bewussten Wahrnehmung der Warnfunktion für die Steigerung der PEBS-Wirksamkeit gezeigt werden.

Wie schon erwähnt, dürfen diese Ergebnisse streng genommen nur auf die vereinfachte Funktionsausprägung übertragen werden. Da allerdings die Teilfunktionen, die nicht implementiert wurden (die Teilbremsung mit $0,6{\times}g$ und die Vollbremsung), zu einer weiteren Reduktion der Kollisionsgeschwindigkeit führen, kann davon ausgegangen werden, dass mit der kompletten PEBS-Funktion sogar noch höheres Nutzenpotenzial erwartet werden kann.

**_Ergebnisse der subjektiven Daten_**

Abb. 4.24 zeigt die Antworten auf die Frage, ob eine akustische Warnung bzw. ein Bremsruck wahrgenommen wurde.

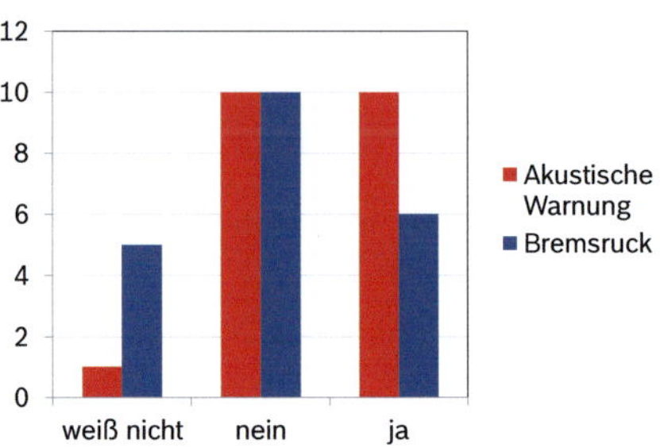


Abb. 4.24:  Wahrnehmungsrate Warnung

Die akustische Warnung hat eine doppelt höhere Wahrnehmungsrate als der Bremsruck. Die Angaben sind jedoch nicht überzubewerten. Es ist möglich, dass es die Wahrnehmung des Bremsrucks unterbewusst verläuft. Es könnte außerdem sein, dass zu einer Überlagerung der Informationsverarbeitung der 0,3 s früher ausgelösten akustischen und der haptischen Warnung sowie der Ablenkung kommt und die Probanden sich daher nach dem Versuch nicht mehr an den Bremsruck erinnern können.

Abb. 4.25 veranschaulicht die empfundene Rechtzeitigkeit bzgl. der Auslösung der Warnung. Die Hälfte der Probanden, die eine akustische Warnung wahrgenommen haben, findet, dass das Signal rechtzeitig ausgelöst wurde. Die restlichen 50 % empfinden den Warnzeitpunkt zu spät. Beim Bremsruck überwiegt die Meinung, dass dieser rechtzeitig ausgelöst wurde.

In Teil 2 der Fragebögen werden nach der Methodik von [5] die Eigenschaften des FAS abgefragt. Das Ziel ist hierbei die Stärken und Schwächen des Systems anhand der Beantwortung verschiedener Fragen, hinter denen unterschiedliche Faktoren kodiert sind, zu finden und damit die Weiterentwicklung des FAS zu unterstützen.

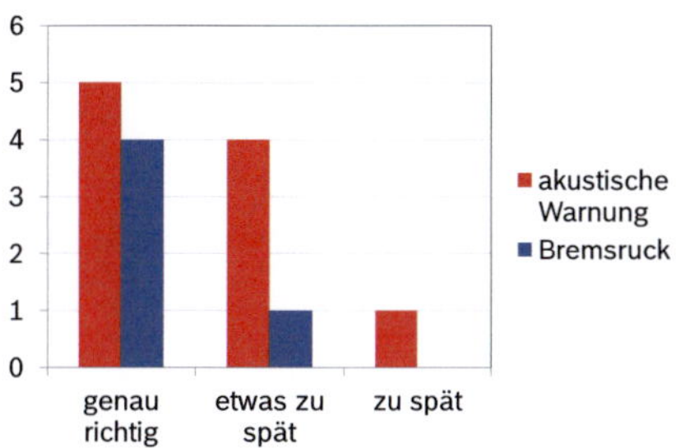


Abb. 4.25: Rechtzeitigkeit der Warnung, falls jeweilige Modalität wahrgenommen wurde.

Abb. 4.26 zeigt die Bewertung der Probanden für PEBS.

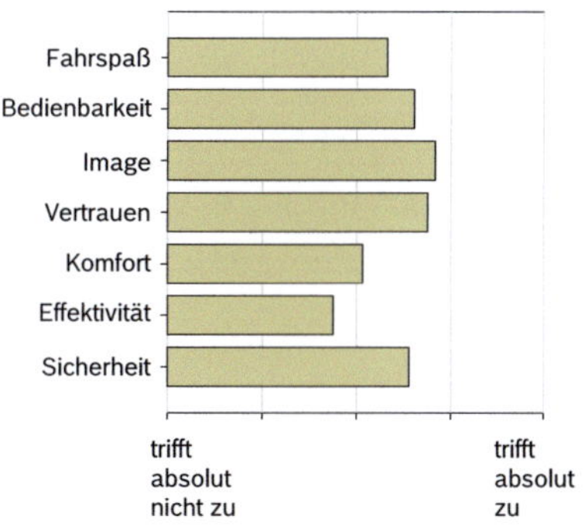


Abb. 4.26: Eigenschaften des Notbremsassistenten

Der Notbremsassistent wird beim Punkt „Sicherheit" zwischen neutral und eher positiv bewertet. Die Effektivität von PEBS wird am schlechtesten bewertet. Zu diesem Faktor gehört die Fragestellung „Der Notbremsassistent bringt einen eindeutigen Zeitgewinn". Die deutlich schlechtere Bewertung dieser Fragestellung zeigt, dass die Probanden keinen eindeutigen Zeitgewinn durch den Notbremsassistenten wahrgenommen haben, obwohl er aufgrund der Messungen eindeutig gegeben ist. PEBS wird positiv in Bezug auf das Vertrauen, Image und Bedienbarkeit bewertet. Da es sich hier um ein Sicherheitssystem handelt, geben die Versuchspersonen zum Punkt „Fahrspaß" und „Komfort" eher eine neutrale Bewertung.

### 4.2.3  Zusammenfassung

In diesem Abschnitt wurde die FAS-Nutzenuntersuchung mithilfe von nutzerorientierten Versuchen theoretisch hergeleitet und praktisch anhand von PEBS dargestellt.

Im Vergleich zu FAS-Untersuchungen mithilfe von Unfalldatenanalysen von realen Unfällen weisen nutzerorientierte Versuche einen hohen Detaillierungsgrad der Messdaten auf. Diese können zusätzlich zur Nutzenuntersuchung des gesamten FAS auch zur Detailnutzenanalyse der FAS-Teilfunktionen bzw. (Teil-)Eingriffe verwendet werden. Trotzdem sind Unfalldaten ein wichtiger Input für die Konzeption von Probandenversuchen beispielsweise für die Identifikation von relevanten Unfallszenarien oder die Nachbildung von Unfallursachen, die die Repräsentativität der gewonnenen Aussagen sicherstellt.

Wie schon in Kapitel 2 erklärt wurde, gilt der mithilfe der nutzerorientierten Versuche untersuchte und nachgewiesene Nutzen nur für die betrachteten Versuchsrandbedingungen beispielsweise für das betrachtete Unfallszenario bzw. die Szenario-Parametrisierung. Das mit dem untersuchen FAS erfasste Fahrerverhalten kann jedoch zur Überprüfung der bei der Unfallanalyse getroffenen Annahmen zum Fahrermodell genutzt werden. Falls Abweichungen vorhanden sind, können die gewonnen Erkenntnisse zur Verbesserung der Annahmen verwendet werden. Auf diesen Schritt wird im Rahmen der in dieser Arbeit neuentwickelten Methodik in Abschnitt 4.3 näher eingegangen.

Die Erhebung von subjektiven Daten bzgl. der Probandenbewertung des FAS können zur Ableitung von zukünftigen Systemverbesserungen dienen.

## 4.3 Nutzenbewertung von Fahrerassistenzsystemen durch Datenfusion

Nachdem die Nutzenuntersuchung anhand einer Unfalldatenanalyse, die eine hohe allgemeine Gültigkeit der Daten aufweist, sowie einem nutzerorientieren Versuch, der einen hohen Detaillierungsgrad besitzt, durchgeführt wurde, sind diese Daten nach der in dieser Arbeit entwickelten Methodik zusammenzuführen. Im folgenden Abschnitt wird zuerst die Vorgehensweise der Datenfusion eingeführt und später am Beispiel von PEBS praktisch angewendet.

### *4.3.1 Theoretische Betrachtung*

In Kapitel 2 und 3 wurden die Vor- und Nachteile der einzelnen Methoden sowie ihre Bewertung anhand der aufgestellten Anforderungen vorgestellt. Die Stärke der Unfallanalyse von realen Unfällen ist die Abbildung des gesamten Unfallgeschehens sowie die ausführliche kinematische und Trajektorien-Beschreibung jedes einzelnen Unfalls in Datenbanken wie GIDAS. Die fehlenden Daten über das Fahrerreaktionsverhalten in einer gefährlichen Situation mit FAS können durch einen nutzerorientieren Versuch ergänzt werden.

Abb. 4.27 stellt die Vorgehensweise der neuentwickelten Methodik zur Datenfusion zwischen der Unfalldatenanalyse und nutzerorientierten Untersuchungsdaten dar.

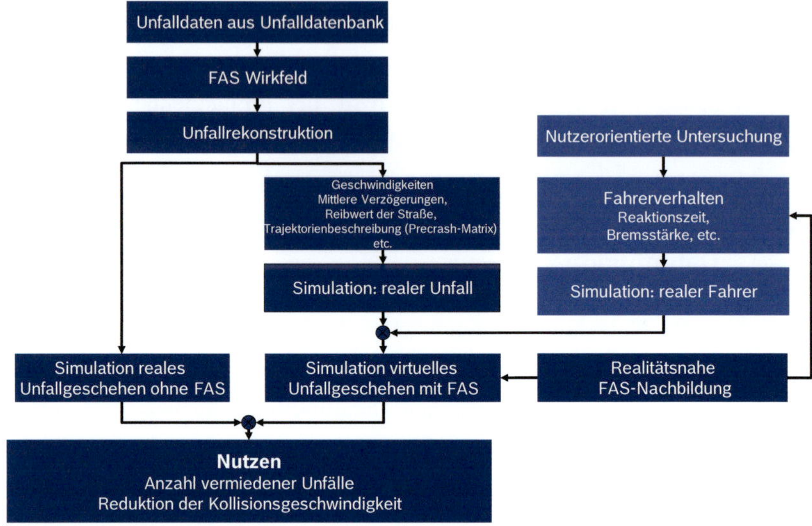


Abb. 4.27: Vorgehensweise zur Datenfusion von Unfalldatendatenanalyse und nutzerorientierten Untersuchungen der neuentwickelten Methodik

Der dunkelblaue Sektor gibt die Unfalldatenanalyse und der hellblaue Zweig die Probandenstudien wieder. Das gesamte Unfallgeschehen einschließlich der kinematischen und Trajektorien-Beschreibung wird von den Unfalldaten eingespeist. Der reale Unfall kann mithilfe des ermittelten FAS-Wirkfelds und der darauf basierenden Unfallrekonstruktion jeder Unfallentwicklung nachgebildet werden.

Der reale Fahrer, der bei einer nutzerorientierten Untersuchung mit einer realitätsnahen FAS-Nachbildung gefahren ist, kann dadurch modelliert werden, dass sein Verhalten durch Größen wie beispielsweise Reaktionszeit, Bremsstärke, Bremsgradientenaufbau oder Trajektorie-Bewegung parametrisiert wird. Hierbei soll darauf geachtet werden, dass nur auf die Realität übertragbare Größen verwendet werden dürfen.

Die Zusammenführung der realen Unfall- und realen Fahrersimulation in Verbindung mit einer realitätsnahen FAS-Nachbildung führt zu der virtuellen Simulation des Unfallgeschehens mit FAS. Durch den Vergleich mit der nachgebildeten realen Unfallentwicklung ohne FAS kann der Nutzen in Form der Anzahl der vermiedenen Unfälle bzw. verminderten Kollisionsgeschwindigkeit ermittelt werden.

## Auf die Realität übertragbare Größen

Die Übertragbarkeit der Größen auf die Realität, die bei einem nutzerorientierten Versuch gemessen wurden, ist ein wichtiger Punkt für die Anwendbarkeit der in dieser Arbeit entwickelten Methodik. Es existieren wenige Untersuchungen, die eine pauschale Aussage bzgl. der absoluten externen Validität von Simulator und Teststrecken erlauben. Zusätzlich sind sehr wenige Versuche im realen Straßenverkehr vorhanden, die einen Vergleich des Fahrerverhaltens mit genau demselbem FAS bei unterschiedlichen nutzerorientierten Methoden erlauben. Dies ist ein Bereich, der in der Zukunft weiter erforscht werden sollte. Im folgenden Abschnitt werden die bereits bekannten Erkenntnisse zusammengefasst und ihre Anwendbarkeit auf die in der vorliegenden Arbeit entwickelten Methodik diskutiert.

Es gibt nur wenige relevante Studien, deren Daten keinen klaren Unterschied zwischen Versuchen auf einer Teststrecke und im realen Straßenverkehr bei unerwarteten Situationen zeigen [83].

Bezüglich der Übertragbarkeit auf die Realität von Reaktionszeiten, die im Simulator gemessen wurden, sind viele unterschiedliche Meinungen vorhanden. In [83] sprechen die Autoren von 0,3 s kürzeren Bremsreaktionszeiten im Simulator im Vergleich zu einem Teststreckenversuch. Beim Ausweichen existieren unter Umständen keine Unterschiede zwischen Testfeld und Simulator [83]. In [17] beobachten die Autoren im Gegenteil längere Bremsreaktionszeiten im dynamischen Simulator als bei Versuchen auf einer Teststrecke. Die Gründe für diese unterschiedlichen Aussagen können von der Szenario-Auslegung und -Kritikalität bzw. ihrer Reproduzierbarkeit auf der Teststrecke abhängig sein (vgl. [27]). Darüber hinaus unterscheiden sich häufig die zur Messung verwendeten Fahrzeuge bezüglich Motorisierung, Größe und der erzeugten Geräuschkulisse von denen im Simulator [27]. Meistens werden unabhängige Stichproben für Simulator und Realfahrt eingesetzt und es wird unterschiedliche Messtechnik verwendet [27]. Zusätzlich spielt das Realitätsempfinden in den verwendeten Simulatoren eine Rolle beim Reaktionsverhalten. Mit Sicherheit vermittelt ein dynamischer Fahrsimulator einen höheren Realitätsgrad als ein statischer Simulator [[160] zitiert nach [133]]. Die kinästhetische Information eines Bewegungssystems wirkt sich vor allem bei Manövern mit ausgeprägter Dynamik positiv auf die Validität aus [27]. Es treten hier, anders als in statischen Simulatoren, keine unrealistisch hohen Verzögerungen beim Abbremsen auf und Fahrer können den Abbremsvorgang besser kontrollieren [[179] zitiert nach [27]].

Im dynamischen Fahrsimulator ist die Wahrnehmung der Initialverzögerung bis zum Erreichen des ersten maximalen Werts mit der Realität vergleichbar aufgrund der unmittelbaren Nachbildung der anfänglichen transienten Bewegung nach dem Drücken des Bremspedals [17], [28]. Da der dynamische Simulator nur für einen bestimmten Zeitraum eine Verzögerung durch das Kippen der Kabine wiedergeben kann, verliert der vestibuläre Input nach einiger Zeit seine Stärke. Das führt dazu, dass der Fahrer unbewusst versucht, den fehlenden vestibulären Input durch stärkeres und mehrmaliges Nachbremsen zu kompensieren (vgl. [17]). Dieser Effekt, auch als multimodales Bremsen bekannt, führt nach dem Erreichen der ersten maximalen Verzögerung zu einem deutlich von der Realfahrt verschiedenen Bremsmuster, das bis zum Stillstand andauern kann [28], [17]. Tatsache ist, dass Fahrer, die in der Realität stark bzw. schwach bremsen, dies im Verhältnis im dynamischen Simulator ebenso tun [28].

Bei den Größen, die nicht absolut auf die Realität übertragbar sind, kann dennoch die relative Validität der Simulation als gegeben angesehen werden. Somit können die relativen Effekte, die im dynamischen Simulator beobachtet wurden, auf die Realität übertragen werden [17], [28].

### 4.3.2 Anwendung der neuentwickelten Vorgehensweise am Beispiel von PEBS

Abb. 4.28 zeigt, dass die Vorgehensweise bei der Anwendung der neuentwickelten Datenfusion ähnlich wie in Abschnitt 4.1.2 ist.

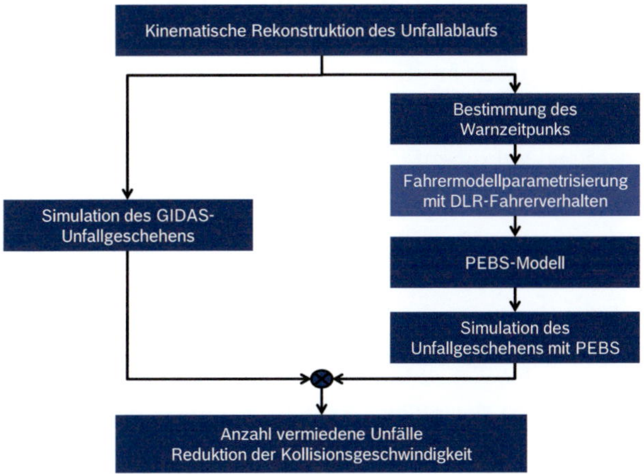


Abb. 4.28: Vorgehensweise bei der Simulation des Unfallgeschehens von PEBS mithilfe des im DLR-Fahrsimulator erhobenen Fahrerverhaltens

Die PEBS-Wirkfeldbestimmung und Unfallrekonstruktion verlaufen identisch zu dem im Abschnitt 4.1.2 vorgestellten Verfahren. Im DLR-Simulator wurde der Warnzeitpunkt mithilfe der Vermeidungsverzögerungsmethode festgelegt. Somit wurde die Funktion möglichst realitätsnah

abgebildet, damit die Übertragbarkeit des daraus resultierenden Reaktionsverhaltens auf das reale FAS sichergestellt werden kann.

Zum Vergleich der Georgi et al.-Methode [78] wird zusätzlich der Warnzeitpunkt mit der TTC-Methode bestimmt und angenommen, dass die Fahrerreaktion äquivalent zu der Vermeidungsverzögerungsmethode erfolgt.
Die Parametrisierung des Fahrermodells mithilfe der DLR-Daten wird
später in diesem Abschnitt detailliert behandelt. Zum Schluss wird die
Simulation der Unfallentwicklung mit und ohne PEBS durchgeführt und
daraus der Nutzen ermittelt.

**Auf die Realität übertragbare Simulator-Messgrößen**

In Abschnitt 4.3.1 wurde ausführlich die Übertragbarkeit von Daten auf die
Realität behandelt, die in einem dynamischen Fahrsimulator gemessen
wurden. Basierend auf diesen Erkenntnissen bezüglich der Übertragung des
Bremsverhaltens vom Simulator auf die Realfahrt, können der
Bremsgradientenaufbau und die erste maximale Verzögerung verwendet
werden.

Bezüglich der Übertragbarkeit absoluter Reaktionszeiten liegen auf dem
aktuellen Stand der Forschung noch keine eindeutigen Erkenntnisse vor,
die die quantifizierten Aussagen von [83] bestätigen oder ihnen widerspre-
chen. Aus diesem Grund werden bei der Anwendung der neuentwickelten
Methodik am Beispiel von PEBS die absoluten Reaktionszeiten verwendet,
die bei der Probandenstudie im dynamischen Fahrsimulator der DLR gemessen wurden.

**Fahrerverhaltensparametrisierung anhand der Daten aus dem
DLR-Simulatorversuch**

Im Modell von [78] wird der Fahrer anhand der Reaktionszeiten und der
maximalen Bremsstärke parametrisiert. Da die absolute maximale Brems-

stärke von der DLR-Studie auf die Realität nicht übertragbar ist, können nur die Reaktionszeiten der Fahrer verwendet werden.

[78] macht keine Unterscheidung bei den Reaktionszeitenannahmen für aktive und inaktive Fahrer. Es ist jedoch bekannt, dass die Reaktionszeiten steigen, wenn der Fahrer beansprucht ist (vgl. [83], [[187] zitiert nach [207]]), sein Blick nicht auf die Fahrbahn gelenkt ist (vgl. [148]) oder visuell bzw. kognitiv [[163] zitiert nach [117]] abgelenkt ist. Da bei der DLR-Studie die Fahrer nur in unaufmerksamem Zustand gefahren sind, werden die Annahmen von [78] für den inaktiven Fall mit den Reaktionszeiten aus dem DLR-Versuch nach den entsprechenden Warnungen (akustisches Signal oder Bremsruck) ersetzt. Hierbei wird angenommen, dass ein inaktiver und unaufmerksamer Fahrer ein ähnliches Reaktionsverhalten zeigen, da in [78] keine Definition der Aktivität bzw. Inaktivität zu finden ist. Für den Fall „keine Reaktion" gilt weiterhin die Annahme von [78], d.h. bei 10% der Fälle ist keine Verbesserung des GIDAS-Reaktionsverhaltens zu erwarten. Das daraus resultierende Fahrermodell ist in Abb. 4.29 dargestellt.

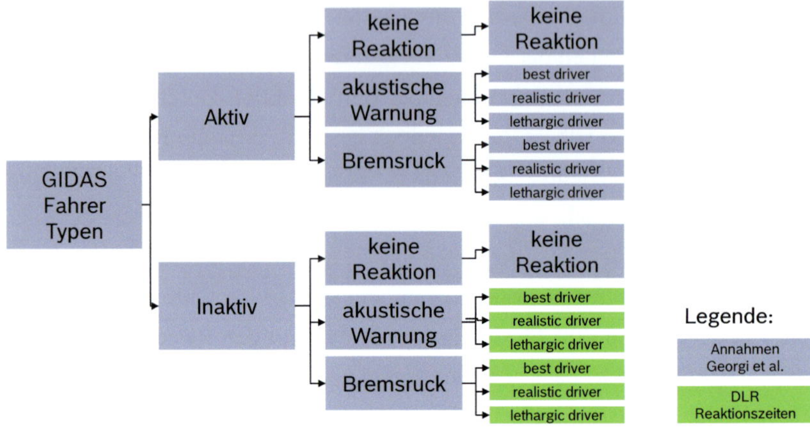


Abb. 4.29: Auslegung des Fahrermodells bei der Datenfusion zwischen den Annahmen von [78] und dem Fahrerverhalten aus dem DLR-Versuch mit PEBS

Abb. 4.30 zeigt die Verteilung der Reaktionszeiten auf die akustische und haptische Warnung, die in der Probandenstudie im DLR-Simulator gemessen wurden. Hier ist jedoch zu beachten, dass bei der Probandenstudie alle Probanden zuerst durch die akustische und 0,3 s später durch die haptische Warnung gewarnt wurden. Tab. 4.5 zeigt, dass das erhobene Fahrerreaktionsverhalten deutlich über den von [78] angenommenen Werten liegt.

Für die Verteilung der Reaktionszeiten ähnlich wie bei [78] in drei Fahrertypen werden Quantile berechnet. [182] und [55] nutzen die 5%, 50% und 95% Perzentile zur Beschreibung der Verteilung von Reaktionszeiten. Angewendet auf die Reaktionszeiten aus der Probandenstudie existiert kein Unterschied zwischen dem Reaktionsverhalten aktiver und inaktiver Fahrer bei best driver und lethargic driver. Da jedoch in der Literatur genügend Beweise existieren, dass unaufmerksame Fahrer langsamer als aufmerksame Fahrer reagieren (vgl. [83], [161], [192]), wurden in dieser Arbeit die Werte 10%, 50% und 90% verwendet.

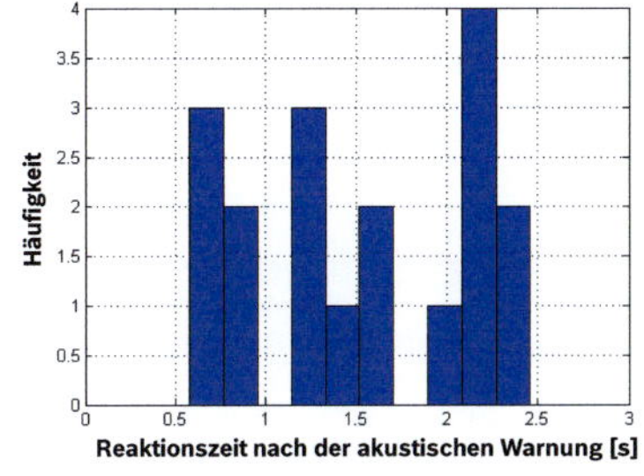


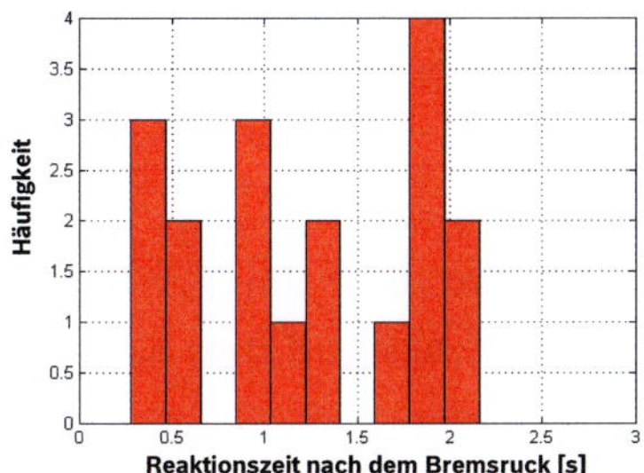


Abb. 4.30: Gemessene Reaktionszeiten bei der DLR-Probandenstudie mit PEBS. Links: nach der akustischen Warnung. Rechts: Nach dem Bremsruck. Alle Probanden wurden zuerst durch die akustische und 0,3 s später durch die haptische Warnung gewarnt. Die Reaktionszeiten nach dem Bremsruck wurden durch einen Offset von 0,3 s bezogen auf die Reaktionszeiten nach der akustischen Warnung ermittelt

| Bremsreaktion / Fahrertyp | Reaktionszeit nach akustischen Warnung [s] | | Reaktionszeit nach Bremsruck [s] | | Bremsstärke [%] |
|---|---|---|---|---|---|
| | aktiv | inaktiv | aktiv | inaktiv | aktiv & inaktiv |
| Best driver | 0,7 | 0,8 | 0,4 | 0,5 | 100 |
| Realistic driver | 1,0 | 1,5 | 0,7 | 1,2 | 80 |
| Lethargic driver | 2,0 | 2,3 | 1,5 | 1,8 | 60 |

Tab. 4.5: Anpassung der Annahmen für Bremsreaktionszeiten von Georgi et al. [78] mithilfe des bei der DLR-Studie gemessenen Fahrerverhaltens mit PEBS für inaktiven Fahrer

Die Parametrisierung des Fahrerverhaltens mithilfe der Daten aus dem DLR-Versuch und Annahmen von [78] sind in Tab. 4.5 aufgelistet. Die Gewichtungen der Fahrertypen sind entsprechend Georgi et al. [78], die im Anhang 0 zu finden sind und in dieser Arbeit verwendet werden. Aufgrund fehlender Angaben bzgl. der Gewichtung der Fahreraktivität unter [78] wird der aktive und inaktive Zustand jeweils mit 50% in dieser Arbeit gewichtet.

## Ergebnisse der Fusion von Unfalldatenanalyse und Fahrerverhaltensdaten aus den DLR-Simulatorversuchen

Im Folgenden werden die Ergebnisse der Kombination aus den Annahmen von [78] und den Bremsreaktionszeiten aus dem DLR-Versuch vorgestellt. Parallel wird der Nutzen mit den im Abschnitt 4.1.2 erzielten Resultaten verglichen, die nur auf dem Fahrermodell von [78] basieren. Abb. 4.31 zeigt die Nutzensimulation der Unfallrate mit der Kombination der Reaktionszeiten aus dem Versuch im DLR Simulator mit den Annahmen von [78]. Für die letztgenannte Simulation wurde die Bremsverzögerung durch die Kombination aus der in GIDAS angenommenen Fahrerverzögerung und dem Fahrermodell umgesetzt (vgl. Abb. 4.5 rechts). Aufgrund der längeren Reaktionszeiten für inaktive Fahrer sinkt der PCW-Nutzen sowohl für die TTC- als auch für die Vermeidungsverzögerungsmethode zur Bestimmung des Warnzeitpunkts um 6 bzw. 7 Prozentpunkte. Dies zeigt die starke Abhängigkeit des PCW-Nutzens bzgl. der Unfallvermeidung von der Fahrerreaktion. Die Unfallvermeidung durch EBA weist eine mittlere Abhängigkeit vom Fahrerreaktionsverhalten auf. Durch das angepasste Fahrermodell nimmt der Nutzen von EBA um 5 Prozentpunkte ab. Die späte Reaktion unaufmerksamer Fahrer kann jedoch durch die Teilbremsung von AEB kompensiert werden. Für die Nutzensimulation von AEB werden ähnliche Ergebnisse wie ohne die Kombination der Reaktionszeiten aus dem DLR-Versuch erzielt. Dies gibt einen ersten Hinweis auf den wesentlichen Nutzenanteil der Teilbremsung bei Unfallvermeidung. Die Kombination aus der in GIDAS angenommenen Fahrerverzögerung und der Fahrermodellverzögerung kann ggf. auch einen Einfluss auf die Ergebnisse haben, der später näher betrachtet wird.

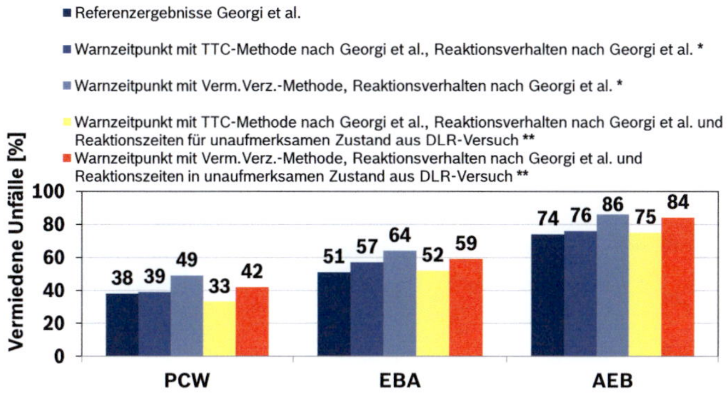

Abb. 4.31: Vermiedene Unfälle nach der Georgi et al.-Vorgehensweise und dem durch die Reaktionszeiten aus den DLR-Versuchen angepassten Fahrermodell. Fahrerbremsverhalten besteht aus der Kombination von GIDAS-Fahrerverzögerung und Fahrermodellverzögerung.
*) Simulierte Ergebnisse in dieser Arbeit;
**) Ergebnisse mit neuentwickelter Methodik

Aufgrund der längeren Reaktionszeiten für abgelenkte Fahrer sinkt die Kollisionsgeschwindigkeitsreduktion durch PCW (s. Abb. 4.32). Durch die Kombination der GIDAS-Fahrerbremsung und dem Fahrermodell ergibt sich für EBA und AEB eine zu Georgi et al. vergleichbare Kollisionsgeschwindigkeitsreduktion.

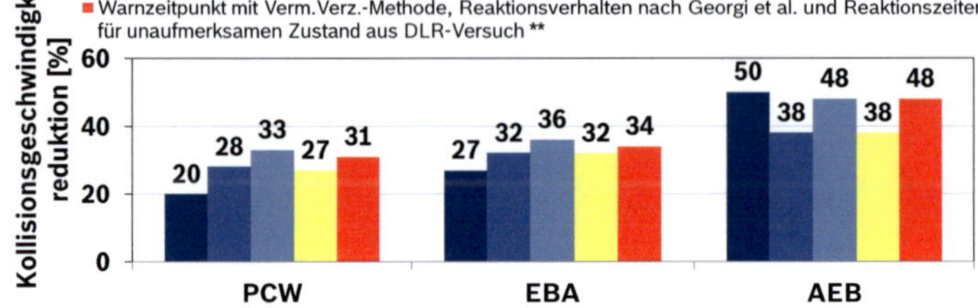


Abb. 4.32: Kollisionsgeschwindigkeitsreduktion nach der Georgi et al.-Vorgehensweise und mit dem durch die Reaktionszeiten aus den DRL-Versuchen angepassten Fahrermodell. Fahrerbremsverhalten besteht aus der Kombination von GIDAS-Fahrerverzögerung und Fahrermodellverzögerung.

*) Simulierte Ergebnisse in dieser Arbeit;

**) Ergebnisse mit neuentwickelter Methodik

Abb. 4.33 zeigt die Unfallvermeidung durch die kombinierten Reaktionszeiten aus dem DLR-Versuch und das Fahrermodell nach [78]. Bei dieser Nutzensimulation wurde nur die Fahrermodellbremsung verwendet. Ohne Kombination mit der GIDAS-Fahrerbremsung sinkt der Nutzen von PCW um weitere 3 Prozentpunkte (vgl. Abb. 4.31) und entspricht somit 30% bzw. 39% der vermiedenen Unfälle. Die starke Abhängigkeit des PCW-Nutzens von der Fahrerreaktion bleibt jedoch erhalten. Bei EBA sinkt der Nutzen durch das Verzichten auf die GIDAS-Fahrerverzögerung um ca. 18 für die TTC-Methode bzw. 12 Prozentpunkte für die Vermeidungsverzögerungsmethode und erreicht somit ein Niveau von 34% bzw. 47%.

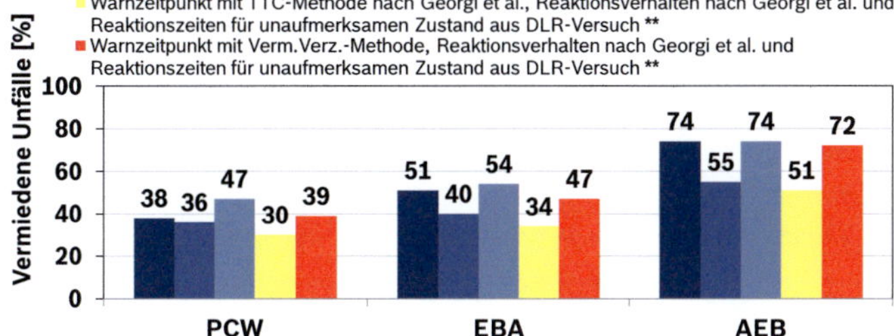



Abb. 4.33: Vermiedene Kollisionen. Nach der Georgi et al.-Vorgehensweise nur mit Fahrermodellbremsverhalten (keine Kombination mit GIDAS-Fahrerverzögerung) und durch die Reaktionszeiten aus dem auf Basis des DLR-Versuchs angepassten Fahrermodell.
*) Simulierte Ergebnisse in dieser Arbeit;
**) Ergebnisse mit neuentwickelter Methodik

Die mittlere Abhängigkeit des EBA-Nutzens von der Fahrerreaktion bleibt weiterhin bei 6 Prozentpunkten mit der TTC-Methode bzw. 7 Prozentpunkten mit der Vermeidungsverzögerung. Ähnlich wie in Abb. 4.31 sorgt die Teilbremsung schon während der Reaktionszeit für einen Geschwindigkeitsabbau. Somit wirken sich die längeren Reaktionszeiten des unaufmerksamen Fahrers auf den Nutzen der Gesamtfunktion weniger stark aus (4 Prozentpunkte weniger vermiedene Unfälle für die TTC-Methode und nur 2 Prozentpunkte für die Vermeidungsverzögerungsmethode). Somit ist die Abhängigkeit der erzielten Ergebnisse von der Warnzeitpunktmethode eindeutig zu erkennen. Der Nutzen des gesamten Systems steigt von 51% mit der TTC-Methode auf 72% mit der Vermeidungsverzögerungsmethode aufgrund der höheren Genauigkeit der Vermeidungsverzögerungsmethode. Dieser Unterschied ist in Abb. 4.31 nicht eindeutig erkennbar, da in [78] die Fahrermodellverzögerung mit der GIDAS-Fahrerverzögerung kombiniert wird, was zu einer Verfälschung des erwarteten PEBS-Nutzens führt. Für die Kollisionsgeschwindigkeitsreduktion allein auf Basis der Bremsstärke des Fahrermodells bleibt die Tendenz zur Senkung des Nutzens erhalten (s. Abb. 4.34). Der Unterschied ist jedoch sehr gering.

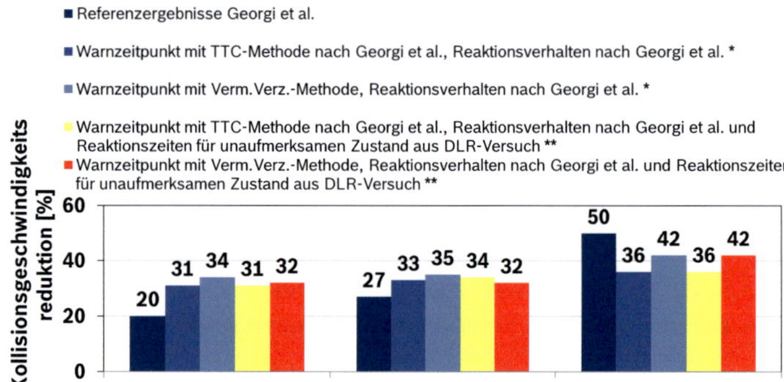


Abb. 4.34: Kollisionsgeschwindigkeitsreduktion. Nach der Georgi et al.-Vorgehensweise nur mit Fahrermodellbremsverhalten (keine Kombination mit GIDAS) und durch die Reaktionszeiten aus dem auf Basis des DLR-Versuchs angepassten Fahrermodell.
*) Simulierte Ergebnisse in dieser Arbeit;
**) Ergebnisse mit neuentwickelter Methodik

### 4.3.3 Zusammenfassung

In diesem Abschnitt konnte exemplarisch gezeigt werden, wie wichtig die Validierung der Fahrerinteraktion mit einem FAS ist. Mithilfe eines nutzerorientierten Versuchs konnten Reaktionszeiten ermittelt werden, die länger als die im Fahrermodell angenommen Werte waren. Wie erwartet wirken sich diese entsprechend auf die Nutzenabschätzung aus. In diesem Beispiel von PEBS war der beobachtete Unterschied klein, da die Evaluierung im Simulator nur für unaufmerksame Fahrer durchgeführt wurde.

Somit konnte nur das Reaktionsverhalten des Fahrers für den unaufmerksamen Zustand angepasst werden.

Eine weitere wichtige Erkenntnis ist die Bedeutung der Nutzung einer genaueren FAS-Nachbildung für die Nutzensimulation. Vereinfachungen des simulierten Systems können zur Verfälschung oder Abweichungen des erwarteten Nutzens führen.

Mithilfe der in dieser Arbeit entwickelten Methodik kann die Genauigkeit bei der Bestimmung des erwarteten FAS-Nutzens nach jeder nutzerorientierten Untersuchung verbessert werden.

In der Wissenschaft besteht jedoch immer noch Forschungsbedarf bzgl. der auf die Realität übertragbaren Daten, die in einem Fahrsimulator oder einer Teststrecke erhoben wurden. Eine bessere Aussage diesbezüglich wird ebenfalls die Aussagekraft der Nutzenabschätzung mit der neuentwickelten Methodik erhöhen.

Die Daten, die durch eine nutzerorientierte Untersuchung gewonnen wurden, gelten meistens für ein bis maximal zwei Szenarien. Abhängig vom untersuchten Fahrerverhalten kann das Szenario (Parametrisierung) einen Einfluss auf die beobachteten Größen haben. Die Unfalldaten in einer Datenbank vereinigen jedoch dutzende von Unfallbedingungen. Eine Vorgehensweise zur Verknüpfung von Unfalldaten und nutzerorientierten Daten ist für die Weiterentwicklung der neuen Methodik und für die bessere Nutzenaussagekraft des untersuchten FAS hilfreich.

# 5. Nutzenoptimierung sicherheitsrelevanter Fahrerassistenzsystemen mithilfe der neuentwickelten Methodik

Nachdem der Nutzen eines FAS untersucht wurde, kann nach der Vorgehensweise der neuentwickelten Methodik das System ggf. optimiert bzw. verbessert werden. Hierzu sieht die in dieser Arbeit erarbeitete Methodik zwei Hauptschritte vor. Als erstes stellt die neue Methode eine Vorgehensweise zur Identifikation des Verbesserungspotenzials vor. Nach der Lokalisierung der Systemschwachstellen schlägt die neue Methodik eine Vorgehensweise zur Optimierung von FAS durch (Teil-)Eingriffe bzw. (Teil-) Funktionen vor. Mithilfe des optimierten FAS und des entsprechend verbesserten bzw. erweiterten Fahrermodells kann die neuentwickelte Methodik das Nutzenpotenzial ermitteln.

## 5.1 Identifikation des Verbesserungspotenzials von sicherheitskritischen FAS

Heutige und zukünftige Fahrerassistenzsysteme sind eine komplexe Kombination aus mehreren Subfunktionen, die unterschiedliche Fahrerfehler adressieren und die aktiv oder passiv in die Fahrzeugführung eingreifen.
Im folgenden Abschnitt wird die Vorgehensweise zur Bestimmung des Nutzens von einzelnen FAS-Eingriffen bzw. Teilfunktionen mit der neuentwickelten Methodik vorgestellt, womit entsprechende Schlussfolgerungen bezüglich ihres Optimierungspotenzials gezogen werden können. Die Anwendung der Methodik wird am Beispiel von PEBS durchgeführt.

### 5.1.1 Vorgehensweise zur Ermittlung des Optimierungspotenzials anhand empirischer Untersuchungen

Nutzerorientierte Untersuchungen bieten neben der Möglichkeit zur Nutzenuntersuchung eines gesamten FAS auch die Gelegenheit anhand der aufgenommenen fahrdynamischen Daten inklusive Fahrerverhalten eine Detailnutzenanalyse der einzelnen Eingriffe bzw. Teilfunktionen durchzuführen. Abb. 5.1 veranschaulicht die Vorgehensweise zur Detailnutzenuntersuchung von FAS-Eingriffen.

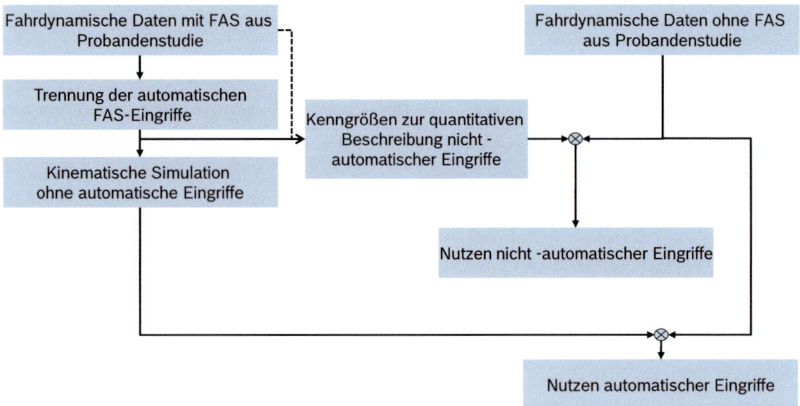


Abb. 5.1: Vorgehensweise zur Bestimmung des Nutzens von FAS-Eingriffen. Ein nicht-automatischer Eingriff kann beispielsweise eine Warnung sein. Beispiele für automatische Eingriffe sind vom FAS ausgelöste automatische Teilbremsungen, Zielbremsungen, etc.

Die fahrdynamischen Daten, die im nutzerorientierten Versuch erhoben wurden, beinhalten das gesamte FAS inklusive Fahrerreaktionsverhalten. Mithilfe dieser Daten und der FAS-Spezifikation zur Auslösung automatischer Eingriffe ist es möglich, die automatischen FAS-Eingriffe (autom.

Teilbremsung, Zielbremsung, etc.) zu eliminieren und eine kinematische Simulation der Geschwindigkeitsentwicklung und des zurückgelegten Weges zu erzeugen. Ähnlich wie bei der Unfallrekonstruktion in Kapitel 3 läuft die kinematische Simulation für den Zeitraum eines automatischen Eingriffs iterativ ab und bildet das Unfallgeschehen ohne automatischen Eingriff nach. Mithilfe der Gleichungen (5.1) und (5.2) kann die Ego-Geschwindigkeit und der vom Ego-Fahrzeug zurückgelegte Weg berechnet werden, wobei $v_{0,ohne\ Eingriff}$ die Ego-Geschwindigkeit ohne den automatischen Eingriff, $a_{Fahrer}$ die vom Fahrer vorgegebene Beschleunigung und $t_{Eingriff}$ die Zeitdauer des Eingriffs während des Versuches ist.

$$v_{ego} = v_{0,ohne\ Eingriff} + a_{Fahrer} * t_{Eingriff} \tag{5.1}$$

$$s_{ego} = s_{0,ohne\ Eingriff} + v_{0,ohne\ Eingriff} * t_{Eingriff} \\ + \frac{1}{2} a_{Fahrer} * t_{Eingriff}^2 \tag{5.2}$$

Es ist jedoch zu beachten, dass das simulative Herausrechnen eines automatischen Eingriffs nur dann zulässig ist, wenn anhand von Erkenntnissen aus eigenen oder fremden Untersuchungen gezeigt werden kann, dass der automatische Eingriff keinen Einfluss auf das Fahrerverhalten hat.

Durch den ermittelten Endzustand des Verkehrsgeschehens (Kollision oder vermiedener Unfall) und der damit berechneten Kollisionsgeschwindigkeit kann mithilfe eines Vergleichs zu den Probandendaten ohne FAS der Beitrag des automatischen Eingriffs zur Unfallfolgenmilderung analysiert werden.

Der Nutzen der nicht-automatischen Eingriffe (z.B. Warnung) kann anhand geeigneter Kenngrößen, die diese beschreiben, durch den Vergleich der fahrdynamischen Daten mit und ohne FAS analysiert werden.

Im Folgenden werden einige Kenngrößen für die Fahrzeuglängsführung und –querführung aufgeführt, die aus der Literatur bekannt sind.

1)  Reaktionszeit: Wie im Abschnitt 2.2.2 bereits definiert wurde ist dies die Zeitdauer von dem Auftreten des kritischen Ereignisses oder des nicht-automatischen Eingriffs bis zum ersten Anzeichen einer kollisionsvermeidenden Reaktion (z.B. erste Betätigung des Bremspedals, erste Lenkbewegung beim Ausweichen, etc.).

2)  Bremsumsetzzeit: Zeitdauer von der ersten Bewegung des Fußes vom Gaspedal bis zum ersten Kontakt mit dem Bremspedal [97], vgl. [206].

3)  Betätigungszeit: Zeitdauer von der ersten Bremspedalbetätigung bis zum Erreichen einer bestimmten Schwelle vgl. [157], [97].

4)  Verzögerungsaufbau: Die Zeitdauer von einer bestimmten Verzögerungsschwelle bis zu einem zweiten Verzögerungswert vgl. [157].

5)  Bremspedalbetätigung: der maximale Wert der Bremspedalbetätigung in %- oder bar-Einheit vgl. [157].

6)  Lenkamplitude: Maximaler Wert des Lenkradwinkels während einer bestimmten Test- oder Zeitperiode [103] vgl. [173].

7)  Lenkradgeschwindigkeit: Die maximale Lenkradgeschwindigkeit nach dem ersten Maximum des Lenkradwinkels vgl. [173].

8)  Zeit bis zum Überfahren einer Linie (Time to Line Crossing / TLC): Die Zeit, welche verfügbar ist, bis ein beliebiger Teil des Fahrzeugs eine der Fahrspurbegrenzungen erreicht [103].

Anhand des Kennzahlvergleichs sowie der kinematischen Simulation mit und ohne FAS kann der Beitrag der automatischen und nicht-automatischen (Warnung) Eingriffe zum Gesamtsystemnutzen ermittelt werden.

Der wesentliche Vorteil der in dieser Arbeit entwickelten Methodik im Unterschied zu [78], [32], [64], [97] ist, dass auf Basis des real gemessenen Fahrerverhaltens mit der gesamten Assistenzfunktion der Beitrag der einzelnen Teilfunktionen zum Gesamtnutzen schnell und mit wenig Aufwand ermittelt werden kann und somit die Schwachstellen des FAS identifiziert werden können.

## 5.1.2 Ermittlung des Optimierungspotenzials von PEBS

Mithilfe der fahrdynamischen Daten des Probandenversuchs im dynamischen Simulator des DLR wird im nachfolgenden Abschnitt eine Detailnutzenuntersuchung der PEBS-Teilfunktionen durchgeführt.

## Detailnutzenanalyse von PEBS anhand der Probandenstudie im dynamischen Fahrsimulator des DLR

In Abschnitt 4.2.2 wurde gezeigt, dass die mittlere Kollisionsgeschwindigkeit durch PEBS von 16,17 m/s (mittlere Kollisionsgeschwindigkeit ohne FAS) auf 8,08 m/s (mittlere Kollisionsgeschwindigkeit mit PEBS) reduziert werden kann. Abb. 5.2 zeigt eine schematische Darstellung der möglichen Ursachen für diesen Geschwindigkeitsabbau.

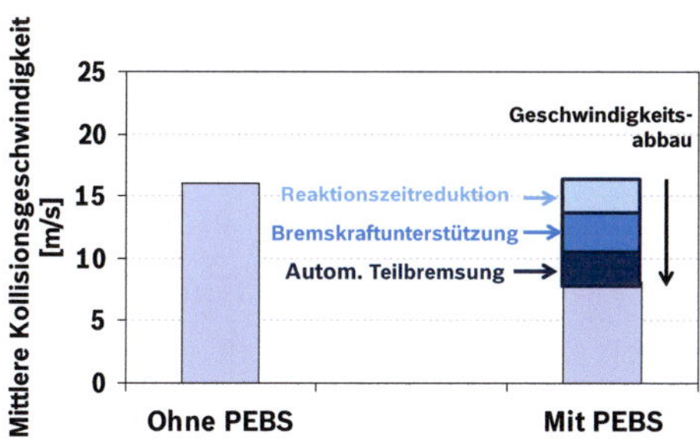


Abb. 5.2:  Theoretische Betrachtung der möglichen Ursachen für die Kollisionsgeschwindigkeitsreduktion mit PEBS

Die Halbierung der Geschwindigkeit kann durch eine Reduktion der Reaktionszeiten mithilfe der Warnfunktion, durch die Bremskraftunterstützung und/oder durch die automatische Teilbremsung erzielt werden.

Die Frage, welchen Anteil jede Teilfunktion hat, kann durch den ersten Schritt der neuentwickelten Vorgehensweise zur Nutzenbestimmung von FAS-Eingriffen – eine kinematische Simulation der automatischen Teilfunktionen – beantwortet werden. Abb. 5.3 oben veranschaulicht die PEBS-Spezifikation, die von den Probanden erlebt wurde.

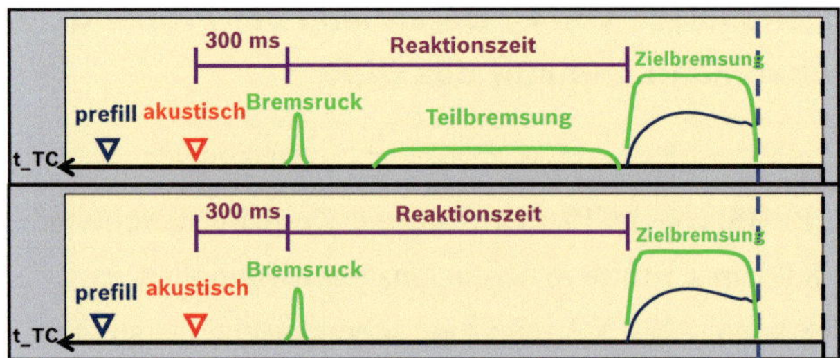


Abb. 5.3:   Oben: PEBS Spezifikation bei der Probandenstudie im dynamischen Simulator des DLR. Unten: Kinematische Simulation des Verkehrsgeschehens ohne automatische Teilbremsung von AEB

Abb. 5.3 unten zeigt die Darstellung von PEBS ohne die automatische Teilbremsung von 0.3×g der AEB-Teilfunktion, deren Verkehrsgeschehen mit der kinematischen Simulation dargestellt wurde. Mithilfe der fahrdynamischen Daten der Probanden, die abgelenkt waren und eine Warnung wahrgenommen haben, wird der Geschwindigkeitsverlauf ohne die AEB-Teilbremsung kinematisch simuliert. In diesem Fall ist somit eine Unterstützung durch die Warnfunktion und die Zielbremsung vorhanden. In Abschnitt 2.3.2 wurde bereits der Einfluss von automatischen (Teil-)Bremseingriffen bei den Untersuchungen von [97], [74], [68] diskutiert. Die Eingriffe mit -6 m/s$^2$ und -10 m/s$^2$ zeigen keine signifikante Auswirkung auf das Fahrerreaktions- und Bremsverhalten wie in [97], [74], [68] veranschaulicht ist. Da die AEB-Teilbremsung mit einer Stärke von -3 m/s$^2$ schwächer als die in [97] untersuchten Eingriffe ist und eine vergleichbare Zeitdauer hat, kann angenommen werden, dass die Auswirkung der PEBS-Teilbremsung auf das Fahrerreaktions- und Bremsverhalten vernachlässigbar klein ist.

Abb. 5.4 zeigt den Vergleich der Kollisionsgeschwindigkeiten zwischen Gruppe (1) ohne PEBS (N = 11), Gruppe (2) mit Warnung und Bremskraftunterstützung aber ohne Teilbremsung (PCW, EBA) (N = 9) und Gruppe (3) mit der untersuchten PEBS Funktion (PCW, EBA, AEB) (N = 4). (1) und (3) sind die original Daten aus der Probandenstudie im DLR-Simulator (vgl. Abb. 4.23).

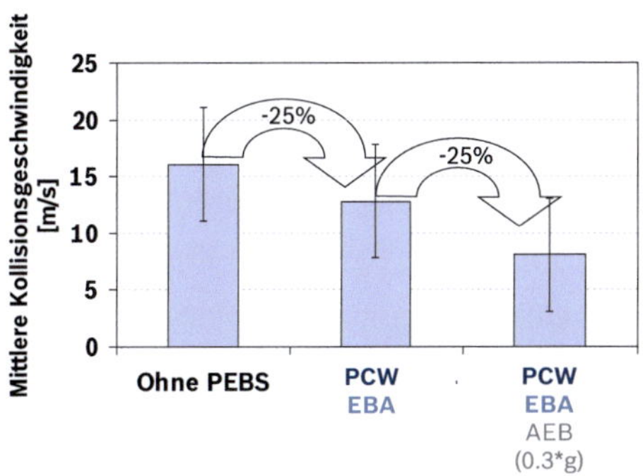


Abb. 5.4:   Verteilung der Kollisionsgeschwindigkeit bei den Gruppen (1) ohne PEBS, (2) mit PEBS ohne Teilbremsung (PCW und EBA) und (3) mit PEBS (PCW, EBA, AEB). (1) und (3) sind die original Daten aus der Probandenstudie im DLR-Simulator. (2) ist die simulierte Unfallentwicklung der Probandengruppe mit PEBS ohne den Anteil der automatischen Teilbremsung [157]

Gruppe (2) ist die simulierte Unfallentwicklung der Probandengruppe mit PEBS ohne den Anteil der automatischen Teilbremsung. Die Probanden ohne PEBS (1) kollidieren, wie in Tab. 5.1 zu sehen ist, durchschnittlich mit einer Kollisionsgeschwindigkeit von 16,2 m/s (Standardabweichung SD = 5,95 m/s).

| Bedingung | Anzahl Probanden | Mittelwert [m/s] | Std. Abweichung [m/s] |
|---|---|---|---|
| (1) ohne PEBS | 11 | 16,17 | 5,95 |
| (2) mit PEBS (PCW, EBA) | 9 | 12,79 | 5,20 |
| (3) mit PEBS (PCW, EBA, AEB) | 4 | 8,08 | 4,92 |

Tab. 5.1:    Übersicht der Kollisionsgeschwindigkeit der Gruppen (1) ohne PEBS , (2) mit PEBS ohne Teilbremsung (PCW und EBA) und (3) mit PEBS (PCW, EBA, AEB).

Im Gegensatz dazu beträgt die mittlere Aufprallgeschwindigkeit mit Warnung und Bremskraftunterstützung aber ohne Teilbremsung (2) 12,8 m/s (SD = 5,19 m/s). Dies bedeutet, dass durch die Warnung und Bremskraftunterstützung eine Reduktion von ca. 4 m/s bzw. 25% erzielt werden kann. Der Mann-Whitney-U-Test zeigt zwar keinen signifikanten Unterschied zwischen den Gruppen (1) und (2) ($p = 0{,}16 > 0{,}05$), weist aber eine tendenzielle Verminderung der Geschwindigkeit aus.

Die Probanden mit der vollständigen PEBS-Ausprägung (3) (entspricht PCW, EBA und AEB) hatten eine mittlere Kollisionsgeschwindigkeit von 8,1 m/s (SD = 4,92 m/s). Das entspricht einer zusätzlichen Reduktion der Kollisionsgeschwindigkeit durch die Teilbremsung um weitere 25%, ca. 4 m/s. Der Unterschied zwischen der Gruppe ohne Teilbremsung (2) und der Gruppe mit Teilbremsung (3) ist ebenfalls nicht signifikant ($p = 0{,}313 > 0{,}05$). Die Differenz zwischen der Gruppe ohne PEBS (1) und mit PEBS (3) ist signifikant ($p = 0{,}037 < 0{,}05$).

Bei der Analyse des Nutzens der Bremskraftunterstützung von EBA kann ähnlich vorgegangen werden. Es ist aber darauf hinzuweisen, dass fast alle Probanden, wie in Abb. 5.5 dargestellt, das Bremspedal voll durchtraten und somit die Zielbremsung übersteuerten. Daher ist eine Nutzenuntersuchung der Zielbremsung durch eine kinematische Simulation leider nicht möglich.

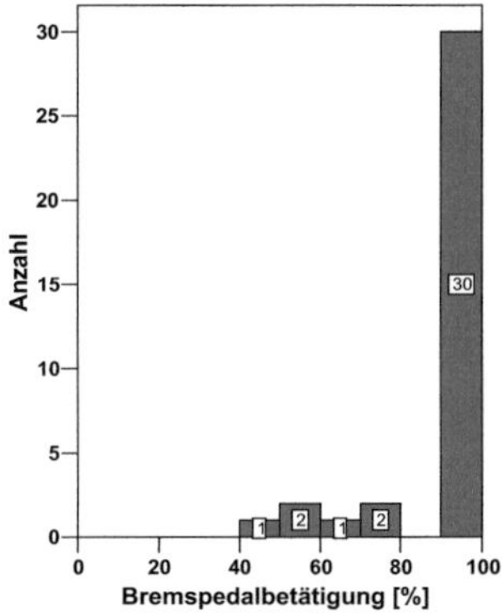


Abb. 5.5:    Bremspedalbetätigung von allen Probanden [157]

Es gab allerdings bei fast allen PEBS Probanden (N = 17) einen kurzen Zeitraum, in dem sich die Bremskraftunterstützung eingeschaltet hat. Der in Abb. 5.6 dargestellte Zeitraum $\Delta(t_{0,75} - t_{Zielbremsung})$ ist die Zeit zwischen der Auslösung der Zielbremsung und 75% der maximal möglichen Verzögerung, in der es bei allen Probanden eine Bremskraftunterstützung gab. Im Zeitraum zwischen 75% und der maximalen Verzögerung übersteuerten die meisten Probanden die Zielbremsung. Zur Nutzenbestimmung der Bremskraftunterstützung von EBA wird daher die Hypothese aufgestellt, dass die Probanden mit PEBS die Verzögerungsdifferenz zwischen der Auslösung der Zielbremsung und 75% der maximalen Verzögerung schneller aufbauen.

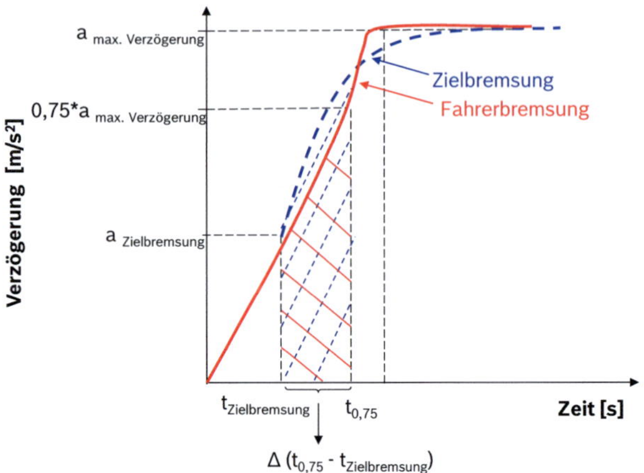


Abb. 5.6:  Beschreibung der Größen zur Zielbremsung. Blau-gestrichelter Bereich: die durch die Zielbremsung abgebaute Geschwindigkeit. Rot-gestrichelter Bereich: die durch die Fahrerbremsung abgebaute Geschwindigkeit

Abb. 5.7 stellt den Vergleich der Zeitspanne $\Delta(t_{0,75} - t_{Zielbremsung})$ mit und ohne PEBS dar und weist darauf hin, dass der Verzögerungsgradient deutlich schneller mit PEBS (Mittelwert = 0,07 s, SD = 0,068) als ohne PEBS (Mittelwert = 0,23 s, SD = 0,29) aufgebaut werden kann. Der Mann-Whitney-U-Test zeigt, dass der Unterschied zwischen den Gruppen signifikant ist ($p = 0,001 < 0,05$). Die Hypothese kann damit verifiziert werden.

Durch die Zielbremsung kann somit die Verzögerung bis zu 30 % schneller aufgebaut werden. Mit Gleichung (5.3) entspricht dies einer um 10% geringeren Energie bei der Kollision. Die Zielbremsung trägt somit zu einem höheren Energieabbau bei, sogar wenn der Fahrer eine Vollbremsung einleitet.

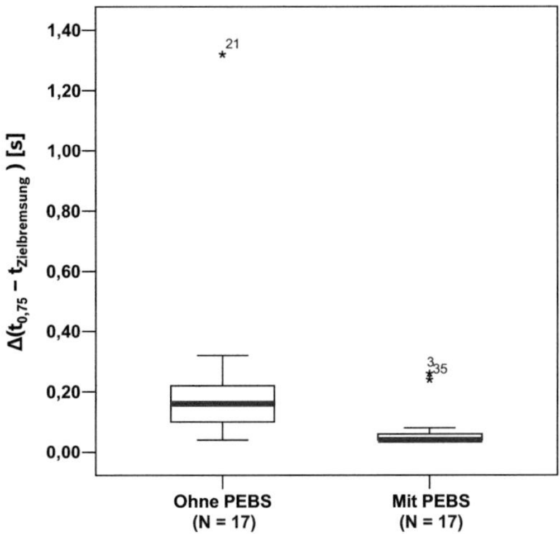

Abb. 5.7:   $\Delta(t_{0,75} - t_{\text{Zielbremsung}})$: Zeit zum Aufbau 75% der maximal möglichen Verzögerung bezogen auf den Zeitpunkt der Auslösung der Zielbremsung [157]. *) bezeichnen die Ausreißer.

$$E_{kin} = \frac{1}{2}mv^2 \tag{5.3}$$

Abb. 5.8 veranschaulicht die Einstufung der Unfallschwere nach ISO 26262 [104] der nicht vermiedenen Unfälle, die basierend auf der Kollisionsgeschwindigkeit ermittelt wird. Es ist deutlich zu sehen, dass durch die Teilbremsung der Anteil der lebensbedrohlichen oder tödlichen Verletzungen (S3) um ca. 40% reduziert wird. Werden nur Warnung und Bremskraftunterstützung aktiviert, reduziert sich der Anteil der schweren Verletzungen (S2). Der Anteil der lebensbedrohlichen bzw. tödlichen Unfälle bleibt in diesem Fall unverändert.

Es ist zu bemerken, dass sich trotz unverändertem S3-Anteil die mittleren Kollisionsgeschwindigkeiten der Gruppen ohne Teilbremsung (2) und ohne

PEBS (1) unterscheiden (vgl. Abb. 5.4). Aus diesem Grund wird die Hypothese aufgestellt, dass die Probanden mit PEBS ohne Teilbremsung (2) und einer S3-Unfallschwere mit einer geringeren Geschwindigkeit kollidieren als die Probanden ohne PEBS (1) und ebenfalls einer S3-Unfallschwere.

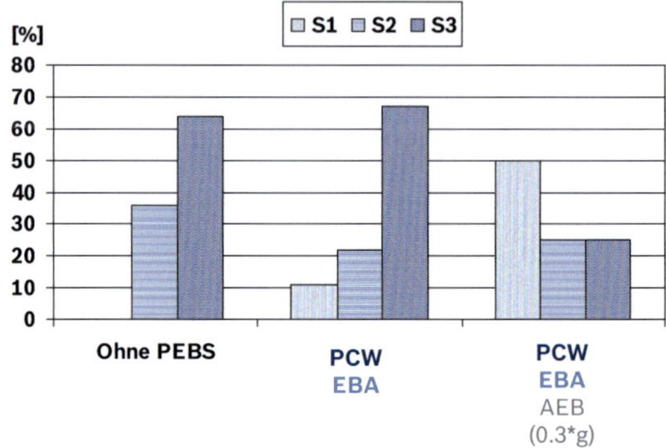


Abb. 5.8: Verteilung der Schadensklassen bei nicht vermiedenen Unfällen auf Basis der Kollisionsgeschwindigkeit. Einstufung der Unfallschwere: S1 – Leichte Verletzungen, S2 – Schwere Verletzungen, S3 – Lebensbedrohliche Verletzungen. (1) ohne PEBS, (2) mit PEBS ohne Teilbremsung (PCW und EBA) und (3) mit PEBS (PCW, EBA, AEB). Die Daten der Gruppen (1) und (3) sind die original Daten aus der Probandenstudie im DLR-Simulator. (2) ist die simulierte Unfallentwicklung der Probandengruppe mit PEBS ohne den Anteil der automatischen Teilbremsung [157]

Abb. 5.9 zeigt, dass die S3-Gruppe ohne PEBS (1) (N = 7) eine mittlere Kollisionsgeschwindigkeit von 20,16 m/s (SD = 2,57 m/s) hat. Im Gegensatz dazu beträgt die durchschnittliche Kollisionsgeschwindigkeit der S3-Gruppe mit PEBS ohne Teilbremsung (2) (N = 6) 15,94 m/s (SD = 1,75 m/s). Der Mann-Whitney-U-Test zeigt einen signifikanten Unterschied (p = 0,015 < 0,05). Somit kann die oben aufgestellte Hypothese verifiziert werden. Durch Warnung und Zielbremsung ist eine deutliche Reduktion der

Kollisionsgeschwindigkeit um ca. 15 km/h möglich, die entscheidend für die Erhöhung der Überlebenschance der Fahrer sein kann.

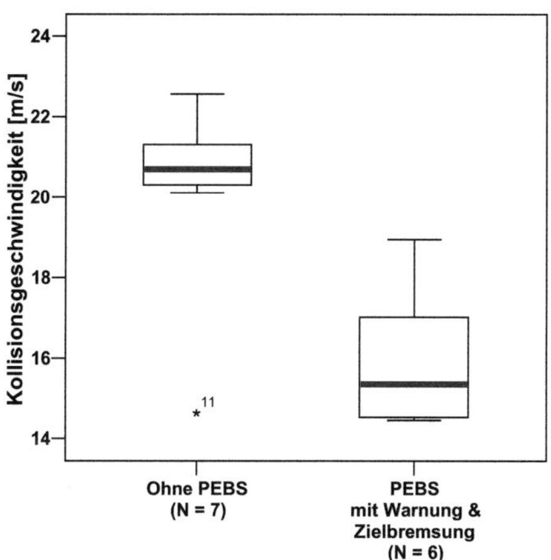



Abb. 5.9:   Kollisionsgeschwindigkeit der Fälle mit höchster Unfallschwereeinstu-
fung (S3). (1) ohne PEBS, (2) mit PEBS ohne Teilbremsung (PCW und
EBA). (1) sind die original Daten aus der Probandenstudie im DLR-
Simulator. (2) ist die simulierte Unfallentwicklung der Probandengruppe mit PEBS ohne den Anteil der automatischen Teilbremsung [157]

Eine Hypothese für die Erklärung dieser Erkenntnis ist, dass neben der Reduktion der Geschwindigkeit durch die Zielbremsung auch die Warnfunktion zur Kollisionsgeschwindigkeitsverminderung einen Beitrag leistet. Laut Georgi et al. [78] existieren drei Fahrer-Fehlverhaltenstypen, die zu Auffahrunfällen führen. Bei Typ 1 bleibt die Reaktion in der kritischen Situation ganz aus. Typ 2 zeigt eine zu schwache oder zu zögerliche Bremsreaktion. Typ 3 bremst zwar stark genug, aber zu spät.
Wie bereits erwähnt, bremsen bei der vorliegenden Untersuchung alle Fahrer. Grund dafür ist die kontrollierte Simulationsumgebung und Vorein-

stellung der Probanden, dass irgendwas bei diesem Versuch passieren wird. Zu Fahrerverhaltenstyp 1 kann somit keine Hypothese aufgestellt werden.

Zu Fahrerverhaltenstyp 2 wird die Hypothese aufgestellt, dass die Fahrer mit PEBS (2) aufgrund der Warnfunktion stärker und entschlossener als die Gruppe ohne PEBS (1) bremsen.

Zur Untersuchung dieser Hypothese werden die Bremspedalbetätigung bis zum Erreichen der maximalen Bremsstärke sowie die Betätigungszeit bis zum Erreichen der Schwelle $t_{Zielbremsung}$ zur Auslösung der Zielbremsung(vgl. Abb. 5.6) näher betrachtet.

Abb. 5.10 links stellt die Bremspedalbetätigung dieser Probanden dar, die mit S3-Unfallschwere eingestuft wurden und eine Warnung wahrgenommen haben[15]. Es ist deutlich erkennbar, dass die Gruppe ohne PEBS (1) (N = 7) sehr zögerlich in der kritischen Situation reagiert (Mittelwert der Bremspedalbetätigung = 78,7 %, SD = 22,84 %). Im Vergleich dazu reagieren alle Probanden mit PEBS ohne Teilbremsung (2) (N = 6) mit einer Vollbremsung (Mittelwert 100 %, SD = 0 %). Der Mann-Whitney-U-Test zeigt, dass die Differenz zwischen den Gruppen signifikant ist (p = 0,036 < 0,05).

Abb. 5.10 rechts zeigt die Zeit $t_{Zielbremsung}$ der Probanden mit S3-Einstufung und einer wahrgenommenen Warnung abgebildet, die zwischen dem Start der Bremsung und dem Erreichen des Schwellwerts $a_{Zielbremsung}$ zum Auslösen der Bremskraftunterstützung (s. Abb. 5.6) liegt. Der Mittelwert von $t_{Zielbremsung}$ der Gruppe ohne PEBS (1) beträgt 0,98 s (SD = 0,42 s). Die durchschnittliche Zeit bei der Gruppe mit PEBS (2) ist dagegen 0,6 s (SD = 0,53 s). Hier ist eine Reduktion von $t_{Zielbremsung}$ zu sehen, auch wenn der

---

[15] Die Probanden, die angegeben haben, dass sie weder die akustische noch die haptische Warnung nicht wahrgenommen haben, wurden hier nicht berücksichtigt.

148

Mann-Whitney-U-Test nur ein tendenzielles Resultat (p = 0,153 > 0,05) liefert.

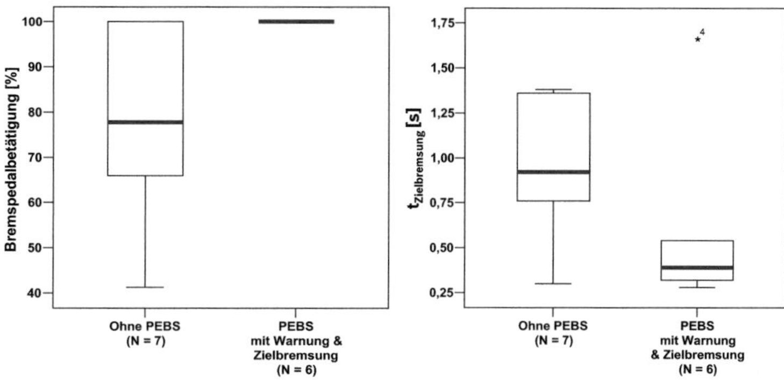

Abb. 5.10: Links: Bremspedalbetätigung der Probanden mit einer lebensbedrohlichen Verletzungseinstufung (S3). Rechts: Betätigungszeit vom Zeitpunkt der ersten Bremspedalbetätigung bis zum Erreichen der Schwelle zum Auslösen der Bremskraftunterstützung der Probanden mit S3-Einstufung. (1) sind die original Daten aus der Probandenstudie im DLR-Simulator. (2) ist die simulierte Unfallentwicklung der Probandengruppe mit PEBS ohne den Anteil der automatischen Teilbremsung [157]

Zusammen mit der Untersuchung der Bremspedalbetätigung zeigt dieses Ergebnis, dass die Hypothese „die Fahrer mit PEBS bremsen stärker und entschlossener" verifiziert werden kann. Das deutet darauf hin, dass dem Fahrer durch die Warnung die Kritikalität der Situation vermittelt werden kann, so dass er stark und rasch das Bremspedal betätigt und somit viel schneller eine Bremskraftunterstützung auslösen kann.

Zu Typ 3 wird die Hypothese aufgestellt, dass die Fahrer mit PEBS früher eine Bremsreaktion einleiten als die Fahrer ohne PEBS.

Zur Untersuchung dieser Hypothese werden die Reaktionszeiten vom Aufleuchten der Bremslichter vom Vordermann bis zur ersten Betätigung des Bremspedals verglichen.

Abb. 5.11 zeigt die Reaktionszeiten der Probanden mit S3-Einstufung, die eine Warnung wahrgenommen haben. Der Mittelwert der Reaktionszeiten ohne PEBS (1) beträgt 2,59 s (SD = 0,20 s). Die Gruppe mit PEBS (2) weist eine vergleichbare durchschnittliche Reaktionszeit von 2,54 s (SD = 0,34 s) auf. Der Mann-Whitney-U-Test liefert kein signifikantes Ergebnis (p = 0,617 >> 0,05). Somit kann die Hypothese, dass die Probanden mit PEBS schneller reagieren, nicht bestätigt werden.

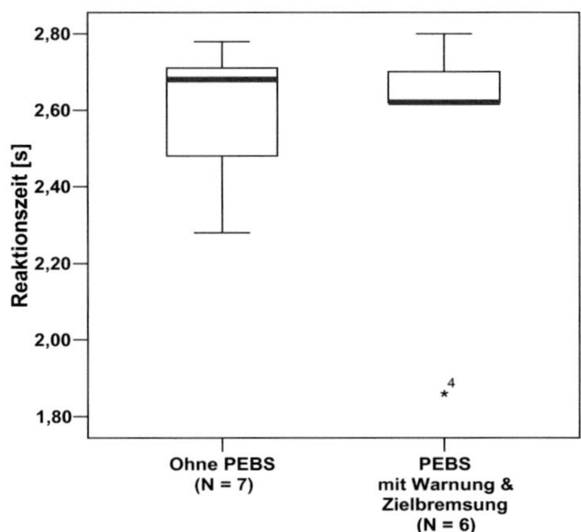


Abb. 5.11: Reaktionszeit der Probanden mit einer lebensbedrohlichen Verletzungseinstufung (S3). (1) sind die Original-Daten aus der Probandenstudie im DLR-Simulator. (2) ist die simulierte Unfallentwicklung der Probandengruppe mit PEBS ohne den Anteil der automatischen Teilbremsung

## Verbesserungspotenzial von PEBS

Im Abschnitt 5.1.1 wurde die Tendenz erläutert, dass die Warnung zu einem verbesserten Bremsverhalten der Probanden führt, die beim Versuch lebensbedrohlich verletzt wären. Dieser Effekt konnte für die Reduktion der Reaktionszeiten nicht beobachtet werden. Aus diesem Grund werden in folgendem Abschnitt die Reaktionszeiten von allen Probanden näher betrachtet.

Abb. 5.12 links zeigt die Reaktionszeiten von allen Probanden aus der Probandenstudie im DLR-Simulator, die als abgelenkt klassifiziert wurden (vgl. Abschnitt 4.2.2).

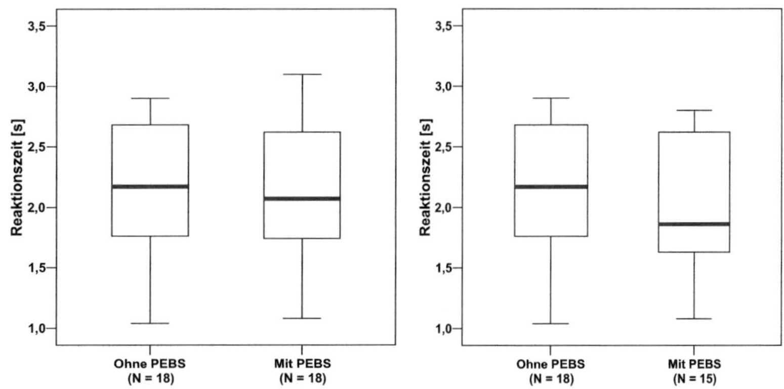

Abb. 5.12: Reaktionszeiten: Links: von allen abgelenkten Probanden; Rechts: von allen abgelenkten Probanden, die mindestens eine Warnung (akustische oder haptische) wahrgenommen haben. (1) ohne PEBS, (3) mit PEBS (PCW, EBA, AEB). (1) und (3) sind die original Daten aus der Probandenstudie im DLR-Simulator

Die durchschnittliche Reaktionszeit der Probanden ohne PEBS ist 2,13 s (SD = 0,56 s). Der Mittelwert mit PEBS beträgt 2,11 s (SD = 0,62 s). Der

T-Test zeigt ähnlich wie im Abschnitt 1.1.2.1 keinen signifikanten Unterschied zwischen den Gruppen (p = 0,92 >> 0,05).

Da die bewusste Wahrnehmung einer Warnung Auswirkung auf das Reaktionsverhalten haben kann, werden zusätzlich in Abb. 5.12 rechts die Reaktionszeiten dieser Probanden dargestellt, die abgelenkt waren und mindestens die akustische oder haptische Warnung bewusst wahrgenommen haben[16]. Die mittlere Reaktionszeit der 15 Probanden mit PEBS, die eine Warnung wahrgenommen haben, entspricht 1,99 s (SD = 0,58 s). Trotz der leichten Verbesserung gegenüber der Gruppe ohne Warnung liefert der T-Test kein signifikantes Ergebnis (p = 0,46 > 0,05). Dies lässt den Schluss zu, dass die Warnung von den Probanden entweder nicht verstanden wurde oder nicht zu dem gewünschten Fahrerverhalten führt und somit eine Verbesserung erforderlich ist.

### 5.1.3 Zusammenfassung und Schlussfolgerung

Die neuentwickelte Vorgehensweise kann schnell und mit wenig Aufwand mithilfe von nutzerorientierten Versuchen Ergebnisse zur Bestimmung des Nutzens von einzelnen FAS-Eingriffen liefern und somit das Optimierungspotenzial von FAS identifizieren. Im Gegensatz zu [78], [32], [64], [97] kann auf Basis des realen, mit gesamtem PEBS-System gemessenen Fahrerverhaltens der Beitrag der einzelnen (Teil-)Funktionen bzw. Eingriffe zum Gesamtnutzen ermittelt werden.

Anhand der Anwendung der vorliegenden Methodik auf die Daten des Probandenversuchs im DLR-Simulator konnte gezeigt werden, dass mithilfe einer geeigneten Parameterauswahl der Nutzen von FAS-Teilfunktionen

---

[16] Für diese Betrachtung wurden 3 Probanden nicht berücksichtigt, da sie eindeutig sowohl für die akustische als auch für die haptische Warnung „nein" bei der Frage bzgl. Warnungswahrnehmung im Fragebogen angekreuzt habe.

quantifiziert werden kann. Die Ergebnisse dieser Anwendung am Beispiel von PEBS zeigen, dass der wesentliche Beitrag zum Geschwindigkeitsabbau bzw. zur Unfallvermeidung durch die Teilbremsung geliefert wird. Ein ähnlicher Effekt wird ebenfalls in [97] beobachtet. In seinen Untersuchungen mit EVITA zeigt der Autor in [97], dass durch eine Teilbremsung eine Geschwindigkeit von ca. 25 km/h bei einer Initialgeschwindigkeit von ca. 80 km/h (entspricht ca. 30% Reduktion) abgebaut werden kann. Dieses Ergebnis unterscheidet sich signifikant gegenüber Warnstrategien mit akustischer Warnung oder einem Bremsruck und hoch signifikant gegenüber dem Fall ohne Eingriff bzw. Warnung. Vergleichbare Aussagen liefern die Untersuchungen im Rahmen des ISi-PADAS-Projekts [146]. Sie zeigen einen signifikanten Rückgang der Anzahl der Kollisionen mit einem PEBS-vergleichbaren Notbremsassistenzsystem gegenüber dem Fall ohne FAS-Unterstützung. Den unfallvermeidenden Faktor führen die Autoren auf die teilautomatischen Eingriffe des Systems und nicht auf die Fahrerreaktionszeit zurück. Die in der PEBS-Detailnutzenuntersuchung beobachteten Effekte, dass teilautomatische Eingriffe zur Erhöhung der Verkehrssicherheit führen können, bestätigen die Ergebnisse von [146] und [97].

Die Steigerung der Automation im Fahrzeug kann sich auch negativ auswirken. Zum Beispiel zeigen die Autoren in [146], dass sich die Blickgesamtdauer durch die Erhöhung des Unterstützungsgrades des FAS erhöht. Das führt zu einer Reduktion der Aufmerksamkeit auf die Fahraufgabe. Diese Erkenntnis deutet darauf hin, dass neben der Optimierung automatischer Teilfunktionen auch Verbesserungspotenzial bei der Weiterentwicklung von Warnsystemen besteht.

In Bezug auf Warnsysteme sind aktuell wenige Arbeiten bekannt, die die Effektivität der Warnungen gegenüber einer Baseline[17] darstellen. Der

---

[17] Eine (Probanden-)Gruppe, die ohne FAS-Unterstützung untersucht wurde.

Vergleich der Reaktionszeiten von [97] mit einer Warnung und ohne Warnung zeigt keinen signifikanten Unterschied zwischen den Gruppen. Diese Bestätigung der Ergebnisse, die zum Thema PEBS-Warnung gewonnen wurden, verstärkt noch mehr die Aussage, dass die Effektivität von zukünftigen Warnsystemen optimiert werden sollte.

## 5.2 Maßnahmen zur Verbesserung von Fahrerassistenzsystemen

Nachdem das Verbesserungspotenzial des FAS ermittelt wurde, müssen Maßnahmen getroffen werden, um das System zu optimieren.

Im folgenden Abschnitt wird die Vorgehensweise der in dieser Arbeit entwickelten Methodik zur Optimierung von FAS und ihre Anwendung für die Verbesserung der Fahrer-Fahrzeug-Interaktion am Bespiel der PEBS-Warnfunktion vorgestellt.

### *5.2.1 Vorgehensweise zur Optimierung von FAS*

Der erste Schritt nach der Festlegung der Schwachstellen eines FAS ist, wie in Abb. 5.13 dargestellt, die Identifikation von möglichen Faktoren, die zu einer nicht zufriedenstellenden Fahrer-Fahrzeug-Interaktion führen bzw. diese beeinflussen können. Beispielhafte Ursachen für eine schlechte Wechselwirkung zwischen Fahrer und FAS sind die Fahrerunaufmerksamkeit, ein nicht geeignetes HMI (Human-Maschine-Interface) oder nicht berücksichtigte Grenzen der körperlichen und geistigen Fähigkeiten einer Benutzergruppe.

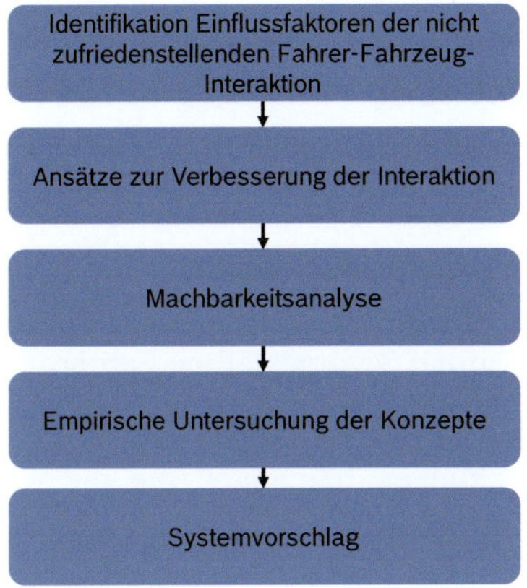


Abb. 5.13: Vorgehensweise zur Optimierung von FAS

Anhand der identifizierten Einflussfaktoren sind als nächstes Ansätze zu generieren, wie die Interaktion mit dem Fahrer verbessert werden kann. Eine Machbarkeitsanalyse soll bei der Abschätzung behilflich sein, welche der formulierten Ideen umsetzbar und nach dem jeweiligen Stand der Forschung und Technik realisierbar sind. Die entwickelten Konzepte, die bei der Machbarkeitsanalyse positiv bewertet wurden, sind in der nächsten Phase mithilfe nutzerorientierter Versuche empirisch zu untersuchen. Mithilfe der dadurch neu gewonnenen Erkenntnisse über die Fahrer-Fahrzeug-Interaktion sind Schlussfolgerungen bezüglich der Funktionsverbesserung abzuleiten und dementsprechend in einem Systemverbesserungsvorschlag anzuwenden. Zusätzlich zu der Systemoptimierung können die Erkenntnisse zur Erweiterung und Optimierung des Fahrermodells verwendet werden, womit eine Nutzenuntersuchung mit einer höheren Genauigkeit erzielt werden kann.

### 5.2.2 Untersuchung des Verbesserungspotenzials der Kollisionswarnung von PEBS durch Anpassung an die Fahreraufmerksamkeit

**Sicherheitskritische Einflussfaktoren**

Zusätzlich zu den in Kapitel 2 vorgestellten Fahrermodellen wurden für die Identifikation von menschlichen und sicherheitskritischen Einflussfaktoren verschiedene Untersuchungen betrachtet, die die wichtigsten Unfallursachen analysiert und zusammengefasst haben. Aufgrund des großen Spektrums an Meinungen bezüglich der konkreten Fehlerursachen und ihrer Kategorisierung wurden nach einer ausführlichen Literaturrecherche zu diesem Thema, die im Rahmen der Arbeit von [75] durchgeführt wurde, die wichtigsten Ursachen in mehreren Gruppen zusammengefasst.

- *Zustand*: Unter Zustand kann die Aufmerksamkeit/Ablenkung [83], [117], Kondition[18] [117], Stimmung [20] und Müdigkeit [178] des Fahrers verstanden werden. Diese Arbeit fokussiert sich jedoch hauptsächlich auf die Folgen der Aufmerksamkeit bzw. Ablenkung auf das Fahrerverhalten in kritischen Situationen.

  Für den Begriff Unaufmerksamkeit existieren in der Literatur viele unterschiedliche Definitionen (vgl. [75]). Die Unaufmerksamkeit kann durch Müdigkeit, Nachdenklichkeit [[168] zitiert nach [75]], Schläfrigkeit und unspezifische Blickbewegungen [[53] zitiert nach [75]], aber auch durch die Ablenkung durch eine Nebentätigkeit [[53] zitiert nach [75]] definiert werden.

  Hinsichtlich der Begriffserklärung von Ablenkung bestehen in der Literatur übereinstimmende Meinungen. In dieser Arbeit wird die Defini-

---

[18] Die körperliche Leistungsfähigkeit des Fahrers.

tion von [[161] zitiert nach [75]] verwendet: „Fahrerablenkung ist die freiwillige oder unfreiwillige Umlenkung der Aufmerksamkeitsallokation von der primären Fahraufgabe, weil der Fahrer eine zusätzliche Tätigkeit ausführt und sich somit auf ein Objekt, ein Ereignis oder eine Person konzentriert, die nicht auf die Fahraufgabe bezogen sind. Ausgenommen hiervon ist die Beeinträchtigung durch Alkohol, Drogen, Müdigkeit oder den medizinischen Zustand." Darüber hinaus wird oft zwischen visueller und kognitiver Ablenkung sowie interner und externer[19] Ablenkung unterschieden.

In dieser Arbeit wird für Unaufmerksamkeit dieselbe Definition wie für Ablenkung festgelegt, da zum heutigen Stand der Forschung keine einheitliche Meinung hierzu vorliegt.

Die Ablenkung führt zur Erhöhung der Reaktionszeiten [221], [83], [117], zu großen Abweichungen in der Querführung selbst auf geraden Strecken [221] und zur Einhaltung von tendenziell kleineren Abstandslücken [221].

Die Ablenkung ist bei über 70% der Auffahrunfälle die Hauptursache für die Kollision [124], [38] sowie bei ca. 80% aller Unfälle und 65% der Beinahe-Kollisionen [151].

- *Erwartung*: Mehrere Literaturquellen geben die Erwartung als einen Faktor an, der das Fahrerverhalten in kritischen Situationen beeinflusst (vgl. [83], [117], [154]). In der Literatur findet man am häufigsten die Definition von [[154] zitiert nach [75]]: „Erwartung ist die Veranlagung eines Menschen zu glauben, dass etwas geschehen oder sich in bestimmter Weise zeigen wird" (Übersetzung nach [75]).

  Ein unerwartetes kritisches Ereignis führt zur längeren Reaktionszeiten (vgl. [83], [101]).

---

[19] Ablenkung durch Objekte innerhalb oder außerhalb des Fahrzeugs.

- *Motivation*: Unter Motivation wird hier das Risikoverhalten des Fahrers verstanden (vgl. [212]). Nach der Sensation Seeking Theorie von [[225] zitiert nach [75]], die das individuelle Verlangen nach intensiven Reizen charakterisiert, lassen sich die Fahrer in zwei Verhaltenskategorien – Low Sensation Seeker und High Sensation Seeker – einordnen. Auf Basis dieser Theorie lässt sich erklären, wofür die Fahrer bereit sind riskanter zu fahren. Beispielsweise neigen High Sensation Seeker zum aggressiven Fahren oder zur Nicht-Beachtung von Verkehrsregeln (z.B. das Fahren mit zu geringerem Sicherheitsabstand zum Vordermann), was zu erhöhtem Unfallrisiko führt. 10-12 % der Auffahrunfälle passieren aufgrund aggressivem Fahrverhalten bzw. zu dichtem Auffahren (vgl. [124]).

- *Erfahrung*: Die Erfahrung ist das Know-how, das der Fahrer während seiner gesamten Straßenverkehrsteilnahme sammelt (nach [75]). Diese beinhaltet die Fahrtechnik [178], die Kenntnis von Verkehrsregeln [87], die Situationsbeurteilung [20] sowie die Abschätzung von Entfernungen oder Geschwindigkeiten [20]. Nach [39] kann die Fahrererfahrung als Prädiktor für Unfallraten gesehen werden. Hierbei sind Fahranfänger eine Gruppe mit erhöhtem Unfallrisiko [152], wobei nach jedem vergangenen Jahr ab der Führerscheinerstellung eine Unfallverringerungsrate um 6% zu beobachten ist [41]. Ein Fahrer kann nach ca. 7 Jahren bzw. 100000 km Fahrleistung als erfahren klassifiziert werden [4], [[216] zitiert nach [57]].

- *Subjektive Einflüsse*: Das Alter und das Geschlecht des Fahrers sind hier als subjektive Einflussfaktoren zu verstehen (vgl. [117], [83]).
  *Alter*: Der Einfluss des Alters ist in der Wissenschaft noch nicht eindeutig geklärt. Es herrscht generell die Meinung, dass ältere Fahrer längere Reaktionszeiten als junge haben [83], [23], [211], [204]. Andere Untersuchungen können im Gegenteil keine systematische Auswirkung des Alters auf das Reaktionsverhalten feststellen [131], [155],

[120].

*Geschlecht*: Ähnlich wie beim Alter gibt es bezüglich des Einflusses des Geschlechts verschiedene Meinungen. Einige Untersuchungen zeigen kürzere Reaktionszeiten bei Männern [134], [180], [220], während andere keinen eindeutigen Einfluss des Geschlechts nachweisen können [148], [[89] zitiert nach [83]].

## Ansatz zur Verbesserung des PEBS-Kollisionswarnsystems

Die im DLR-Simulator gemessenen Reaktionszeiten wurden in abgelenktem Zustand erhoben. Die ausgewerteten Daten sind von der ersten Fahrt, d.h. die Situation ist für alle Probanden unerwartet gewesen. Aufgrund der Randbedingungen der Unfallszenario-Konzeption und die Instruktion einen bestimmten Abstand zum Vordermann einzuhalten, konnten keine Unterschiede des Risikoverhaltens der Probanden auftreten. Die Erfahrung-, die Alters- und Geschlechtsverteilung waren bei beiden Gruppen vergleichbar (vgl. Abschnitt 4.2.2). Als eine mögliche Schlussfolgerung daraus ergibt sich, dass die Warnung in der untersuchten Form die in Abschnitt 2.3.1 vorgestellten Anforderungen nicht vollständig erfüllt und die Warnfunktion der Grund für die langen Reaktionszeiten ist. Es kann unterstellt werden, dass die Warnung nicht richtig verstanden wird, die Fahreraufmerksamkeit nicht auf die Gefahrenstelle richtet oder vielleicht zu spät für eine unfallvermeidende Bremsreaktion ausgelöst wird.

Angesichts der Tatsache, dass die Fahreraufmerksamkeit die Hauptursache für ca. 70% der Auffahrunfälle ist [124], [38] und auf Basis des analysieren Reaktionsverhaltens mit der PEBS-Warnfunktion in abgelenktem Zustand kann eine Aussage getroffen werden, dass möglicherweise eine Erhöhung der Warnintensität zu einer Steigerung der Effektivität führen kann (vgl. [102], [34]). Die hohe Warndringlichkeit wird jedoch in aufmerksamem Zustand den Fahrer sehr schnell stören und bei Fehlauflösungen sogar die Akzeptanz des Systems in Frage stellen (vgl. Abschnitt 2.3.1). Der Ansatz zur Lösung dieses Dilemmas ist ein adaptives Warnsystem, welches die Warnintensität an den Fahrerzustand anpasst. Somit stellt die Warnfunktion anhand der Kritikalitätsabschätzung der PEBS-Funktion und Aufmerksamkeitserkennung (s. Abb. 5.14) ein Warnkonzept für aufmerksame Fahrer und ein weiteres für den unaufmerksamen bzw. abgelenkten Zustand dar. Das Ziel des adaptiven Warnsystems wäre somit die Erhöhung des Nutzens und der Akzeptanz der PEBS-Warnfunktion PCW.

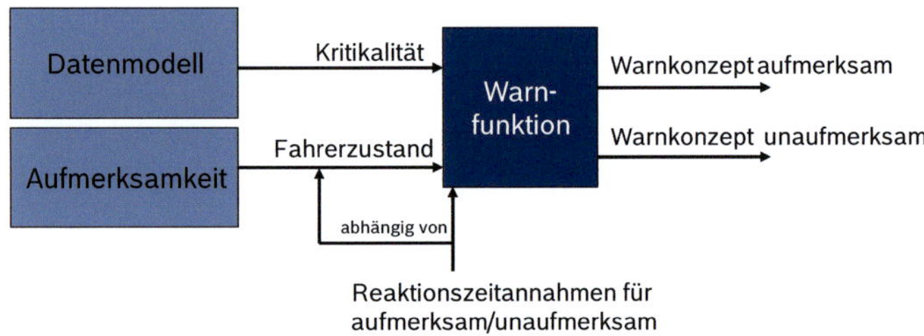


Abb. 5.14: Konzept für das adaptive Warnsystem

Die Aufmerksamkeitsschätzung kann beispielsweise mit Kamera-basierten Systemen zur Überwachung des Fahrerzustands anhand der Kopf- und Augenbewegungen realisiert werden. Diese sind heutzutage schon in einigen Fahrzeugen zu finden (Lexus LS-Modelle) [11]. Andere Fahrzeughersteller wie Volvo (V70, S80, XC 60 & XC 70) und Mercedes (E-Klasse) nutzen für ihre Systeme das Lenkverhalten des Fahrers als Indikator für den Fahrerzustand [11]. Durch die Spurhaltung kann ein aufmerksamer von einem unaufmerksamen Fahrer unterschieden werden. Letzterer beginnt bei Ablenkung Schlangenlinien zu fahren.

Das adaptive Warnsystem hat somit nicht das Ziel der Aufmerksamkeitserkennung, sondern ihre Verwendung zur Anpassung der Warnfunktion.

Im Folgenden wird zuerst die Gestaltung dieser adaptiven Warnfunktion behandelt. Anhand von empirischen Vorversuchen wird als erstes untersucht, ob sich die Wahrnehmung von aufmerksamen und abgelenkten Fahrern unterscheidet und die Warnfunktion anhand von verschiedenen Warnintensitäten darstellen lässt. Diese Voruntersuchung hat somit das Ziel, ein effizientes[20] Warnkonzept für den entsprechenden Fahrerzustand (aufmerksam/unaufmerksam) zu ermitteln.

Im zweiten Schritt wird der Nutzen der Systemanpassung an den Fahrerzustand anhand eines nutzerorientierten Versuchs mit dem gesamten FAS analysiert, indem zusätzlich zum Nutzenfall eine Fehlauslösung von den Probanden erlebt wird.

## Verbesserung des HMI des Warnsystems abhängig vom Fahrerzustand

Im Folgenden wird das Fahrerverhalten mithilfe eines nutzerorientierten Versuchs in unterschiedlichen Aufmerksamkeitszuständen untersucht. Hierbei wird der Fahrer durch verschiedene Warnkonzepte unterstützt.

### *Beschreibung der Konzepte*

Für diese Voruntersuchungen stand ein statischer Simulator zur Verfügung. Aus diesem Grund fokussiert sich diese Voruntersuchung nur auf die akustischen und optischen Modalitäten. Auf Basis der in Abschnitt 2.3.1 vorgestellten Anforderungen an die Gestaltung von Kollisionswarnsystemen werden fünf akustische und vier visuelle HMI-Konzepte nach dem „Stand der Technik" ausgewählt. Die Warnungen haben bereits einen Nutzen zur Reduktion der Reaktionszeiten entweder für den aufmerksamen oder un-

---

[20] Unter Effizienz sind hier die Ressourcen zu verstehen, die in Zusammenhang mit der Exaktheit und Vollständigkeit aufgewendet werden, mit denen der Fahrer die beabsichtige Ziele erreicht [103].

aufmerksamen Zustand nachgewiesen. Ihre Auswirkung auf den nicht untersuchten Fahrerzustand ist unbekannt und wird im Rahmen dieser Voruntersuchung analysiert.

### Akustische Warnung

Beim akustischen Warnkonzept wurde von jedem Warntontyp (vgl. Abschnitt 2.3.1) eine akustische Warnung ausgewählt (vgl. [158]).

- Earcon: Es wurden zwei verschiedene Earcons ausgewählt.

  Der erste Earcon, hier Alarm1 genannt, war der Ton, der bei der DLR-Studie verwendet wurde [156]. Dieser hat eine kurze Dauer von 420 ms und besteht aus einem Puls.

  Der zweite Earcon – Alarm2 – wurde von Dieterichs [50] entwickelt und wurde für unaufmerksame Fahrer untersucht. Alarm2 ist eine Zusammensetzung aus vier Impulsen und hat eine Dauer von 1,12 s. Kurze Pausen trennen die einzelnen Pulse voneinander, deren Länge jeweils 180 ms, 120 ms und 80 ms beträgt. Der Ton ist anfangs sehr leise. Im Verlauf der vier Pulse steigen seine Lautstärke und Intensität. Das Signal wurde entworfen, um das Erschrecken vor einer zu hohen Lautstärke zu minimieren während die gute Wahrnehmbarkeit sichergestellt wird.

- Auditory Icon: In dieser Studie wurde ein Reifenquietschen als Auditory Icon Signal verwendet. Dieser Ton wurde bereits von [70] und [97] für die Warnung von unaufmerksamen Fahrern benutzt.

- Hybricon: Der Hybricon in dieser Studie besteht aus einem Vier-Puls-Earcon und einem Reifenquietschen und ist das Äquivalent der in [51] verwendeten Signale für aufmerksame Fahrer.

- Speech Message: Auf Basis der Empfehlung von [102] wurde eine Speech Message mit einem Wort als gesamtem Inhalt ausgewählt. Das System kann ebenfalls eine Vermeidungshandlungsempfehlung ausgeben [101]. Aus diesem Grund wurde das Wort „bremsen" als Speech

Message verwendet, welches von einer männlichen Stimme ausgesprochen wurde.

**Optische Warnung**

Alle visuellen Warnungen wurden im Head-Up Display (HUD) dargestellt, da sie nur damit möglichst nah am direkten Blickfeld zum Erreichen der Fahreraufmerksamkeit angezeigt werden können (vgl. [102], [115]) und somit eine Reduktion der Reaktionszeiten potenziell möglich ist (vgl. [73]). Um die Aufmerksamkeit des Fahrers auf die Gefahrenstelle zu richten, wurden die visuellen Objekte im HUD mit einer Blinkfrequenz dargestellt (vgl. [76]). Hierzu wurde für den aufmerksamen Zustand eine optimale Frequenz von 3 Hz gewählt, die in [141], [170] untersucht wurde. Zur Wiedergabe der gleichen Dringlichkeit und zur Erhöhung der Erkennbarkeit in der Peripherie [43] war die Blinkfrequenz für abgelenkte Fahrer 9 Hz (vgl. [158]).

- Warndreieck: Das Warndreieck ist ein sehr oft vorkommendes Warnelement, das ebenfalls für die Nutzung bei Fahrerassistenzsystemen sehr beliebt ist (vgl. [139], [206]). Diese Warnung kann sehr einfach verstanden werden. Ihr Nachteil ist, dass das Objekt keinen konkreten Bezug zu der gefährlichen Situation hat und ihre Bedeutung mehrdeutig ist. Das Warndreieck wurde leicht nach rechts vom zentralen HUD-Bereich versetzt, damit das Kollisionsobjekt nicht durch das visuelle Warnelement verdeckt wird (s. Abb. 5.15).

Abb. 5.15: Das Warndreieck: Links: das Warnelement; Rechts: die Anzeigeposition in der Simulationsumgebung [158]

- Bremsleiste: In [70] wurde der positive Effekt einer roten LED-Leiste, direkt auf der Windschutzscheibe montiert, demonstriert. Um eine ähnliche visuelle Warnung ohne zusätzliche Hardware zu simulieren, wurde im Rahmen der Arbeit von [205] die Bremsleiste als Warnelement entwickelt (s. Abb. 5.16). Das war das einzige Anzeigeelement, welches als 3D-Objekt in die Simulation implementiert wurde. Wie in Abb. 5.16 zu sehen ist, wird das Bremsleiste-Warnelement auf den oberen Heckbereich des vorausfahrenden Fahrzeugs projiziert. In einem realen Fahrzeug ist somit diese visuelle Warnung mithilfe eines kontakt-analogen HUDs zu realisieren. Die Bremsleiste ist intuitiv und richtet die Fahreraufmerksamkeit auf die Gefahr, bietet jedoch keine konkrete Information über die erforderliche Vermeidungshandlung.

Abb. 5.16: Die Bremsleiste: Links: das Warnelement; Recht: die Anzeigeposition in der Simulationsumgebung [158]

- Bremslicht: In [186] wurde die Bremslicht-Warnanzeige entwickelt. Sie ist in Abb. 5.17 dargestellt. Diese Warnanzeige ist aus dem Straßenverkehr allgemein bekannt und liefert die explizite Information, dass das vorausfahrende Fahrzeug bremst. Allerdings werden keine Hinweise über die Kritikalität der Situation vermittelt.

  Diese visuelle Warnung wurde ebenfalls im HUD dargestellt. Wie in Abb. 5.17 zu sehen ist, wurde sie auf die Straße projiziert, so dass das vorausfahrende Fahrzeug nicht verdeckt wird. Für dieses visuelle Konzept musste die Blinkfrequenz verringert werden, da die Probanden Schwierigkeiten beim Erkennen des Objekts hatten. Für den aufmerksamen Zustand wurde die Frequenz 2 Hz und für abgelenkte Fahrer 5 Hz verwendet. Die Frequenzwerte wurden empirisch ermittelt.

Abb. 5.17: Die Bremslichter: Links: das Warnelement; Rechts: die Anzeigeposition in der Simulationsumgebung [158]

- Kollisionsanzeige: Abb. 5.18 zeigt die Kollisionsanzeige, die ein allgemein übliches Warnsignal für Auffahrunfälle darstellt (vgl. [124], [34], [97]). Diese bietet genügend Informationen über die kritische Situation und ist selbsterklärend. Dennoch ist diese Anzeige komplex und kann zur Verlängerung der Reaktionszeiten führen. Die Kollisionsanzeige wurde ebenfalls im HUD projiziert. Ähnlich wie beim Warndreieck wurde die Kollisionsanzeige leicht nach rechts vom zentralen HUD-Bereich versetzt um eine Überlappung mit dem Vordermann zu vermeiden.

Abb. 5.18: Die Kollisionsanzeige: Links: das Warnelement; Rechts: die Anzeigeposition in der Simulationsumgebung [158]

### *Vorgehensweise*

Die Untersuchung des Fahrerverhaltens mit unterschiedlichen visuell-
akustischen HMI bei aufmerksamem oder unaufmerksamem Zustand wurde in zwei Phasen aufgeteilt. Die erste Phase konzentriert sich auf das
Reaktionsverhalten, hervorgerufen durch akustische Signale. Die zweite
Etappe fokussiert sich auf die visuelle Warnung. In beiden Phasen wurde
die multimodale Warnung bevorzugt, da diese die Wahrscheinlichkeit ihrer
Detektion und Wahrnehmung erhöht (vgl. [209], [101], [34], [181]) und zu
schnelleren Reaktionszeiten führt (vgl. [12], [203], [177]). In der ersten
Phase wurde somit zusätzlich zum akustischen Signal zeitgleich eine statische visuelle Warnung– ein Warndreieck ohne Blinkfrequenz – im HUD
angezeigt und die besten akustische Warnungen anhand der kürzesten
Reaktionszeiten für beide Fahrerzustände ermittelt. Abhängig von den in
der ersten Phase erzielten Ergebnissen wurde der beste Ton zusätzlich zu
den vorgestellten visuellen HMI-Konzepten in der zweiten Phase zeitgleich
abgespielt. Anhand der kürzesten Reaktionszeiten wurden die effizientesten
visuellen Konzepte festgelegt.

**Konzeption der Probandenstudie zur Untersuchung des Nutzens der HMI-Konzepte in Abhängigkeit des Fahrerzustands**

### Ziel der Studie

Das Ziel der Studie ist die Ermittlung eines wirksamen, visuellen und/oder akustischen Warnkonzepts für aufmerksame und abgelenkte Fahrer, welches zu einer Reduktion der Reaktionszeit[21] führt.

In diesem Zusammenhang wurden folgende Hypothesen für beide Modalitäten abgeleitet.

Hypothese 1: „Eine akustische Warnung reduziert die Reaktionszeit eines abgelenkten Fahrers."

Hypothese 2: „Es existiert eine Rangfolge der akustischen Warnungen bzgl. der Reaktionszeit von abgelenkten Fahrern."

Hypothese 3: „Eine akustische Warnung reduziert die Reaktionszeit eines aufmerksamen Fahrers."

Hypothese 4: „Es existiert eine Rangfolge der akustischen Warnungen bzgl. der Reaktionszeit von aufmerksamen Fahrern."

Hypothese 5: „Eine visuelle Warnung reduziert ggf. zusätzlich zum akustischen Signal die Reaktionszeit eines abgelenkten Fahrers."

Hypothese 6: „Es existiert eine Rangfolge der visuellen Warnungen bzgl. Reaktionszeit von abgelenkten Fahrern."

Hypothese 7: „Eine visuelle Warnung reduziert zusätzlich zum akustischen Signal die Reaktionszeit eines aufmerksamen Fahrers."

---

[21] Es wurde zusätzlich die Bremsbetätigungszeit bei der Untersuchung berücksichtigt. Die Untersuchungsumgebung des verwendeten statischen Simulators weist jedoch ein unrealistisches Bremspedalverhalten auf, der die Auswertung und Interpretation der Größe nicht ermöglichte (vgl. [205]). Aus diesem Grund wird dieser Parameter hier nicht betrachtet.

Hypothese 8: „Es existiert eine Rangfolge der visuellen Warnungen bzgl. der Reaktionszeit von aufmerksamen Fahrern."

### Der statische Simulator

Auf Basis der geforderten hohen Kontrollierbarkeit des Versuchs, des Entwicklungsstadiums der Konzepte nur als Simulation sowie des erwünschten geringen Aufwand bezüglich Kosten und Zeitdauer für Szenario-Darstellung und –absicherung für die Probanden wurden die nutzerorientierte Voruntersuchungen im statischen Simulator der Robert Bosch GmbH in Leonberg durchgeführt.

Der Simulator besteht aus einem Mockup und einem vor ihm positionierten LCD[22] -Bildschirm (s. Abb. 5.19).

Abb. 5.19: Der statische Simulator von der Robert Bosch GmbH in Leonberg

Der LCD-Bildschirm veranschaulicht die simulierte Fahrszene. Der Mockup ist die Interaktionsschnittstelle zwischen dem Simulationssystem und dem Fahrer und besteht aus einem Fahrersitz, einem Lenkrad, einer

---

[22] Liquid Chrystal Display

automatischen Schaltung, einem Gas- und Bremspedal. Die Kommunikation zwischen dem Mockup und dem Simulationssystem ist mithilfe eines CAN-Busses realisiert, der die Aufzeichnung der Fahreraktionen ermöglicht. Die Seitenspiegel und der Bordcomputer sind bei dieser Versuchsreihe nicht aktiv.

**Versuchsdesign und Szenario-Parametrisierung**

Damit zusätzliche Effekte des Fahrerverhaltens, die vom Szenario hervorgerufen werden können, ausgeschlossen werden können, wurde eine ähnliche Unfallszene wie bei der DLR-Studie ausgewählt. Diese entspricht dem am häufigsten vorkommenden Unfallszenario von Tab. 4.2.
Auf einer dreispurigen Autobahn fahren ein vorausfahrendes Fahrzeug und ein folgendes Auto (Ego-Fahrzeug), welches vom Probanden gefahren wird (siehe Abb. 5.20).

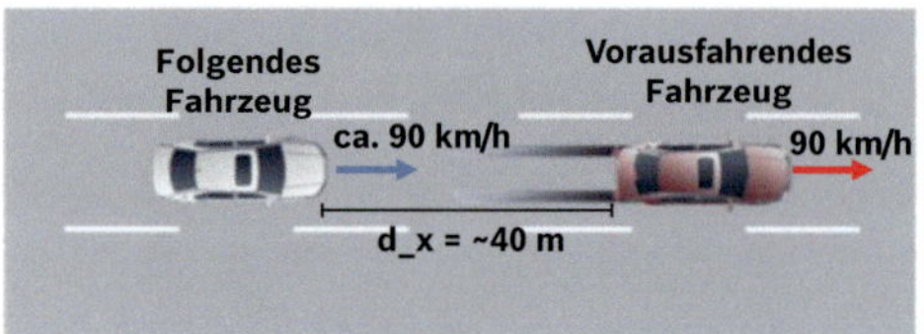


Abb. 5.20: Unfallszenario für die HMI-Voruntersuchungen

Es gibt keinen Verkehr in die eigene Fahrtrichtung, um eine Reiz-Reaktions-Verkettung[23] zu vermeiden. Ziel ist es eine Reaktion des Fahrers durch die Warnung zu provozieren. Dabei soll vermieden werden die Reaktion aufgrund einer bereits erlebten kritischen Situation durch eine Reiz-Reaktions-Verkettung auszulösen, die z.B. durch ein vorbeifahrendes Fahrzeug in Erinnerung hervorgerufen wird. Die ausgewählte Fahrstrecke führt außerdem schnell zu Monotonie[24] und der Fahrer gewinnt Sicherheit. Die erforderliche Fahrtzeit kann durch die sinkende Aufmerksamkeit bei niedriger Verkehrsdichte verkürzt werden um somit die nötige Unaufmerksamkeit ähnlich wie bei langen realen Fahrten im Straßenverkehr zu reproduzieren. Aus diesem Grund dauerten die Fahrten in abgelenktem Zustand ca. 10 bis 15 Minuten und bei der aufmerksamen Bedingung ca. 3 bis 5 Minuten.Die Probanden fahren hinter dem vorausfahrenden Fahrzeug, das mit einer konstanten Geschwindigkeit von 90 km/h fährt, auf der mittleren Spur.

In diesem Moment erfolgt eine Bremsung des Vordermanns mit einer Verzögerung von -11 $m/s^2$ bis zum Stillstand. Diese starke Verzögerung wurde auf Basis der Erkenntnis von [188] und [83] festgelegt, dass das von dem

---

[23] Unterschiedliche Reize können mit verschiedenen Reaktionen verknüpft sein. Dies kann aus der Evolution heraus begründbar oder auch aus anderen Lebenszusammenhängen erlernt worden sein [[60] zitiert nach [205]].

[24] Schmale Fahrbahnen erhöhen die Anforderungen an den Fahrer aufgrund der vielen Details in der Umgebung, auf die er achten muss und führen zu Stress oder Anpassung. Zur Reduktion der Anpassung und Annäherung des Erregungsniveaus im Optimum, senkt beispielsweise der Fahrer die Geschwindigkeit. Im Gegenteil dazu reduziert eine breite Fahrbahn das Erregungsniveau und kann zu Monotonie oder Langweile führen. Die Fahreraufmerksamkeit ist wegen den zu gering erlebten Anforderungen vom Fahrer eingeschränkt. Das Gefühl der subjektiven Sicherheit steigt und in dieser Konsequenz wird die Geschwindigkeit erhöht, um wieder ein optimales Erregungsniveau zu erreichen. [[42] zitiert nach [174]].

Abstand, der Geschwindigkeit und der Verzögerung abhängige hohe Kriti-kalitätsempfinden kürzere Reaktionszeiten hervorruft.

Auf Basis der Gleichungen (4.9), (4.10) und (4.11) wurde die Szenarioparametrisierung vorgenommen. Der Initialabstand wurde zu ca. 31 m bei einer angenommenen Reaktionszeit von 1 s und einer Verzöge-rung von -9 m/s$^2$ für aufmerksame Fahrer und ca. 44 m bei einer ange-nommenen Reaktionszeit von 1,5 s und einer Verzögerung von -9 m/s$^2$ für abgelenkte Fahrer ermittelt. Somit wurde für beide Zustände der gleiche optimale Initialabstand von ca. 40 m festgelegt, bei dem die kritische Situa-tion vom Versuchsleiter erzeugt wurde.

Zur besseren Orientierung für den Probanden wurde eine visuelle Anzeige im HUD (s. Abb. 5.21) neben der Geschwindigkeitsanzeige dargestellt, womit der Fahrer direkt ablesen konnte, ob er sich im optimalen Abstands-bereich befindet. Im Rahmen der Untersuchungen von [206] wurde diese Abstandsanzeige bereits verwendet und hat sich dort als hilfreich für die Probandenabschätzung des Abstands erwiesen. Der Bereich, bei dem ein optimaler Abstand angezeigt wurde, war 40 m ± 10 m.

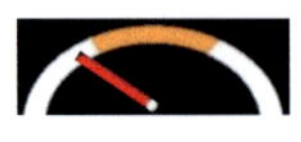

Abb. 5.21: Die Abstandsanzeige und ihre Bedeutung

Überholmanöver waren während des Versuchs verboten.

Die kritische Situation wurde manuell vom Versuchsleiter ausgelöst, wenn die folgenden Bedingungen erfüllt waren:

- Der Fahrer erfüllte den zu untersuchenden Zustand
- für unaufmerksamen Zustand: der Fahrer sollte die Nebenaufgabe bearbeiten und nicht nach vorne schauen. Die Beurteilung erfolgt durch Versuchsleiter.

- für aufmerksamen Zustand: der Fahrer musste nach vorne schauen
- die Mindestzeitdauer der Fahrt wurde erreicht
- und der Abstand war im optimalen Bereich.

**<u>Probandenstichprobe</u>**

Mithilfe von Gleichung (4.8) und bei folgenden Parametern

- Alter: jung, mittel, alt
- Geschlecht: männlich, weiblich
- System Ausprägung: 6 Systemausprägungen in Phase 1, 5 Systemausprägungen in Phase 2
- Zustand: unaufmerksam, aufmerksam

ergibt sich eine Mindestanzahl von $n \geq \prod_{i=1}^{k} n = 3 * 2 * 6 * 2 = 72$ Probanden. Da dies eine sehr große Anzahl von Probanden für eine Voruntersuchung ist, wurde auf die Permutation der Zustände verzichtet. Somit fuhren die Probanden in der ersten Fahrt immer abgelenkt und in der zweiten Fahrt aufmerksam. Die sich somit ergebende Probandenzahl von 36 Fahrern pro Gruppe war aufgrund des hohen Aufwands ebenfalls zu groß. Die Anzahl der Probanden pro Gruppe wurde daher auf ca. 5 Versuchspersonen festgelegt und die sich somit ergebenden Einschränkungen wurden zunächst für diesen Vorversuch hingenommen.

Grundsätzlich sind Ergebnisse aus Untersuchungen mit einem relativ geringen Stichprobenumfang nicht als weniger aussagekräftig einzustufen als solche aus Untersuchungen mit einer größeren Probandenzahl. Werden die Ergebnisse bei der Auswertung richtig interpretiert und ist sich der Auswertende des begrenzten Stichprobenrahmens bewusst, so können durchaus auch aus Untersuchungen mit einer kleinen Stichprobe signifikante Informationen über die Gesamtheit gewonnen werden [[33] zitiert nach [97]].

An der darauffolgenden Studie nahmen 58 Fahrer teil. 32 Versuchspersonen fuhren in der ersten Phase und 26 in der zweiten Phase. Das Probandenalter lag zwischen 22 und 56 (durchschnittlich 39) Jahre alt. Ihre jährliche Fahrleistung variierte zwischen 60 und 40000 km pro Jahr.

### **<u>Nebenaufgabe</u>**

Für die systematische Ablenkung des Fahrers in unaufmerksamem Zustand wurde eine Nebenaufgabe gestellt.

Eine Navigationsanweisung mit der Route von Stuttgart nach Nürnberg ist auf einem Blatt Papier ausgedruckt und liegt auf einem Stuhl rechts vom Fahrer, auf der Höhe des Beifahrersitzes. Die Versuchsperson muss auf Aufforderung seitens des Versuchsleiters Navigationsanweisungen suchen und diese durchlesen, sowie komplexere Fragen über den Navigationsausdruck beantworten. Die Probanden dürfen die Position des Navigationsblatts nicht verändern und sind somit gezwungen ihren Kopf zur Nebenaufgabe zu drehen und ihren Blick weg vom Straßenverkehrgeschehen (s. Abb. 5.22) zu nehmen. Somit kann der Proband sowohl visuell als auch kognitiv abgelenkt werden.

Diese Art von Nebenaufgabe ist eine oft angewendete Methode zu einer gezielten Ablenkung von Probanden (vgl. [97]).

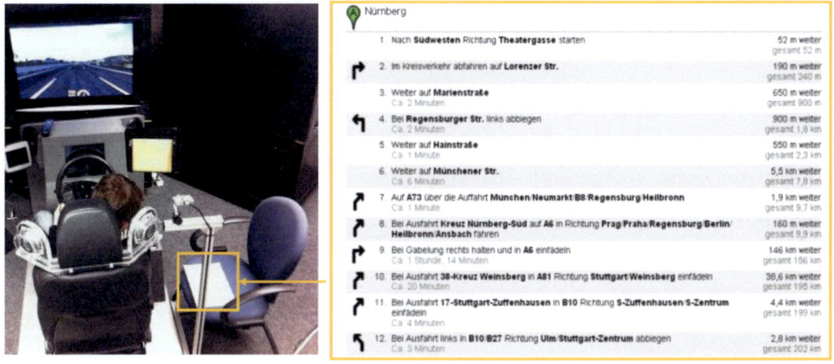

Abb. 5.22: Die Nebenaufgabe zur gezielten Ablenkung der Probanden in unaufmerksamem Zustand. Links: Position des Navigationsblatts rechts vom Fahrer. Rechts: Die Navigationsanweisungen der Nebenaufgabe

## PEBS-Implementierung

In diesem Versuch wird nur der PCW-Warnalgorithmus zusammen mit dem PCW-Dilemma von PEBS (vgl. Abschnitt 2.2.2) zur Auslösung einer Warnung als Softwarebibliothek in die Simulationsumgebung implementiert.

## Erhebung subjektiver Daten

Nach dem Versuch wurden subjektive Daten bzgl. der Warnfunktion (z.B. das Störungsmaß der einzelnen Warnungen sowie die Warnintensitätswahrnehmung) mithilfe eines Fragebogens erhoben. Die Fragen wurden entsprechend der Vorgehensweise nach [5] entworfen. Die Fragebögen sind im Anhang D.4 zu finden.

***Versuchsablauf***

Alle Versuchspersonen absolvieren zwei Fahrten. In der ersten Fahrt werden sie mithilfe der Nebenaufgabe abgelenkt. In der zweiten Fahrt sind sie im aufmerksamen Zustand. Vor dem Versuch bekommen alle Fahrer eine Instruktion. Die Versuchspersonen werden vor Fahrtantritt jedoch nicht über das eigentliche Ziel des Experiments informiert. Subjektive Daten über die Warnfunktion werden mithilfe einer Fragebogenbefragung nach dem Versuch erhoben.

Phase 1: Die 32 Probanden wurden in sechs Gruppen eingeteilt – fünf Testgruppen und eine Kontrollgruppe. Bei jeder Testgruppe wird eines der vorgestellten akustischen Signale und das nicht blinkende Warndreieck in der kritischen Situation ausgelöst. Warnintensität und Lautstärke waren in beiden Fahrten gleich. Die Kontrollgruppe bekommt keine akustische Warnung bei der kritischen Situation, d.h. die Versuchspersonen werden nur durch die statische visuelle Warnung unterstützt.

Phase 2: Weitere 26 Versuchspersonen wurden in fünf Gruppen eingeteilt. Die vier Testgruppen werden durch eines der vorgestellten visuellen HMI-Konzepte unterstützt. Abhängig von den Ergebnissen aus Phase 1 werden sie ggf. durch den akustischen Ton gewarnt, der die kürzesten Reaktionszeiten hervorrief. Die Testgruppe bekommt entsprechend keine visuelle Warnung sondern nur ein in Phase 1 ermitteltes akustisches Signal.

Beim den Vergleich der einzelnen Testgruppen untereinander und gegenüber der Kontrollgruppe handelte es sich um eine unabhängige Stichprobe.

***Ergebnisse***

## Phase 1: Akustische Warnung

1) Fahrerzustand: Abgelenkt
Hier werden die folgenden Hypothesen untersucht.

Hypothese 1: „Eine akustische Warnung reduziert die Reaktionszeit eines abgelenkten Fahrers."

Hypothese 2: „Es existiert eine Rangfolge der akustischen Warnungen bzgl. der Reaktionszeit von abgelenkten Fahrern."

Abb. 5.23 links zeigt die Reaktionszeiten der abgelenkten Probanden.

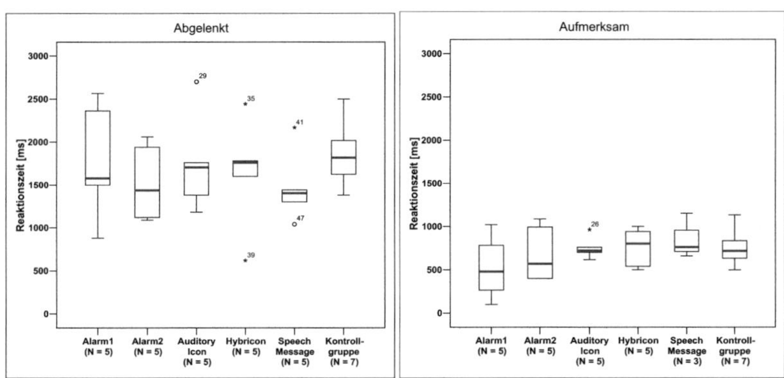

Abb. 5.23: Reaktionszeiten, Phase 1. Links: abgelenkt; Rechts: aufmerksam [158]

Alarm1 (durchschnittliche Reaktionszeit ca. 1780 ms, Standardabweichung (SD) ca. 690 ms) verursacht sehr lange Reaktionszeiten und eine große Varianz ihrer Verteilung, für die als Hauptursachen die Fehlinterpretation des Signals oder die kurze Signalzeitdauer in Frage kommen könnten. Ein t-Test, durchgeführt mit der Alarm1-Gruppe und der Kontrollgruppe (mittlere Reaktionszeit ca. 1850 ms, SD ca. 380 ms), liefert keinen signifikanten Unterschied (p = 0,809 > 0,05). Somit kann die Hypothese 1 für Alarm1 abgelehnt werden.

Die mittlere Reaktionszeit der Alarm2-Gruppe beträgt ca. 1530 ms (SD ca. 450 ms). Die niedrige Intensität und Lautstärke zum Beginn des Tones sowie seine Mehrdeutigkeit können möglicherweise die Ursache der großen Varianz der Verteilung sein. Das Ergebnis eines t-Test-Vergleichs der

Alarm2-Gruppe und der Kontrollgruppe zeigt keine Signifikanz (p = 0,208 > 0,05). Die Hypothese 1 ist hiermit auch für Alarm2 zu falsifizieren.

Ein t-Test-Vergleich zwischen der Auditory Icon Gruppe (mittlere Reaktionszeit ca. 1750 ms, SD ca. 580 ms) und der Kontrollgruppe zeigt keinen signifikanten Unterschied (p = 0,704 > 0,05). Die Hypothese 1 kann für Auditory Icon ebenfalls abgelehnt werden. Die Ursachen für die langen Reaktionszeiten können unterschiedlich sein. Das Geräusch von Reifenquietschen kann neben dem Bremsen auch mit dem Überdrehen der Reifen bei einer Beschleunigung verwechselt werden. Das Signal bietet keine Informationen über die Richtung der drohenden Gefahr und kann mit der Bremsung von Verkehrsteilnehmern assoziiert werden, die sich hinten oder seitlich vom eigenen Fahrzeug befinden.

Der Hybricon (durchschnittliche Reaktionszeit ca. 1640 ms, SD ca. 660 ms) liefert ebenfalls kein signifikantes Ergebnis beim T-Test mit der Kontrollgruppe (p = 0,490 > 0,05). Die Hauptursache für dieses Ergebnis dürfte die Kombination dieses Signals aus einem synthetischen Ton und dem Auditory Icon Reifenquietschen sein. Die Hypothese 1 ist damit auch für das Hybricon abzulehnen.

Die mittlere Reaktionszeit der Versuchspersonen, die durch das Speech Message „Bremsen" gewarnt wurden, ist ca. 1470 ms (SD ca. 420 ms). Verglichen mit der Kontrollgruppe verringert die Speech Message die Reaktionszeit um ca. 400 ms. Ein t-Test, durchgeführt mit diesen beiden Gruppen weist zwar kein signifikantes jedoch ein tendenzielles Ergebnis zur Reduktion der Reaktionszeiten durch die Speech Message (p = 0,130 > 0,05) auf. Für die Speech Message kann somit die Hypothese 1 tendenziell verifiziert werden. Die Warnung „Bremsen" liefert eine explizite Information über die benötigte Kollisionsvermeidungshandlung, die eine mögliche Erklärung für die besseren Reaktionszeiten im Vergleich zu den anderen Signalarten ist. Die breite Durchdringung von Infotainmentsystemen in den letzten Jahren und somit das Erlernen der Kommunikation mit dem Auto kann eine andere Erklärung dieses Effekts sein. Diese Art akustischer Warnung kann außerdem einen Beifahrer simulieren, der auf eine Gefahr hinweist.

Eine weitere Analyse wird mit den besten zwei Tönen durchgeführt, deren mittlere Reaktionszeit die niedrigsten Werte aufweist. Dabei wird überprüft, ob eine akustische Warnung für die Reduktion der Reaktionszeiten von abgelenkten Fahrern notwendig ist, da die Anzahl der Probanden pro Gruppe sehr gering ist. Die Speech Message und Alarm2 wurden in einer Gruppe zusammengefasst und der Kontrollgruppe gegenübergestellt. Ein t-Test zeigt, dass die Reaktionszeiten tendenziell durch eine akustische Warnung reduziert werden ($p = 0{,}093 > 0{,}05$). Eine akustische Warnung kann dazu beitragen, dass die Fahreraufmerksamkeit zum gefährlichen Ereignis hingelenkt wird und mithilfe eines einfach verständlichen akustischen Signals die Reaktionszeiten reduziert werden können.

Es existiert kein signifikanter Unterschied zwischen dem Reaktionsverhalten mit den verschiedenen akustischen Signalen, was aber an der geringeren Probandenstichprobe liegen kann. Somit kann Hypothese 2 nicht verifiziert werden.

In [71] vergleichen die Autoren in einer Probandenstudie in einem statischen Simulator mit 160 Probanden ein Auditory Icon (Reifenquietschen) und ein Earcon. Die Probanden werden nicht zusätzlich abgelenkt. Bei der kritischen Situation bremst ein vorausfahrender Transporter bis zum Stillstand ab, der Proband bemerkt es jedoch etwas später, da die Bremsleuchten deaktiviert waren. Das gemessene Reaktionszeitenspektrum ist zwischen 1700 ms und 1900 ms, wobei die Auditory Icon-Gruppe kürzere Reaktionszeiten aufweist. Die Unterschiede bei den Relationen der beiden Warntontypen von den Vorversuchen der vorliegenden Arbeit und [71] können einerseits aufgrund der geringen Stichprobeanzahl zustande kommen. Andererseits kann die Charakteristik der Earcons eine Rolle beim unterschiedlichen Reaktionsverhalten spielen. Die Situation kann sich ebenfalls auf die Ergebnisse auswirken.

Es existieren nur wenige Studien, die unterschiedliche Warnmodalitäten mit einer Gruppe, die ohne Warnung gefahren ist, vergleichen. In [176] wird die in dieser Studie erzielte tendenzielle Aussage bestätigt, dass eine akustische Warnung die Reaktionszeiten signifikant reduzieren kann.


2) Fahrerzustand: Aufmerksam

Die folgenden Hypothesen werden untersucht.

Hypothese 3: „Eine akustische Warnung reduziert die Reaktionszeit eines aufmerksamen Fahrers."

Hypothese 4: „Es existiert eine Rangfolge der akustischen Warnungen bzgl. Reaktionszeit von aufmerksamen Fahrern."

Abb. 5.23 rechts zeigt die Reaktionszeiten der Probanden in aufmerksamem Zustand. Die Anzahl der Probanden in einigen Gruppen ist aus technischen Gründen geringer im Vergleich zu der Probandenanzahl in unaufmerksamem Zustand. Die Reaktionszeiten hervorgerufen von Auditory Icon (Mittelwert ca. 750 ms, SD ca. 130 ms), Hybricon (Mittelwert ca. 760 ms, SD ca. 230 ms) und der Speech Message (Mittelwert ca. 860 ms, SD ca. 260 ms) sind mit der Kontrollgruppe (Mittelwert ca. 760 ms, SD ca. 220 ms) vergleichbar. Keine dieser Warnungen trägt zu einer signifikanten Reduktion der Reaktionszeiten von aufmerksamen Fahrern ($p \gg 0{,}05$) bei. Nur Alarm1 (durchschnittliche Reaktionszeit ca. 530 ms, SD ca. 370 ms) und Alarm2 (mittlere Reaktionszeit ca. 690 ms, SD ca. 330 ms) zeigen eine leichte aber nicht signifikante Verbesserung des Reaktionsverhaltens im Vergleich zur Kontrollgruppe ($p \gg 0{,}05$). Daher muss Hypothese 3 für alle akustischen Signale falsifiziert werden. Dieser Effekt könnte auch aufgrund eines Lerneffekts (vgl. [71]) bzw. der Erwartung der kritischen Situation bei der zweiten Fahrt erfolgen.

Hypothese 4 muss ebenfalls abgelehnt werden, da kein signifikanter Unterschied zwischen den Reaktionszeiten der verschiedenen Warntontypen vorhanden ist.

Ähnliche Werte für die Reaktionszeiten sind in [82] zu finden, wobei zwei Auditory Icons (Hupe und Reifenquietschen), eine Speech Message („ahead" d.h. nach vorne) und ein Earcon untersucht werden. Hierzu spielen die Autoren eine Video Szene der kritischen Situation ab, bei der nach der Warnung der Fahrer mit einer Bremsung reagieren soll. Die Probanden werden über das Versuchsziel, sowie das was sie erwartet, informiert und wurden instruiert zu bremsen. Die kürzesten Reaktionszeiten erfolgen bei einer kritischen Situation mit einem stationären Fahrzeug im vorderen Bereich nach einem Hupton (Mittelwert = ca. 720 ms), gefolgt von Reifenquietschen (ca. 770 ms), Speech Message (ca. 780 ms) und Earcon (830 ms) [82]. Der Unterschied zu den Reaktionszeiten, hervorgerufen durch Alarm1 und Alarm2 bei der Voruntersuchung im statischen Simulator, kann seine Ursache in der Ton-Charakteristik haben. Ein weiteres Unfallszenario untersuchen die Autoren in [82], bei dem ein Fahrzeug aus einer Nebenstraße herausfährt. Bei diesem Versuch steigen die Reaktionszeiten mit Speech Message „ahead" auf ca. 900 ms, bei der Hupe auf 750 ms und sinken Reifenquietschen sowie dem Earcon auf ca. 720 ms bzw. ca. 790 ms ab. Dieses Ergebnis zeigt die Wichtigkeit der Kompatibilität des HMI zu der Situation, wie beispielsweise das Reifenquietschen in diesem Fall. Die Verlängerung der Speech Message-Reaktionszeiten lässt sich durch den aufwändigen Gefahrerkennungsvorgang erklären. Dabei mussten die Fahrer zuerst nach vorne schauen und die Gefahr suchen, anschließend die Warnung bzw. kritische Situation bestätigen und erst dann eine Bremsung einleiten. Andererseits zeigt dieses Ergebnis, dass die Fahrer nicht blind auf die Warnung reagieren, sondern zuerst die kritische Situation validieren. Dies weist jedoch noch deutlicher darauf hin, dass für die zukünftige Weiterentwicklung von Kollisionswarnsystemen nicht nur die Zustandsanpassung, sondern auch die Situationsadaptivität zu betrachten ist, um eine effiziente, wirksame und unfallvermeidende Unterstützung anbieten zu können.

Basierend auf den Erkenntnissen für beide Fahrerzustände wurden die folgenden Schlussfolgerungen gezogen, die in Phase 2 weiterzuverwenden sind.

- Abgelenkt: In Anbetracht der tendenziellen Reduktion der Reaktionszeiten durch ein akustisches Signal (Speech Message) und die tendenziell besten Reaktionszeiten auf die Speech Message „bremsen" ist diese Warnung in abgelenktem Zustand als Warnmodalität zu verwenden.

- Aufmerksam: Die objektiven Ergebnisse zeigen keinen zusätzlichen Nutzen durch eine akustische Warnung im aufmerksamen Zustand. Da das Ziel der Studie ist, nicht nur den Nutzen, sondern auch die Akzeptanz des Systems zu erhöhen und aufgrund der bekannten Tatsache, dass auditive Signale einen erhöhten Störfaktor bei Fehlauslösungen darstellen (vgl. [132], [34]), ist es nicht sinnvoll in aufmerksamem Zustand eine akustische Warnung zu verwenden. Die Reduktion der Reaktionszeiten ist durch eine geeignete visuelle Warnung erzielbar.

**Phase 2: Optische Warnung**

Phase 2 fokussiert sich auf die visuelle Warnung. Unter Berücksichtigung der Erkenntnisse aus Phase 1 werden die Probanden der vier Testgruppen durch eine der oben vorgestellten visuellen Elemente und durch das Speech Message „bremsen" in abgelenktem Zustand gewarnt. In der zweiten Fahrt, bei der die Versuchspersonen in aufmerksamem Zustand fahren, wird nur die visuelle Warnung als Unterstützung ausgelöst. Die Kontrollgruppe ist dementsprechend aufgestellt. In der abgelenkten Fahrt wird nur das akustische Signal „bremsen" getestet und in aufmerksamem Zustand wird der Proband nicht gewarnt.

1) Fahrerzustand: Abgelenkt

Hier werden die folgenden Hypothesen untersucht.

Hypothese 5: „Eine visuelle Warnung reduziert ggf. zusätzlich zum akustischen Signal die Reaktionszeit eines abgelenkten Fahrers."

Hypothese 6: „Es existiert eine Rangfolge der visuellen Warnungen bzgl. Reaktionszeit von abgelenkten Fahrern."

Abb. 5.24 links stellt die Reaktionszeiten der abgelenkten Fahrer dar.

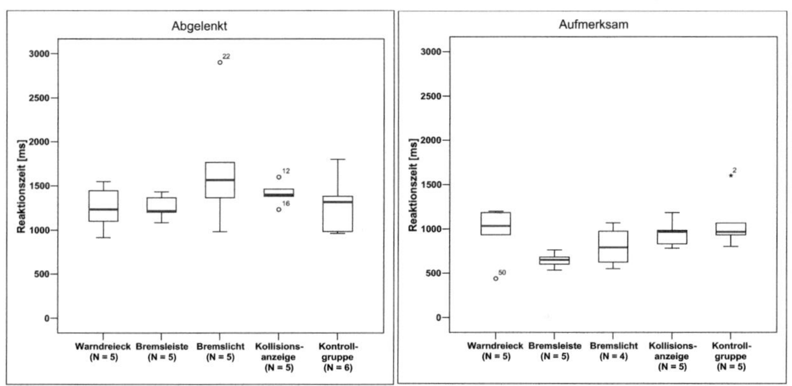


Abb. 5.24:  Reaktionszeiten Phase 2: Links: abgelenkt; Rechts: aufmerksam [158]

Ein Vergleich zwischen der Kontrollgruppe (mittlere Reaktionszeit ca. 1290 ms, SD ca. 310 ms), dem Warndreieck (durchschnittliche Reaktionszeit ca. 1250 ms, SD ca. 260 ms) und der Bremsleiste (mittlere Reaktionszeit ca. 1260 ms, SD ca. 140 ms) zeigt eine leichte aber nicht signifikante Reduktion der Reaktionszeiten (p = 0,802 >> 0,05) bzw. (p = 0,829 >> 0,05). Das Bremslicht (mittlere Reaktionszeit ca. 1720 ms, SD ca. 720 ms) und die Kollisionsanzeige (mittlere Reaktionszeit ca. 1420 ms, SD ca. 130

ms) weisen auf eine leichte aber nicht signifikante Erhöhung der Reaktionszeiten im Vergleich zur Kontrollgruppe ($p = 0{,}223 \gg 0{,}05$) bzw. ($p = 0{,}433 \gg 0{,}05$) hin. Eine mögliche Erklärung für die beobachteten Effekte kann die hohe Komplexität der visuellen Warnungen sein. Bei den Bremslichtern kann der Projektionsbereich einen Einfluss auf die längeren Reaktionszeiten haben, denn diese werden auf der Straße und nicht in der Nähe des Kollisionsobjekts angezeigt. Für alle untersuchten visuellen Anzeigen kann somit die Hypothese 5 abgelehnt werden.

Eine Erklärung des fehlenden Beitrags der visuellen Modalität in abgelenktem Zustand kann durch Abb. 5.25 gefunden werden.

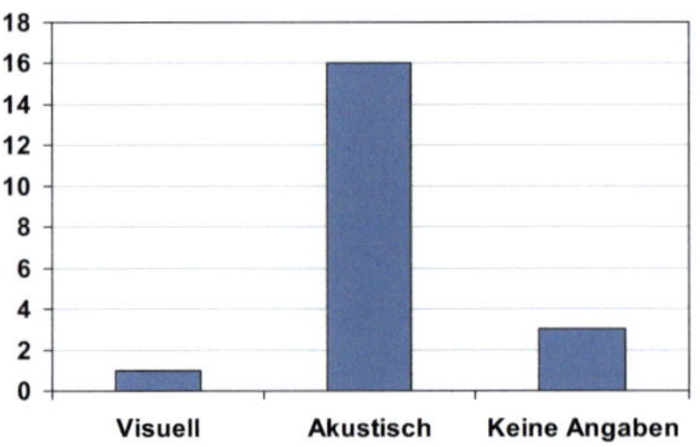


Abb. 5.25: Subjektive Daten der abgelenkten Fahrer bezüglich ihrer ersten Wahrnehmung einer Warnmodalität [158]

Die Versuchspersonen geben in den Fragebögen für die unaufmerksame Fahrt an, dass sie als erstes die akustische Warnung wahrnehmen. Das visuelle Element hat die Funktion einer Bestätigung des Kritikalitätsempfindens. Hierbei sind die Klarheit, Intuitivität und die geringe Komplexität der Anzeige jedoch weiterhin wichtige Komponenten für die Gestaltung visueller Anzeigen. Eine Bestätigung hierfür ist der Vergleich eines einfachen visuellen Elements wie die Bremsleiste und eines komplexen Objekts wie die Kollisionsanzeige. Ein t-Test zeigt, dass eine tendenzielle Reaktionszeitenreduktion durch die Bremsleiste existiert (p = 0.109 > 0.05). Der Vergleich der anderen visuellen Anzeigen liefert keine signifikanten Unterschiede. Die Hypothese 6 muss daher leider aufgrund der geringen Probandenstichproben abgelehnt werden, es zeigen sich jedoch tendenzielle Aussagen zu ihrer Bestätigung.

Für den abgelenkten Zustand kann keine der Hypothesen bestätigt werden. Es ist jedoch empfehlenswert eine visuelle Anzeige zusätzlich zur akustischen Warnung als ein weiteres Feedback darzustellen, falls im Auto ein hoher Geräuschpegel herrscht und der Ton nur schwer hörbar ist [113], [44], [34].

2) Fahrerzustand: Aufmerksam

Die folgenden Hypothesen werden für den aufmerksamen Zustand untersucht.

Hypothese 7: „Eine visuelle Warnung reduziert zusätzlich zum akustischen Signal die Reaktionszeit eines aufmerksamen Fahrers."

Hypothese 8: „Es existiert eine Rangfolge der visuellen Warnungen bzgl. der Reaktionszeit von aufmerksamen Fahrern."

Abb. 5.24 rechts zeigt die Reaktionszeiten für den aufmerksamen Zustand. Im Vergleich zu den anderen Anzeigen steigen im aufmerksamen Zustand die Reaktionszeiten der Probanden, die mit dem Warndreieck gewarnt werden (Mittelwert ca. 960 ms, SD ca. 310 ms). Ein t-Test durchgeführt mit der Warndreieck- und die Kontrollgruppe (mittlere Reaktionszeiten ca. 1080 ms, SD ca. 310 ms) zeigt keine Signifikanz (p = 0,570 > 0,05). Somit kann die Hypothese 7 für das Warndreieck abgelehnt werden. Im Unterschied zum abgelenkten Zustand ist die visuelle Warnung in aufmerksamer Fahrt der einzige Hinweis, der die Kritikalität der Situation vermittelt. Die Mehrdeutigkeit des Signals und seine nicht eindeutige Bedeutung können die Ursache für die Erhöhung der Reaktionszeiten mit dem Warndreieck bei Aufmerksamkeit sein. Durch einen Vergleich zwischen dem Warndreieck und einer eindeutigen Anzeige wie die Bremsleiste (Mittelwert ca. 650

ms, SD ca. 90 ms) kann bestätigt werden, dass eine tendenzielle Reduktion der Reaktionszeiten durch die eindeutige Anzeige erreicht werden kann (p = 0,062 > 0,05). Somit kann die Hypothese 8 für die Bremsleiste tendenziell verifiziert werden.

Die mittlere Reaktionszeit der Kollisionsanzeige beträgt ca. 950 ms (SD ca. 160 ms). Ein t-Test zeigt keine signifikante Verminderung der Reaktionszeiten gegenüber der Kontrollgruppe (p = 0,446 >> 0,05). Hiermit kann die Hypothese 7 für die Kollisionsanzeige falsifiziert werden. Wie bei abgelenktem Zustand kann dieser Effekt möglicherweise auf die Komplexität der Anzeige zurückgeführt werden. Der Vergleich der Kollisionsanzeige mit der einfachen und intuitiven Bremsleiste liefert statistische Signifikanz (p = 0,005 < 0,05). Die Position der Anzeige kann einen weiteren Einfluss auf das Reaktionsverhalten der Probanden haben. Im Unterschied zu der Kollisionsanzeige, die seitlich vom Kollisionsobjekt angezeigt wird, ist die Bremsleiste direkt auf die Gefahrenstelle projiziert worden. Hypothese 8 kann somit für die Bremsleiste verifiziert werden.

Die Gegenüberstellung der Kontroll- und der Bremslicht-Gruppe (mittlere Reaktionszeit ca. 800 ms, SD ca. 220 ms) weist einen schwachen aber nicht signifikanten Reaktionszeitabbau auf (p = 0,182 > 0,05). Hypothese 7 ist hiermit für das Bremslicht-Signal abzulehnen. Trotzdem hat die Bremslicht-Gruppe ähnlich wie bei abgelenktem Zustand eine große Varianz der Reaktionszeiten, die einerseits auf die Position der Anzeige zurückgeführt werden kann. Andererseits ist das Aufleuchten von Bremslichtern ein oft im Straßenverkehr auftreffendes Ereignis, das keine zusätzliche Information über die Kritikalität der Situation liefert.

Ein t-Test zum Vergleich zwischen der Bremsleisten- (mittlere Reaktionszeiten ca. 640 ms, SD ca. 90 ms) und der Kontrollgruppe liefert eine signifikante Reduktion der Reaktionszeiten (p = 0,017 < 0,05) durch das visuelle Objekt. Hypothese 7 kann somit für die Bremsleiste, die eine einfache, intuitive und eindeutige visuelle Anzeige ist, verifiziert werden.

186

Bezüglich der Blinkfrequenz der visuellen Warnung wurden die Probanden nach der zweiten Fahrt gefragt, ob diese gleich, niedriger oder höherer als bei der ersten Fahrt war. Wie in Abb. 5.26 zu sehen ist, konnten nur zwei Personen die Frequenz richtig einschätzen. Die Mehrheit konnte keine Aussagen machen. Dieses Ergebnis zeigt, dass die höhere Blinkfrequenz beim abgelenkten Zustand weder störend noch kontraproduktiv für den Fahrer ist.

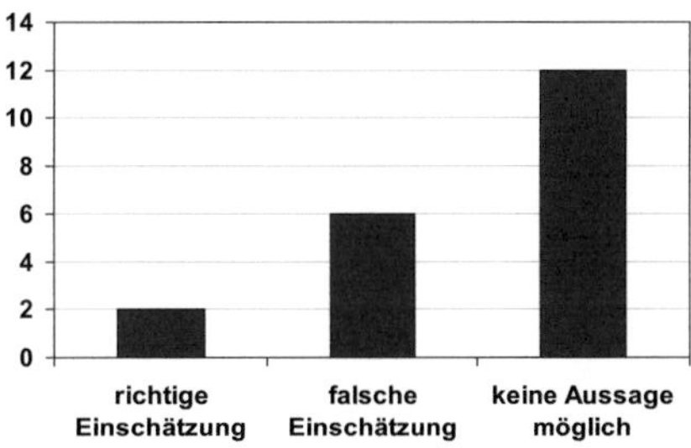


Abb. 5.26: Probandeneinschätzung der Blinkfrequenz nach der zweiten Fahrt (aufmerksamen Zustand) in Phase 2. Die Versuchspersonen wurden gefragt, ob die Blinkfrequenz der visuellen Warnung höher, gleich oder niedriger als bei der ersten Fahrt (abgelenkter Zustand) war [158]

In Anbetracht der Erkenntnisse für beide Fahrerzustände werden die folgenden Schlussfolgerungen für die Phase 2 gezogen.

- Abgelenkt: Es konnte kein zusätzlicher Nutzen durch eine visuelle Warnung in abgelenktem Zustand festgestellt werden. Die Bremsleiste zeigt eine tendenzielle Reduktion der Reaktionszeiten gegenüber der Kontrollgruppe sowie gegenüber komplexen Anzeigen wie der Kollisionswarnung. Da die Projektion einer visuellen Anzeige zusätzlich zu einer akustischen Warnung mindestens als „Informationsfeedback" sinnvoll ist [113], [44], [34], ist die Bremsleiste aufgrund ihrer besseren Reaktionszeiten vorzuziehen.

- Aufmerksam: Basierend auf der signifikanten Reduktion der Reaktionszeiten der intuitiven, einfachen und eindeutigen Bremsleiste gegenüber der Kontrollgruppe sowie komplexen visuellen Objekten wie der Kollisionsanzeige und mehrdeutigen Signalen wie dem Warndreieck ist die Bremsleiste für den aufmerksamen Zustand als visuelle Warnung vorzuziehen.

### *Zusammenfassung und Schlussfolgerung*

In diesem Abschnitt konnte demonstriert werden, dass die Gestaltung des HMI von Kollisionswarnsystemen ein wichtiger Baustein für eine erfolgreiche und effiziente Fahrer-Fahrzeug-Interaktion ist. Die Berücksichtigung der Fahrerfehler und der Eigenschaften des Fahrers beim Entwurf eines für den Fahrer geeigneten HMI-Konzepts kann den Nutzen und die Nutzerakzeptanz der Warnfunktion und somit des gesamten FAS verbessern.

Die Voruntersuchungen zur Ermittlung eines akustisch-visuellen HMI-Konzepts liefern neue Erkenntnisse über die notwendigen Anforderungen, die ein Warnsystem für aufmerksamen und abgelenkten Zustand zum Erreichen einer hohen Systemwirksamkeit erfüllen sollte.

Die akustische Warnung ist für die Lenkung der Aufmerksamkeit eines abgelenkten Fahrers zum kritischen Ereignis sehr wichtig. Das akustische Signal soll eindeutig die Art und die Richtung der Gefahr vermitteln und möglichst eine Vermeidungshandlung vorschlagen. Die hier ermittelte bestgeeignete akustische Warnung ist die Speech Message „bremsen". Zurzeit wäre die Umsetzung dieses akustischen Signals in heutigen FAS aus Produkthaftungsgründen kritisch, da es eine direkte Aufforderung zur Handlung beinhaltet. Es ist jedoch möglich die Mittleitung mit „Achtung" oder „Gefahr" zu ersetzten, was zuvor aber noch einmal validiert werden sollte, ob es zu einer vergleichbaren Wirksamkeit kommt. Für aufmerksame Fahrer konnte kein zusätzlicher Nutzen durch die akustische Komponente des HMI erzielt werden, es ist jedoch nicht auszuschließen, dass die

Lerneffekte der ersten Fahrt dieses Ergebnis beeinflusst haben. In der Literatur ist es jedoch durchaus bekannt, dass die akustischen Signale den Fahrer am meisten bei einer Fehlauslösung stören. Somit kann bei aufmerksamem Zustand die Unterstützung durch den visuell-haptischen Sinneskanal angeboten werden.

Eine einfache, intuitive, eindeutige und möglichst nah am kritischen Ereignis projizierte visuelle Warnung kann die Reaktionszeiten eines aufmerksamen Fahrers signifikant reduzieren. Für den abgelenkten Zustand kann keine zusätzliche Verminderung der Reaktionszeiten beobachtet werden, hierbei ist jedoch ein visuelles Element mit den obengenannten Kriterien weiterhin als Unterstützung anzubieten.

Somit ergeben sich die folgenden zwei HMI-Konzepte für beiden Aufmerksamkeitszustände:

- Konzept 1: geringe Dringlichkeit, Vorschlag für aufmerksamen Zustand: visuelle Warnung „Bremsleiste" mit einer Frequenz von 3 Hz.
- Konzept 2: hohe Dringlichkeit, Vorschlag für abgelenkten Zustand: akustische Warnung „Bremsen" und visuelle Warnung „Bremsleiste" mit einer Frequenz von 9 Hz.

## Untersuchung des Nutzens des adaptiven Kollisionswarnsystems

Nachdem die beiden Warnkonzepte für aufmerksame und abgelenkte Fahrer ermittelt wurden, wird in diesem Abschnitt der Nutzen der Systemanpassung an den Fahrerzustand anhand eines nutzerorientierten Versuchs mit dem gesamten FAS untersucht, bei dem zusätzlich zum Nutzenfall eine Fehlauslösung (false positive) der Warnung von den Probanden erlebt wird.

***Konzeption des nutzerorientiertes Versuchs***

**<u>Ziel der Studie</u>**

Das adaptive Warnsystem soll den Nutzen und die Nutzerakzeptanz bei einer Fehlauslösung (false positive) des Systems durch die Anpassung der HMI an den Fahrerzustand erhöhen. Das Ziel dieses nutzerorientierten Versuchs ist es den Nutzen und die Akzeptanz von PEBS mit einer adaptiven Warnung zu untersuchen.

Auf Basis der Bewertungsparameter zur Bewertung von nicht automatischen Eingriffen (vgl. Abschnitt 5.1) und der Nutzendefinition (vgl. Abschnitt 4.2.2) werden die in Tab. 5.2 gezeigten Bewertungskriterien für die Fragestellung des Versuchs abgeleitet.

Hierzu wurden die folgenden Hypothesen zu dem festgelegten Konzept 1 mit einer geringen Dringlichkeit und Konzept 2 mit einer hohen Dringlichkeit abgeleitet.

- Nutzen:

  Hypothese 1: „In aufmerksamem Zustand hat die Warnung mit geringer Dringlichkeit einen vergleichbaren Nutzen wie die Warnung mit hoher Dringlichkeit."

  Hypothese 2: „In abgelenktem Zustand hat die Warnung mit hoher Dringlichkeit größeren Nutzen als die Warnung mit geringer Dringlichkeit."

  Hypothese 3: „Ein unerwartetes kritisches Ereignis löst längere Reaktions- und Betätigungszeit als ein erwartetes Ereignis aus."

  Hypothese 4: „Eine nicht-erlernte Warnintensität bewirkt vergleichbare Reaktions- und Betätigungszeit wie eine erlernte Warnintensität."

- Akzeptanz:

  Hypothese 5: „In aufmerksamem Zustand ruft die Warnung mit geringer Dringlichkeit schwächeres und langsames Reaktionsverhalten als die Warnung mit hoher Dringlichkeit hervor."

Hypothese 6: „In abgelenktem Zustand ruft die Warnung mit hoher Dringlichkeit vergleichbares Reaktionsverhalten wie die Warnung mit geringer Dringlichkeit hervor."

| Relevant für Nutzen-(N) / Akzeptanz-(A) Untersuchung | Bewertungskriterium | Definition |
|---|---|---|
| N+A | Reaktionszeit | Zeitdauer von Auslösung der Warnung bis zur ersten Betätigung des Bremspedals |
| N+A | Betätigungszeit | Zeitdauer von erster Betätigung des Bremspedals bis zum Erreichen der Schwelle zur Auslösung der Zielbremsung |
| N+A | Bremspedalbetätigung | Maximale Bremspedalbetätigung in % |
| N | Kollisionsrate | Anzahl der Kollisionen |
| N | Kollisionsgeschwindigkeit | Geschwindigkeit zum Zeitpunkt der Kollision |
| A | Dauer Bremspedalbetätigung | Zeitdauer von der ersten Betätigung bis zum Loslassen des Bremspedals |
| A | Geschwindigkeitsabbau während Bremspedalbetätigung | Die Geschwindigkeitsänderung für die Zeitdauer von der ersten Betätigung bis zum Loslassen des Bremspedals. |
| A | Anzahl der zum Stillstand gekommenen Probanden | Anzahl der Probanden, die vollständig bis zum Stillstand abbremsen. |

Tab. 5.2: Bewertungskriterien für die Nutzen- (N) und Akzeptanzuntersuchung (A)

### Der dynamische Simulator des Würzburger Instituts für Verkehrswissenschaften

Da die beiden Konzepte nur als Simulationsentwicklungsstand existieren, muss der nutzerorientierte Versuch in einem Simulator durchgeführt werden. Aufgrund der Anforderungen zur Abbildung von haptischen Warnungen wie einem Bremsruck und automatischen Bremseingriffen ist die Nutzung eines dynamischen Fahrsimulators erforderlich.

Der dynamische Fahrsimulator des Würzburger Instituts für Verkehrswissenschaften (WIVW) erfüllt diese Voraussetzungen und wurde aus diesem Grund für die Durchführung der Studie ausgewählt. Außerdem verwenden der WIVW- und der statische Simulator in Leonberg die gleiche Simulationssoftware, so dass hierdurch der Entwicklungs- und Integrationsaufwand verringert werden kann.

Abb. 5.27 zeigt den Simulator von innen und außen. Der dynamische Fahrsimulator des WIVW verfügt über ein Hexapod-Bewegungssystem mit 6 Freiheitsgraden, auf dem sich die Kabine mit dem Mockup und das Anzeigesystem befinden. Kurze Beschleunigungen werden durch translatorische Bewegungen in die entsprechende Richtung simuliert. Langanhaltende Beschleunigungen werden durch Kippen der Kabine nachgebildet, wobei eine longitudinale Beschleunigung durch die Schwerkraft dargestellt wird. Querbeschleunigungen können durch rotierende Bewegungen der Kabine hergestellt werden.

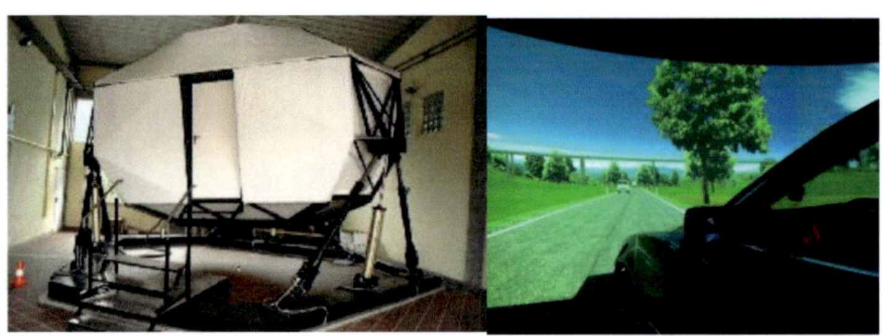

Abb. 5.27: Links: Der dynamische Fahrsimulator des WIVW. Rechts: Das Cockpit. [219]

Der Mockup ist ein bis zur B-Säule abgetrennter BMW 520i, der mit Sensoren zur Erfassung der Bedienangaben des Fahrers (Gas, Bremse, Lenkung etc.) ausgestattet ist. Das Visualisierungssystem verfügt über ein 180° Sichtfeld, die Innenspiegel und die in den Seitenspiegel eingebauten LCDs geben die Sicht hinter dem Auto wieder. Durch mehrere im Fahrzeug installierte Videokameras kann der Versuchsleiter alle Handlungen der Versuchsperson beobachten. Mehr Informationen über die Funktionsweise des Simulators sind in [109] zu finden.

**<u>Versuchsdesign und Szenario-Parametrisierung</u>**

Bei der Studie im WIVW-Simulator wurde das gleiche Unfallszenario wie im statischen Fahrsimulator in Leonberg verwendet. Da in diesem Versuch jedoch das gesamte PEBS inklusive Teilbremsung implementiert wird, muss der Initialabstand, bei dem die kritische Situation vom Versuchsleiter ausgelöst wird, an diese Bedingungen angepasst werden. Nach Gleichung (4.9), (4.10) und (4.11) wurde für einen aufmerksamen Fahrer mit Reaktionszeit von 1 s, eine Teilbremsung während der Reaktionszeit mit -3 m/s$^2$ und eine Fahrerverzögerung von -8 m/s$^2$ [25] ein benötigter Initialabstand von ca. 33 m berechnet. Für einen abgelenkten Fahrer mit Reaktionszeit von 1,5 s ergibt sich analog ein Initialabstand von ca. 44 m.

Dem Fahrer wird auch bei dieser Studie der Abstand zum vorausfahrenden Fahrzeug angezeigt, damit er sich besser orientieren und sich innerhalb des optimalen Grenzbereichs bewegen kann.

Bei der Softwareintegrationsphase wird durch Experten-Versuche festgestellt, dass aufgrund der dunklen Umgebung im WIVW-Simulator ein aufmerksamer Fahrer sehr schnell in einen monotonen Zustand versetzt wird. Damit der aufmerksame Fahrer ein vergleichbares Kritikalitätsempfinden wie ein Abgelenkter hat, wird der Optimalabstandsgrenzbereich auf 30 m ± 5 m festgelegt. Für einen abgelenkten Fahrer wäre dieser Abstands-

---

[25] Empirisch wurde festgestellt, dass im WIVW-Simulator eine maximale Verzögerung von ca. -8 m/s$^2$ erreicht werden kann.

bereich zu kritisch und er hätte nicht genügend Zeit um zu reagieren. Desweiteren wird bei den Expertentests beobachtet, dass eine Abstandsspanne von ± 5 m bei einer Nebenaufgabenbearbeitung sehr schwer einzuhalten ist. Das würde dazu führen, dass der Proband entweder seine Aufmerksamkeit auf die Fahraufgabe fokussiert und somit seine Ablenkung beeinträchtigt wird oder ständig außerhalb des optimalen Abstandsbereichs fährt und somit die Auslösung des kritischen Ereignisses erschweren bzw. die Reproduzierbarkeit des Versuchs gefährden würde. Aus diesem Grund wird entschieden, zwei unterschiedliche Optimalabstandsgrenzen bzw. Initialabstände zur Auslösung der kritischen Situation für beide Fahrerzustände zu definieren. Daher wird für die abgelenkten Fahrer der Abstandsgrenzbereich von 40 m ± 10m festgelegt.

Das Versuchsdesign und die Szenario-Parametrisierung werden mithilfe von wenigen Vorversuchen mit „naiven" Probanden auf Eignung erfolgreich geprüft.

Ähnlich wie bei den Vorversuchen dauern die Fahrten in den verschiedenen Zuständen unterschiedlich lang. Für einen aufmerksamen Fahrer wird die kritische Situation nach ca. 5 Minuten vom Versuchsleiter ausgelöst. Die Fahrtdauer in unaufmerksamem Zustand beträgt ca. 15 Minuten.


**<u>Probandenstichprobe</u>**

Die Nachbildung der typischen Autofahrer wird durch eine repräsentative Probandenstichprobe verfolgt. Hierzu werden die folgenden Merkmale berücksichtigt:

- Alter: jung, mittel, alt
- Geschlecht: männlich, weiblich
- System Ausprägung: Konzept 1, Konzept 2
- Zustand: aufmerksam, abgelenkt.

Nach Gleichung (4.8) entspricht dies einer Probandenmindestanzahl von $n \geq \prod_{i=1}^{k} n = 24$ pro Gruppe. Aus Kostengründen können jedoch pro

Gruppe jeweils maximal 15 Probanden finanziert werden und somit muss die geringere Anzahl von Versuchspersonen in Kauf genommen werden.

An der Studie nehmen 61 Probanden teil, wobei eine Person eine ungültige dritte Fahrt hatte. Davon sind 30 Männer (49 %) und 31 Frauen (51 %). Die Altersspanne liegt zwischen 21 und 69 (Durchschnittsalter = 42) Jahren. Ihre Fahrleistung erstreckt sich zwischen 1200 km und 150000 km, durchschnittlich ca. 20000 km pro Jahr.

**<u>Nebenaufgabe</u>**

Die in der WIVW-Studie angewendete Nebenaufgabe zur gezielten Ablenkung der Probanden wurde bereits in mehreren Studien verwendet vgl. [197], [164], [196]. Ähnlich wie bei menügesteuerten Radio-Navigationssystemen setzt sich die Nebenaufgabe aus einem Menüsystem zusammen (s. Abb. 5.28). Das Menüsystem ist hierarchisch aufbaut und besteht aus nahe am Fahrkontext stehenden Begriffen, die in unterschiedlichen Ebenen und Kategorien eingeordnet sind.

Das Menüsystem wird auf einem Display im unteren Teil der Mittelkonsole dargestellt (s. Abb. 5.28 oben). Die Bedienung der Menüaufgabe erfolgt durch den rechts vom Fahrer liegenden Joystick. Auf dem Display wird zu Beginn des Versuchs die Aufgabe gestellt, eine Funktion im Menüsystem zu suchen. Der Proband muss sich mit dem Joystick durch die einzelnen Ebenen navigieren (s. Abb. 5.28 unten) und die richtige Antwort finden. Nach der richtigen Bearbeitung wird eine weitere Aufgabe auf dem Display gestellt. Somit sorgte die Menüaufgabe sowohl für eine visuelle als auch eine kognitive Ablenkung, da der Proband sich die Suchaufgabe merken muss.

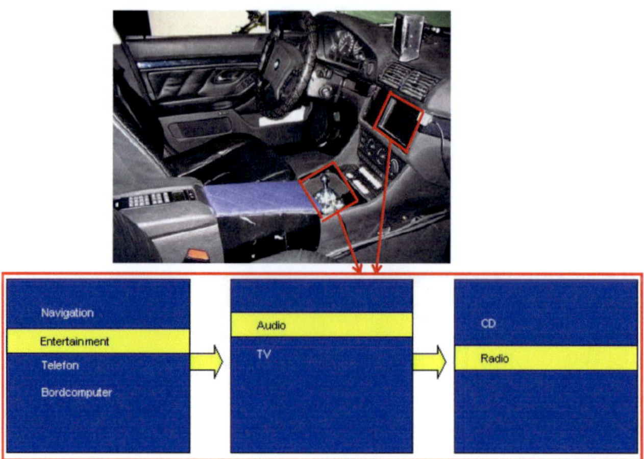


Abb. 5.28:  Die Nebenaufgabe zur gezielten Ablenkung der Probanden [219]. Oben: Position des Bildschirm und Joysticks zur Darstellung und zum Navigieren der Nebenaufgabe. Unten: Veranschaulichung des Menüsystems.

**PEBS- und HMI-Impelementierung**

Ähnlich wie bei der DLR-Probandenstudie wird im WIVW-Simulator die gesamte PEBS-Funktion als Softwarefunktion implementiert. PEBS besteht aus dem adaptiven Warnsystem, EBA und der automatische Teilbremsung von AEB.

Das adaptive Warnsystem baut auf das PCW-Warndilemma und den PCW-Algorithmus zur Berechnung der Vermeidungsverzögerung und somit Auslösung der Warnung (vgl. Abschnitt 2.2.2) auf. Darüber hinaus verwendet das adaptive Warnsystem den Fahrerzustand zur Entscheidung, welches der entwickelten HMI-Konzepte (Konzept 1 oder Konzept 2) ausgelöst werden soll. Die Fahrerzustandsklassifikation wird in dieser Studie mit einer Detektionsrate von 100 % angenommen. Hierzu wird kein zusätzlicher Aufmerksamkeitserkennungsalgorithmus verwendet. Der Fahrerzustand wird abhängig von den Versuchsbedingungen festgelegt.

AEB besteht aus der 0,3×g-Teilverzögerung, die für die angenommene Reaktionszeit andauert, und im Anschluss aus der 0.6×g-Teilverzögerung, die maximal noch 1 s bei einer ausbleibenden Fahrerreaktion dauert.

Für die Untersuchung der Akzeptanz bei Fehlauslösungen ist das Ziel, das Fahrerverhalten bei einer fehlerhaften Systemsausführung der adaptiven Warnfunktion zu analysieren, da diese die Schnittstelle zum Fahrer nachbildet. Aus diesem Grund ist bei der Fehlauslösungsfahrt nur die Warnfunktion aktiviert.

Da haptische Warnungen die kürzesten Reaktionszeiten im Vergleich zur akustischen und visuellen Modalität liefern [176], ist bei Konzept 1 und Konzept 2 ein Bremsruck anzuwenden. Die Bremsruckparametrisierungen sind entsprechend mit einer geringen bzw. hohen Dringlichkeit zu spezifizieren. Um den Bremsruck realitätsnah im Simulator abzubilden, wurden Messungen von verschiedenen realen Bremsruckprofilen mit unterschiedlicher Dauer und Stärke (vgl. Abb. 5.29) ausgewertet und die WIVW-Auslegungsparameter angepasst.

Demzufolge entstanden acht Bremsruck-Parametrisierungen, die in Tab. 5.3 zu sehen sind.

Nach der Implementierung der acht verschiedenen Bremsrücke im WIVW-Simulator werden diese anhand eines Expertenversuchs einzeln simuliert und auf Basis des fahrdynamischen Empfindens auf ihre realitätsnahe Nachbildung bewertet (s. Tab. 5.3, Spalte „Bewertung"). Die drei ausgewählten Auslegungen (Nr. 2, 7, 8) sind in einem weiteren Expertenversuch noch feiner zu parametrisieren.

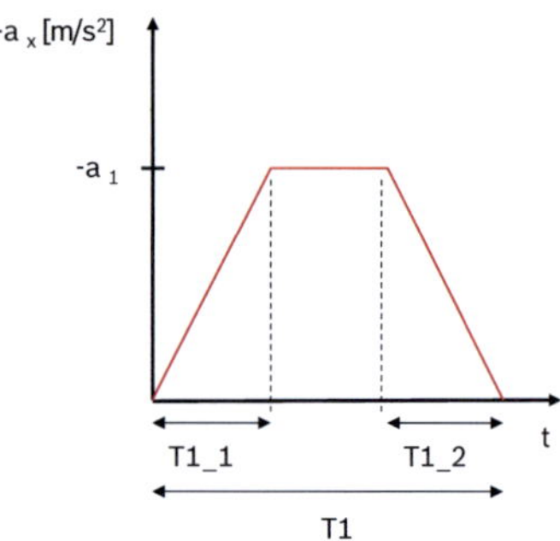


Abb. 5.29: Bremsruckauslegung im WIVW-Fahrsimulator

| Nr. | T1_1 [s] | T1_2 [s] | T1 [s] | $a_1$ [m/s$^2$] | Bewertung |
|---|---|---|---|---|---|
| 1 | 0,15 | 0,03 | 0,153 | -1,00 | nicht spürbar, zu schwach |
| 2* | 0,2 | 0,1 | 0,3 | -2,30 | schwach, aber deutlich spürbar; passend für geringe Dringlichkeit |
| 3 | 0,25 | 0,1 | 0,35 | -3,00 | deutlich spürbar, aber etwas lang |
| 4 | 0,25 | 0,1 | 0,35 | -4,00 | zu stark |
| 5 | 0,25 | 0,1 | 0,35 | -5,00 | zu stark |
| 6 | 0,25 | 0,1 | 0,35 | -6,00 | viel zu stark |
| 7* | 0,05 | 0,05 | 0,1 | -5,00 | kräftig, deutlich spürbar; passend für hohe Dringlichkeit |
| 8* | 0,02 | 0,02 | 0,1 | -3,00 | deutlich spürbar, Stärke mittelmäßig; passend für hohe Dringlichkeit |

Tab. 5.3: Ermittelte Bremsruckparametrisierungen anhand von Fahrzeug-messdaten. *): Bremsruckprofile, die nach den Expertentests als geeignet für eine weitere Feinparametrisierung ausgewählt wurden

Im zweiten Expertenversuch werden die ausgewählten Bremsrücke nach ihrer Dringlichkeit eingestellt. Dabei wird ein Simulator-Artefakt entdeckt, bei dem die Stärke des Rucks von der Gaspedalbetätigung abhängt. Ein

Ruck, bei dem der Fahrer keine Beschleunigung ausgibt, fühlt sich schwächer an als einer mit ausgegebener Beschleunigung. Aus diesem Grund werden statt zwei vier Parametrisierungen (s. Tab. 5.4) festgelegt, wobei sich die Auslegungen mit der gleichen Dringlichkeit stets annähernd gleich anfühlen.

| Nr. | T1_1 [s] | T1_2 [s] | T1 [s] | $a_1$ [m/s$^2$] | mit/ohne Gasbetätigung | Dringlichkeit |
|---|---|---|---|---|---|---|
| U1 | 0,02 | 0,02 | 0,1 | -2,5 | Mit Gasbetätigung | hoch |
| U2 | 0,02 | 0,02 | 0,1 | -3,5 | Ohne Gasbetätigung | hoch |
| A1 | 0,02 | 0,02 | 0,1 | -2,0 | Mit Gasbetätigung | gering |
| A2 | 0,02 | 0,02 | 0,1 | -2,5 | Ohne Gasbetätigung | gering |

Tab. 5.4: Bremsruckparametrisierung mit einer hohen und geringen Dringlichkeit

Auf eine Validierung durch die sogenannten „naiven" Probanden wurde verzichtet, da eine Unterscheidung zwischen den verschiedenen Ausprägungen ohne Expertenwissen bzgl. der fahrdynamischen Spürbarkeit und des Empfindens sehr schwer und somit ihre Bewertung dadurch fast unmöglich ist.

Die beiden Warnkonzepte werden somit folgendermaßen aufgebaut.

Konzept 1: geringe Dringlichkeit, Vorschlag für aufmerksamen Zustand: visuelle Warnung „Bremsleiste" mit einer Frequenz von 3 Hz, schwacher Bremsruck mit Ausprägung A1/A2 (vgl. Tab. 5.4). Der Bremsruck wird 100 ms nach der visuellen Modalität ausgelöst, damit es zu keiner Informationsüberlagerung kommt.

Konzept 2: hohe Dringlichkeit, Vorschlag für abgelenkten Zustand: akustische Warnung „Bremsen", visuelle Warnung „Bremsleiste" mit einer Frequenz von 9 Hz, starker Bremsruck mit Ausprägung U1/U2 (vgl. Tab. 5.4). Die optische und akustische Warnungen wird zeitgleich und der Bremsruck 300 ms später ausgelöst.

**<u>Nutzerakzeptanzerhebung</u>**

Zur Erhebung der subjektiven Meinung bezüglich des adaptiven Warnsystems und somit PEBS wird vor und nach der Studie ein Fragebogen von jeder Versuchsperson ausgefüllt. Der Entwurf der Fragen erfolgt nach der Methodik von [5].

Der erste Teil der Fragebögen wird vor dem Versuch verteilt. Dieser Bogen beinhaltet allgemeine Fragen zum Fahrstil.

Nach jeder Fahrt wird jeweils ein Bogen verteilt, der Fragen zum Systemempfinden insbesondere der Warnung umfasst.

Nach der zweiten Fahrt wird die Akzeptanz des Systems (Attraktivität, Bewertung der Eigenschaften und Kaufbereitschaft) abgefragt.

Die Fragebögen und die Instruktion sind im Anhang D.6 zu finden.

*Versuchsablauf*

Die Probanden werden, wie in Abb. 5.30 dargestellt, in vier Gruppen eingeteilt – zwei Versuchs- und zwei Kontrollgruppen. Jede Gruppe fährt drei Mal. Die ersten zwei Fahrten werden für die Nutzenuntersuchung durchgeführt, wobei nur die erste Fahrt für die Auswertung aufgrund des unerwarteten kritischen Ereignisses relevant ist. Die dritte Fahrt ist der Versuch mit Fehlauslösung. Die Versuchsgruppen erleben beide Warnkonzepte, deren Reihenfolge abwechselnd ist. Die Kontrollgruppen bekommen immer das gleiche Warnkonzept als Unterstützung. Sowohl bei den Versuchs- als auch bei den Kontrollgruppen wird der Fahrerzustand immer permutiert. Durch den Vergleich des gleichen Zustands und der unterschiedlichen Warnkonzepte zwischen den Versuchs- und Kontrollgruppen sind die aufgestellten Hypothesen zu untersuchen. Bei dieser Studie handelt es sich somit um eine unabhängige Stichprobe.

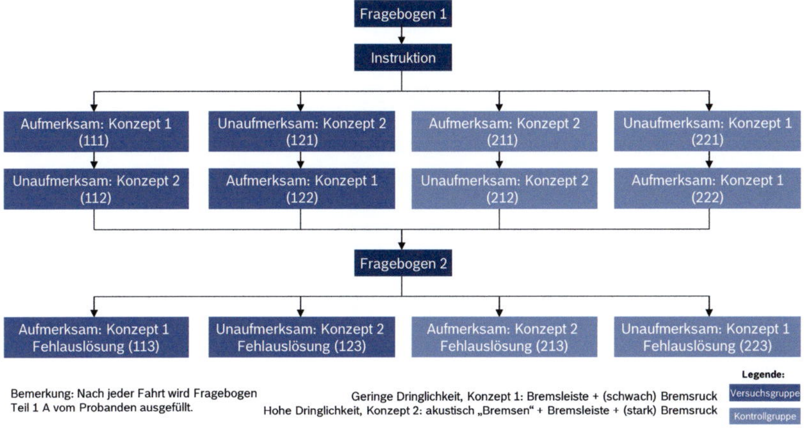


Abb. 5.30:  Versuchsablauf der WIVW-Probandenstudie. Die Zahl in Klammern ist die Kodierung der entsprechenden Gruppe

Vor dem Versuch wird der erste Teil der Fragebögen ausgefüllt und die Instruktion für das Probandenverhalten während des Versuchs verteilt. Den Versuchspersonen wird die Untersuchung und Bewertung verschiedener Konzepte für ein Radio-Navigationssystem als Ziel genannt. Ihnen wird das Menüsystem vorgestellt und sie werden angewiesen die Nebenaufgabe bei den Fahrten zu bearbeiten, bei denen sie vor dem Versuch vom Versuchsleiter aufgefordert werden. Die Probanden müssen möglichst zügig und unfallfrei unter Berücksichtigung der Straßenverkehrsordnung die Strecke durchfahren und dabei schnell und korrekt die vorgegebenen Aufgaben im Menüsystem bearbeiten. Überholmanöver sind während des Versuchs verboten. Die Fahrer sollen versuchen die Spur zu halten und einen passenden Abstand zum Vordermann zu halten. Hierzu bekommen sie eine Beschreibung und Erklärung der Abstandsanzeige, die im HUD dargestellt wird. Zur Motivation für die Nebenaufgabenbearbeitung und Abstandseinhaltung werden Punkte für richtig bearbeitete Aufgaben vergeben, wenn sich der Proband im richtigen Abstandsbereich befindet. Die besten drei Fahrer bekommen dafür Geschenke.

Nach der Instruktion fahren die Probanden zwei Mal in unterschiedlichen Aufmerksamkeitszuständen. Nach jeder Fahrt bekommen sie einen Fragebogen zur Abfrage des subjektiven Warnsystemempfindens, der direkt im Simulator ausgefüllt wird. Nach der zweiten Fahrt werden die Fahrer gebeten aus dem Simulator auszusteigen und den zweiten Teil der Fragebögen auszufüllen. Im Anschluss wird die dritte Fahrt – die Fehlauslösung – durchgeführt.

***Ergebnisse***

### Ergebnisse zur Nutzenuntersuchung

Im Folgenden werden die Hypothesen anhand der definierten Bewertungskriterien untersucht.

Hypothese 1: „In aufmerksamem Zustand hat die Warnung mit geringer Dringlichkeit einen vergleichbaren Nutzen wie die Warnung mit hoher Dringlichkeit.“

Hypothese 2: „In abgelenktem Zustand hat die Warnung mit hoher Dringlichkeit größeren Nutzen als die Warnung mit geringer Dringlichkeit.“

Hypothese 3: „Ein unerwartetes kritisches Ereignis löst längere Reaktions- und Betätigungszeit aus als ein erwartetes Ereignis.“

Hypothese 4: „Eine nicht-erlernte Warnintensität bewirkt vergleichbare Reaktions- und Betätigungszeit wie eine erlernte Warnintensität.“

Bei der ersten Fahrt haben zwei Probanden versucht auszuweichen (1 Fahrer aus Versuchsgruppe Unaufmerksam Konzept 2; 1 Fahrer aus Kontrollgruppe Unaufmerksam Konzept 1). Bei der zweiten Fahrt weichen ebenfalls zwei Probanden aus (1 Fahrer aus Versuchsgruppe Unaufmerksam Konzept 2; 1 Person aus Kontrollgruppe Aufmerksam Konzept 1). Da mit der Warnung eine Bremsreaktion hervorgerufen werden muss, werden bei der Auswertung die Daten dieser Probanden nicht berücksichtigt.

Zusätzlich wird das Offline-Kriterium zur Validierung der Fahrerablenkung von Abschnitt 4.2.2 angewendet und folgende Datensätze als unbekannt klassifiziert, die ebenfalls bei der Auswertung nicht berücksichtigt wurden: 2 Fahrer aus Versuchsgruppe Unaufmerksam Konzept 2 bei zweiter Fahrt und weitere 2 Fahrer aus Kontrollgruppe Unaufmerksam Konzept 2 bei zweiter Fahrt.

### Reaktionszeit

Der Vergleich der Reaktionszeiten in aufmerksamem Zustand bei der ersten Fahrt zwischen der Versuchsgruppe mit Konzept 1 und Kontrollgruppe mit Konzept 2 sind in Abb. 5.31 links dargestellt.

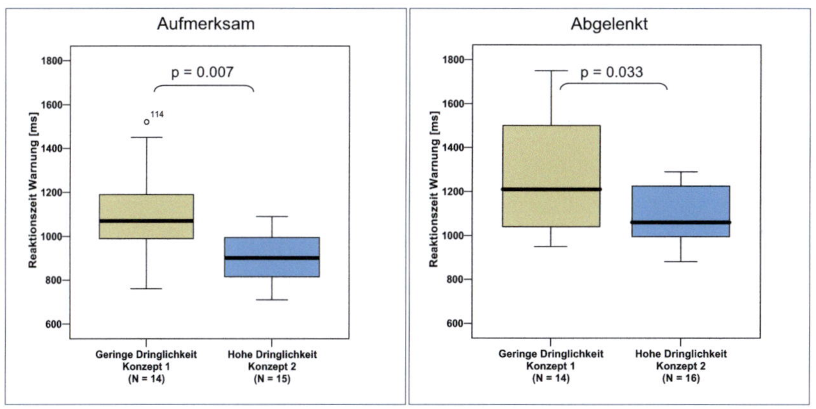


Abb. 5.31: Reaktionszeiten auf beide Warnintensitäten bei erster Fahrt. Links: in aufmerksamem Zustand. Rechts: in abgelenktem Zustand

Es ist ersichtlich, dass die dringlichere Warnung (Mittelwert ca. 910 ms; SD ca. 120 ms) kürzere Reaktionszeiten als die schwächere Warnung (Mittelwert ca. 1090 ms; SD ca. 210 ms) hervorruft. Ein t-Test durchgeführt mit beiden Gruppen zeigt signifikant kürzere Reaktionszeiten durch eine Warnung mit hoher Dringlichkeit (p = 0,007 < 0,05). Somit ist Hypothese 1 bezüglich der Reaktionszeit abzulehnen. Der wesentliche Unterschied zwischen den beiden Warnkonzepten ist die akustische Komponente, die möglicherweise die Erklärung für die kürzeren Reaktionszeiten der Kontrollgruppe darstellt. Bei den Voruntersuchungen im statischen Simulator konnte zwar kein zusätzlicher Nutzen durch die akustische Warnung nachgewiesen werden, die Probanden sind jedoch in der zweiten Fahrt in aufmerksamem Zustand gefahren. Sie hatten somit eine gewisse Erwartungshaltung zum kritischen Ereignis, die die Ergebnisse scheinbar beeinflusst hat. Nach der Multiple-Ressourcen-Theorie von Wickens [210] stellen die Menschen ihre kognitiven Ressourcen für mehrere Aufgaben zur Verfügung. Falls zwei Aufgaben die gleichen Ressourcen nutzen, besteht eine große Wahrscheinlichkeit, dass die fremdeinflussfreie Bearbeitung einer der beiden zu Schaden kommt. Die Nutzung dieser Theorie zur Analyse von Warnverhalten legt nahe, dass, falls die Reaktion auf ein Warnsignal auf die gleichen kognitiven Ressourcen wie die Bearbeitung der Hauptaufgabe zugreift, die Leistung der Hauptaufgabenbearbeitung oder der Reaktion auf das Warnsignal vermindert werden kann. In aufmerksamem Zustand beansprucht der Fahrer bei seiner Fahraufgabe hauptsächlich die visuellen Ressourcen. Bei der visuell-haptischen Warnung von Konzept 1 versucht der Fahrer, durch die im HUD dargestellte visuelle Anzeige die Situation zu interpretieren. Eine akustische Komponente, die zusätzlich noch das Hören in Anspruch nimmt, führt, wie Abb. 5.32 veranschaulicht, zu schnellerem Verständnis der Warnung und somit zur Erkennung und Interpretation der Situation als kritisch. Demzufolge erfolgt die Zielentscheidung schneller. Aus diesem Grund sind, ähnlich wie die Ergebnisse in [83], [176], [96], auch die Reaktionszeiten auf akustische Signale generell kürzer als auf die visuelle.

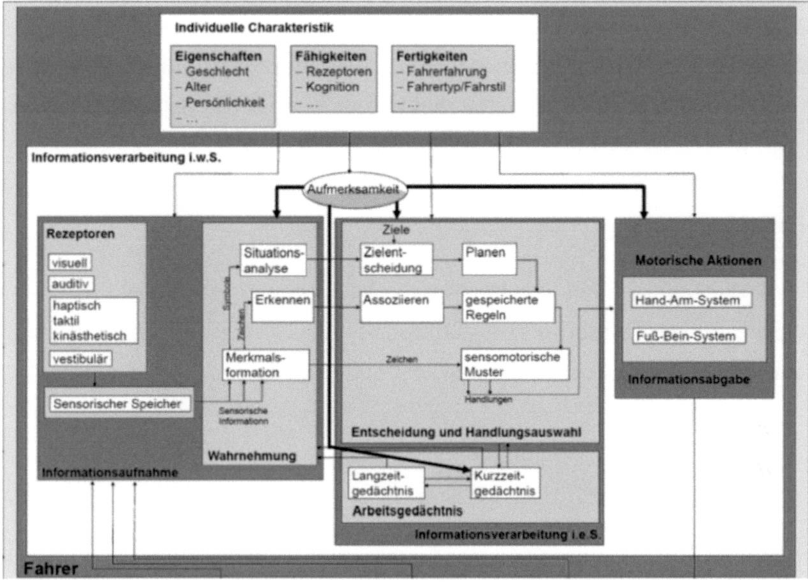


Abb. 5.32: Fahrerinformationsverarbeitung [2]

Abb. 5.31 rechts zeigt die Reaktionszeiten der abgelenkten Fahrer der Versuchsgruppe mit Konzept 2 und Kontrollgruppe mit Konzept 1 in der ersten Fahrt. Die mittlere Reaktionszeit mit einer hohen Warnintensität beträgt ca. 1090 ms (SD ca. 130 ms) und ist deutlich kürzer als die der Gruppe, die mit einer geringeren Dringlichkeit gewarnt wurde (Mittelwert ca. 1260 ms; SD ca. 260 ms). Ein t-Test weist ein signifikantes Ergebnis auf ($p = 0{,}033 < 0{,}05$). Damit kann Hypothese 2 bzgl. der Reaktionszeit verifiziert werden. Bei unaufmerksamen Fahrern, die visuell-kognitiv abgelenkt sind, wird, wie bei den Vorversuchen im Leonberger Simulator beobachtet wurde, die Situation durch eine akustische Warnung schneller erkannt, da diese die Aufmerksamkeit zum kritischen Ereignis lenkt. Somit erfolgt die Informationsverarbeitung mit der dringlichen Warnung viel schneller als mit geringer Warnintensität und führt zu geringeren Reaktionszeiten. Die visuelle und kognitive Beanspruchung bei der parallelen Bearbeitung der Fahr- und Nebenaufgabe führt im Allgemeinen zur verlangsamten Informationsverarbeitung und somit zu längeren Reaktionszeiten bei abgelenkten Fahrern (vgl. [83], [[187] zitiert nach [207]], [[163] zitiert nach [117]]).

**Betätigungszeit**

Abb. 5.33 links stellt die Betätigungszeit der aufmerksamen Fahrer mit einer geringen (Mittelwert ca. 460 ms; SD ca. 220 ms) und hohen Warnintensität (Mittelwert ca. 240 ms; SD ca. 160 ms) dar.

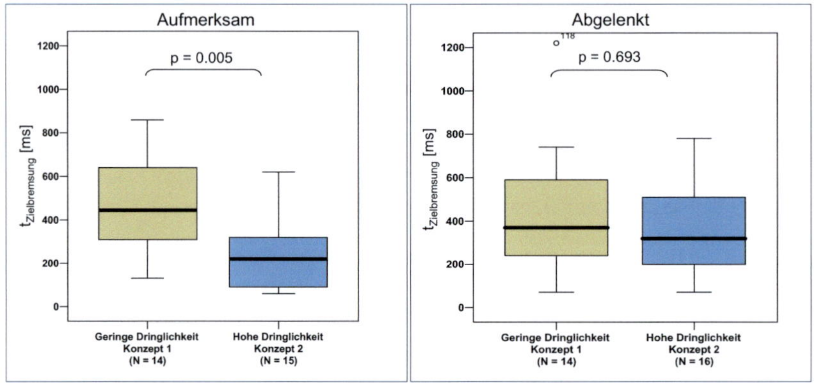


Abb. 5.33: Betätigungszeit bei beiden Warnintensitäten in erster Fahrt. Links: in aufmerksamem Zustand. Rechts: in abgelenktem Zustand

Der statistische Vergleich anhand eines t-Tests zeigt einen signifikanten Unterschied zwischen den Gruppen (p = 0,005 < 0,05). Hypothese 1 ist bzgl. der Betätigungszeit somit abzulehnen.

In abgelenktem Zustand existiert jedoch keine signifikante Differenz (p = 0,693 > 0,05) beim Bremsgradientenaufbau zwischen Konzept 1 (Mittelwert ca. 490 ms; SD ca. 280 ms) und Konzept 2 (Mittelwert ca. 450 ms; SD ca. 230 ms). Somit ist Hypothese 2 bzgl. der Betätigungszeit falsifiziert.

Bei einer Ablenkung erfolgt der Bremsgradientenaufbau bei unterschiedlicher Warnintensität vergleichbar schnell, da die nach dem Hysterese-Effekt bis zu 3 Sekunden andauernde visuell-kognitive Beanspruchung durch die Nebenaufgabe (vgl. [40]) nach der Multiple-Ressourcen-Theorie von Wickens [210] die Kritikalitätsabschätzung der Situation und somit das Planen der Handlungsumsetzung (vgl. Abb. 5.32) beeinflusst. Nach einem ähnlichen Muster erfolgt die Kritikalitätsabschätzung bei einem aufmerksamen Fahrer, der durch die Warnung mit geringer Dringlichkeit alarmiert wird. In aufmerksamem Zustand fällt zwar die Zielentscheidung zum Bremsen schneller, die Planung der Umsetzung verläuft jedoch aufgrund der beeinträchtigten Ressourcenverteilung langsamer als bei der Warnung mit hoher Dringlichkeit, die zusätzlich die akustische Komponente beinhaltet. Das akustische Signal „Bremsen" bietet zusätzlich eine Handlungsempfehlung, die ebenfalls die Schnelligkeit des Bremsgradientenaufbaus aufgrund der höheren Merkmalsformation (vgl. Abb. 5.32, Pfad „Zeichen") beeinflussen kann.

### Bremspedalbetätigung

Abb. 5.34 zeigt die maximal erreichte Bremsstärke der Kontroll- und Versuchsgruppen. In beiden Zuständen liegt der Mittelwert der Bremspedalbetätigung zwischen 90 % und 100 % und es existiert kein signifikanter Unterschied zwischen den beiden Warnkonzepten (p >> 0,05). Damit sind die Hypothesen 1 und 2 abzulehnen. Dieses Ergebnis ist jedoch beträchtlich vom Fahrsimulator abhängig, da die Fahrer im dynamischen Fahrsimulator aufgrund des multimodalen Bremsens (vgl. Abschnitt 4.3.1) immer stärker als in der Realität bremsen. Somit sind die beobachteten Effekte für die Bremspedalbetätigung nicht auf die Realität übertragbar.

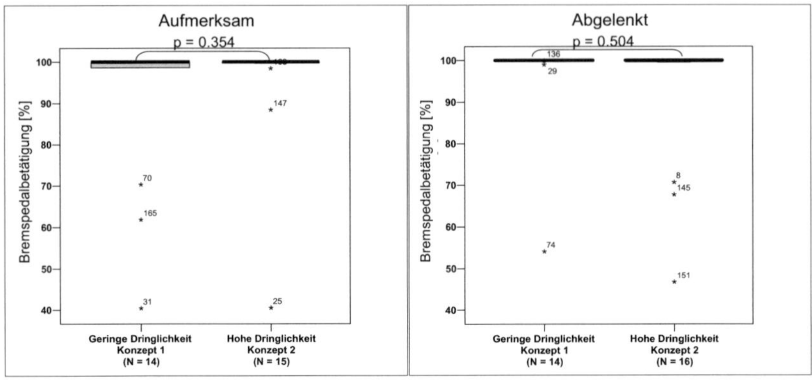


Abb. 5.34: Bremspedalbetätigung bei unterschiedlicher Warndringlichkeit in erster Fahrt. Links: in aufmerksamem Zustand. Rechts: in abgelenktem Zustand

## Kollisionsrate

Die in Abb. 5.35 dargestellte Kollisionsrate zeigt die Auswirkung der bei der Reaktions- und Betätigungszeit beobachteten Effekte auf die Unfallvermeidung. In aufmerksamem Zustand konnte keiner der 14 Fahrer der Gruppe mit niedriger Warnintensität die Kollision vermeiden. Bei der hohen Dringlichkeit konnten 4 Probanden dem Unfall entgehen. Ein Chi-Quadrat-Test zeigt eine signifikante Reduktion der Kollisionsrate bei der Anwendung einer „starken" Warnung (p = 0,037 < 0,05). Die Hypothese 1 kann somit bzgl. der Kollisionsrate falsifiziert werden. Es ist jedoch zu beachten, dass dieses Ergebnis auch von der Szenario-Parametrisierung bzw. dem geringen Initialabstand beeinflusst wird.

Da die abgelenkten Fahrer kürzere Reaktionszeiten, als die bei der Szenario-Parametrisierung angenommenen, aufweisen und einen größeren Initialabstand bei der Auslösung der Situation hatten, vermeiden 5 Fahrer mit Konzept 1 den Unfall. Bei Konzept 2 können 12 Fahrer die Kollision vermeiden. Ein Chi-Quadrat-Test zeigt eine signifikante Reduktion der Kollisionsrate durch die Warnung mit hoher Dringlichkeit (p = 0,03 < 0,05). Hypothese 2 kann bezüglich der Kollisionsrate verifiziert werden.

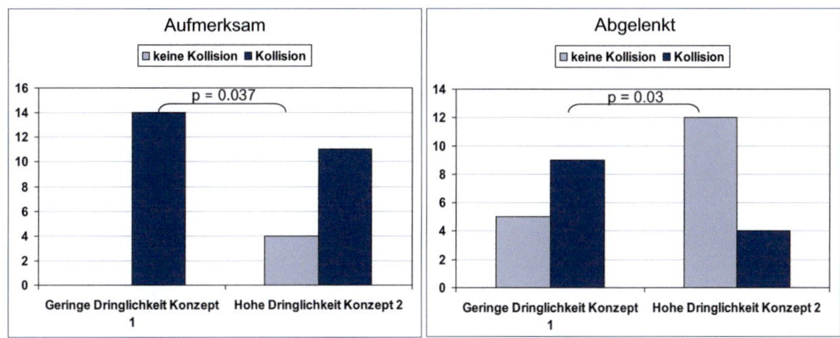


Abb. 5.35: Kollisionsrate bei beiden Warndringlichkeiten in erster Fahrt. Links: in aufmerksamem Zustand. Rechts: in abgelenktem Zustand

**Kollisionsgeschwindigkeit**

Die Folgen einer nicht vermeidbaren Kollision sind in Abb. 5.36 dargestellt. Die signifikant kürzeren Reaktions- und Betätigungszeiten bei aufmerksamen Probanden gewarnt durch Konzept 2 wirken sich ebenfalls auf die Kollisionsgeschwindigkeitsreduktion aus. Ein t-Test durchgeführt mit der Gruppe mit geringer Dringlichkeit (Mittelwert = 11,77 ms; SD = 3,17 ms) und der Gruppe mit hoher Warnintensität (Mittelwert = 6,28 ms; SD = 4,98 ms) zeigt eine signifikante Kollisionsgeschwindigkeitsreduktion durch Konzept 2 (p = 0,003 < 0,05). Somit ist Hypothese 1 bzgl. der Kollisionsgeschwindigkeit abzulehnen.

In abgelenktem Zustand zeigt ein t-Test keinen signifikanten Unterschied zwischen Konzept 1 (Mittelwert = 9,17 m/s; SD = 3 m/s) und Konzept 2 (Mittelwert = 8,87 m/s; SD = 5,47 m/s) (p = 0,9 > 0,05) trotz signifikanter

Reduktion der Reaktionszeiten durch die dringliche Warnung. Das Ergebnis kann mit der geringen Probandenanzahl bei Konzept 2 (N = 4) erklärt werden. Davon hatte ein Proband eine maximale Bremsstärke von ca. 47 %, die er erst nach 1,3 s erreicht. Die Hypothese 2 muss somit für die Kollisionsgeschwindigkeit abgelehnt werden.

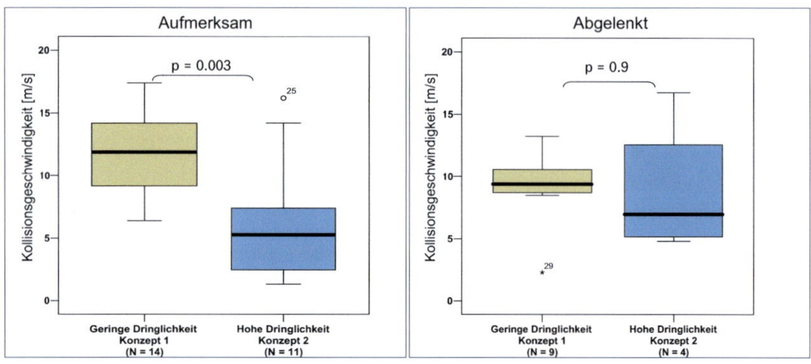

Abb. 5.36: Kollisionsgeschwindigkeit bei den unterschiedlichen Warnintensitäten in erster Fahrt. Links: in aufmerksamem Zustand. Rechts: in abgelenktem Zustand

**Reaktionszeit unter dem Einfluss der Erwartungshaltung**

Abb. 5.37 zeigt die Reaktionszeiten bei erster und zweiter Fahrt. Zusätzlich wird bei zweiter Fahrt die Unterscheidung gemacht, ob der Proband das gleiche Konzept wie bei erster Fahrt erlebt hat.

Ein t-Test-Vergleich zwischen der Reaktionszeit bei einem unerwarteten kritischen Ereignis in der ersten Fahrt (Mittelwert = 1094,3 ms; SD = 212,6 ms) und bei einem erwarteten Ereignis mit dem gleichen erlebten Konzept wie bei der ersten Fahrt (Mittelwert ca. 850 ms; SD ca. 200 ms) zeigt eine signifikante Reduktion durch die Erhöhung der Erwartungshaltung in aufmerksamem Zustand (p = 0,005 < 0,05).

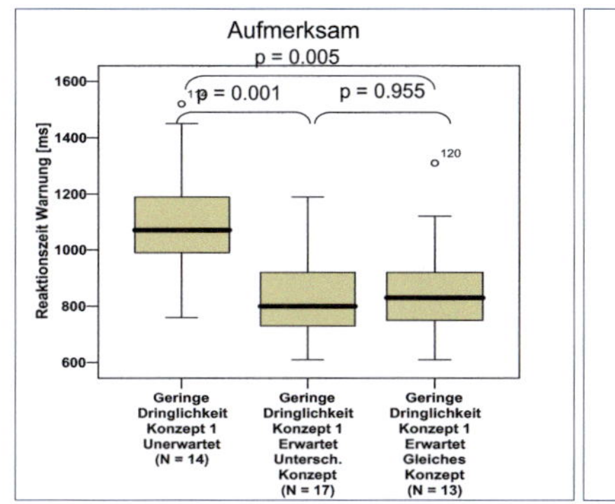
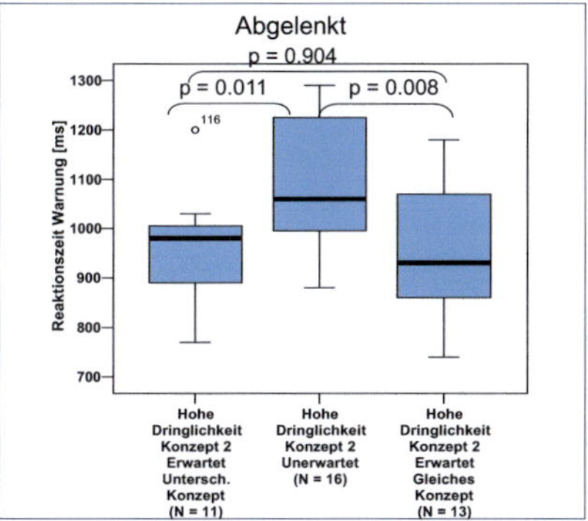

Abb. 5.37: Reaktionszeiten in erster und zweiter Fahrt bei unterschiedlicher Erwartungshaltung. Links: in aufmerksamem Zustand. Rechts: in abgelenktem Zustand

Der gleiche signifikante Effekt (p = 0,001 < 0,05) ist ebenfalls beim Vergleich von Konzept 1 in erster Fahrt und Konzept 1 in zweiter Fahrt (Mittelwert ca. 840 ms; SD ca. 160 ms) zu erkennen, wobei der Proband in erster Fahrt ein unterschiedliches Warnkonzept erlebt hat. Ein T-Test zwischen den Gruppen mit gleicher Erwartungshaltung, aber unterschiedlichem Konzept in der ersten Fahrt weist keinen signifikanten Unterschied zwischen den Gruppen auf (p = 0,955 > 0,05). Somit kann Hypothese 4 bestätigt werden, dass das Erlernen der Warnintensität eine untergeordnete Rolle bei der Reaktionszeit spielt. Ein statistischer Test (ANOVA) durchgeführt mit diesen drei Gruppen zeigt Signifikanz (p = 0,001 < 0,05). Damit kann Hypothese 3 für die Reaktionszeiten ebenfalls verifiziert werden.

Für den abgelenkten Zustand können die gleichen Effekte beobachtet werden. Somit können die Hypothesen 3 und Hypothese 4 bzgl. der Reaktionszeit in abgelenktem Zustand ebenfalls bestätigt werden.

Diese Ergebnisse stimmen mit den bereits bekannten Erkenntnissen zum Einfluss der Erwartbarkeit des kritischen Ereignisses auf das Fahrerverhalten überein (vgl. [83], [34]). Zwischen 0,6 und 0,8 s dauert die Reaktion bei einem erwarteten Ereignis. Unerwartete kritische Situationen können bis zu 1,5 s Reaktionszeiten hervorrufen.

**Betätigungszeit unter dem Einfluss der Erwartungshaltung**

Der Vergleich der Betätigungszeit (s. Abb. 5.38) eines unerwarteten (Mittelwert ca. 460 ms; SD ca. 220 ms) und eines erwarteten Ereignisses bei gleichem erlebten Konzept (Mittelwert ca. 170 ms; SD ca. 130 ms) mithilfe eines Mann-Whitney U-Test ergibt eine signifikante Reduktion der Zeitdauer beim Bremsgradientenaufbau durch die Steigerung der Erwartbarkeit ($p = 0{,}001 < 0{,}05$) für den aufmerksamen Zustand.

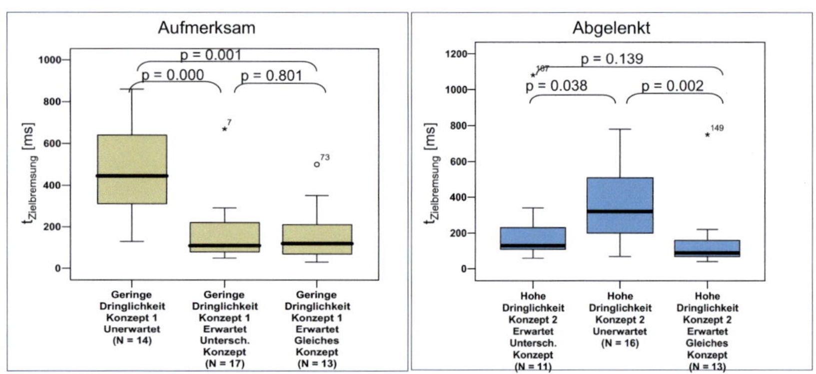

Abb. 5.38: Betätigungszeit bei erster und zweiter Fahrt bei unterschiedlicher Erwartungshaltung. Links: in aufmerksamem Zustand. Rechts: in abgelenktem Zustand

In aufmerksamem Zustand lässt sich derselbe Effekt beim Vergleich der Gruppe mit Konzept 1 bei erster Fahrt und der Gruppe mit Konzept 1 in zweiter Fahrt mit unterschiedlich erlebtem Konzept in Fahrt 1 (Mittelwert ca. 160 ms; SD ca. 150 ms) beobachten (p = 0,000). Bei gleicher Erwartungshaltung und unterschiedlich erlebten Warnintensitäten in der ersten Fahrt kann keine Signifikanz nachgewiesen werden (p = 0,801 > 0,05). Somit ist Hypothese 4 für die Betätigungszeit ebenfalls zu bestätigen. Ein ANOVA durchgeführt mit diesen drei Gruppen zeigt ein signifikantes Ergebnis (p = 0,000 < 0,05). Damit kann Hypothese 3 bzgl. der Betätigungszeit auch verifiziert werden. Ähnlich wie bei der Reaktionszeit lassen sich die gleichen Effekte in den abgelenkten Zustand übertragen. Somit können die Hypothesen 3 und 4 auch für abgelenkte Fahrer verifiziert werden.

**<u>Ergebnisse zur Akzeptanzuntersuchung</u>**

Im Folgenden werden die Hypothesen bezogen auf die Daten von der dritten Fahrt anhand der definierten Bewertungskriterien untersucht.

Hypothese 5: „In aufmerksamem Zustand ruft die Warnung mit geringer Dringlichkeit schwächeres und langsames Reaktionsverhalten hervor als die Warnung mit hoher Dringlichkeit."

Hypothese 6: „In abgelenktem Zustand ruft die Warnung mit hoher Dringlichkeit vergleichbares Reaktionsverhalten hervor wie die Warnung mit geringer Dringlichkeit."

Die Akzeptanzuntersuchung bezieht sich auf die Fehlauslösung (false positive) und berücksichtig somit nur die Daten der dritten Fahrt. Bei der Fehlauslösung haben alle Probanden auf die Warnung durch Bremsen reagiert. Ein Fahrer hat zusätzlich versucht auszuweichen. Da Ausweichen ebenfalls eine unerwünschte Reaktion bei Fehlauslösungen ist, wird dieser Datensatz bei der Auswertung berücksichtigt. Der Zustand von 3 Probanden in der Kontrollgruppe Unaufmerksam Konzept 1 wird aufgrund des Kriteriums in Abschnitt 4.2.2 als unbekannt klassifiziert. Diese Daten werden für die Auswertung nicht verwendet.

**Reaktionszeit**

Abb. 5.39 zeigt die Reaktionszeiten der aufmerksamen Fahrer. Die mittlere Reaktionszeit mit geringer Dringlichkeit beträgt ca. 910 ms (SD ca. 220 ms) und mit hoher Warnintensität beträgt sie ca. 750 ms (SD ca. 100 ms).

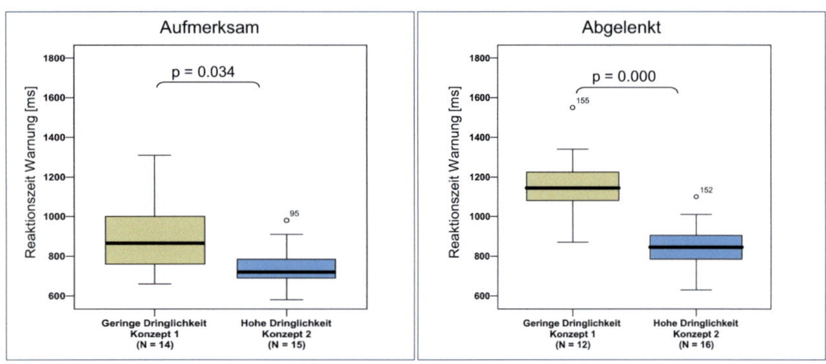


Abb. 5.39:  Reaktionszeiten auf beide Warnintensitäten bei dritter Fahrt (Fehlauslö-sung). Links: in aufmerksamem Zustand. Rechts: in abgelenktem Zustand

Ähnlich wie in Fahrt 1 reagieren die Fahrer trotz dem Erlernen der kritischen Situation schneller mit Konzept 2 als mit Konzept 1. Ein Mann-Whitney-U-Test zeigt signifikant längere Reaktionszeiten durch die weniger dringliche Warnung (p = 0,034 < 0,05). Somit kann Hypothese 5 bzgl. der Reaktionszeit verifiziert werden.

In abgelenktem Zustand reagieren die Fahrer mit Konzept 2 (Mittlere Reaktionszeit ca. 850 ms; SD ca. 120 ms) ebenfalls signifikant schneller (p = 0,000 < 0,05) als die mit Konzept 1 (Mittlere Reaktionszeit ca. 1200 ms; SD ca. 170 ms). Die Hypothese 6 ist damit bzgl. der Reaktionszeit abzulehnen.

**Betätigungszeit**

Abb. 5.40 zeigt die Betätigungszeiten der aufmerksamen Fahrer.

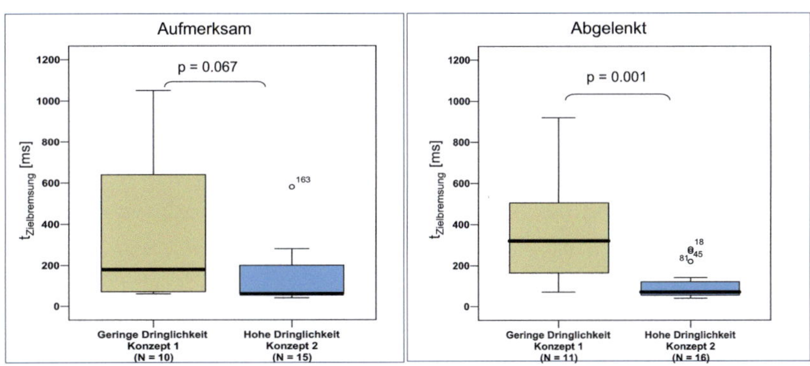

Abb. 5.40: Betätigungszeit auf beide Warnintensitäten bei dritter Fahrt (Fehlauslösung). Links: in aufmerksamem Zustand. Rechts: in abgelenktem Zustand

Ähnlich wie bei der ersten Fahrt bauen die Fahrer mit sehr dringlicher Warnung (Mittelwert ca. 140 ms; SD ca. 140 ms) den Bremsgradienten schneller auf als die Probanden mit „schwachem" Warnkonzept (Mittelwert ca. 370 ms; SD ca. 360 ms). Bei Konzept 1 gab es sogar 4 Fahrer, die die Schwelle zur Auslösung der Zielbremsung nicht erreicht haben. Ein Mann-Whitney-U-Test zeigt tendenzielle längere Betätigungszeiten durch die geringe Dringlichkeit (p = 0,067 > 0,05). Hiermit kann Hypothese 5 für die Betätigungszeit tendenziell verifiziert werden.

Im Unterschied zu erster Fahrt erreichen die Fahrer mit der dringlichen Warnung (Mittelwert ca. 110 ms; SD ca. 80 ms) schneller die Schwelle zur Auslösung der Zielbremsung als die Gruppe mit geringer Warnintensität (Mittelwert ca. 380 ms; SD ca. 290 ms). Die genauere Analyse der Daten lässt vermuten, dass bei allen Probanden beider Zustände in der dritten

Fahrt eine Verhaltensanpassung an den Versuchsablauf stattfindet, damit sie durch eine möglichst optimale Bremsung eine Kollision vermeiden können. Ein Fahrer mit Konzept 1 hat diese Schwelle nicht erreicht. Ein Mann-Whitney-U-Test zeigt signifikant schnellere Reaktionszeiten durch die hohe Dringlichkeit ($p = 0{,}001 < 0{,}05$). Somit ist Hypothese 6 bzgl. der Betätigungszeit falsifiziert.

Auch wenn nur 4 Probanden in aufmerksamem Zustand die Schwelle zur Auslösung der Zielbremsung nicht erreichen, zeigt sich eine kleine Tendenz zur Anpassung des Bremsverhaltens an die Fehlauslösung. Bei den abgelenkten Fahrern ist dieser Effekt nicht zu beobachten. Dies bestätigt die in [80] beobachtete geringere Wahrscheinlichkeit zu einer fehlerhaften Bremsrektion in aufmerksamem Zustand, die jedoch bei einer Ablenkung unverändert bleibt.

**Bremspedalbetätigung**

Im Unterschied zur ersten Fahrt und trotz Lerneffekt erreichen die Fahrer in beiden Zuständen in der Fehlauslösungsfahrt eine geringere maximale Bremsstärke (s. Abb. 5.41). In aufmerksamem Zustand erreichen die Probanden mit Konzept 1 eine mittlere Bremspedalbetätigung von 48,6 % (SD = 26,3 %) und mit Konzept 2 81,3 % (SD = 21,8 %). Dies zeigt, dass die Fahrer die Situation validieren und keine blinde Reaktion einleiten. Ein Mann-Whitney-U-Test weist eine signifikant schwächere Bremspedalbetätigung mit Konzept 1 auf ($p = 0{,}003 < 0{,}05$). Auf Basis dieses Ergebnisses kann Hypothese 5 bzgl. der Bremsstärke bestätigt werden.

In abgelenktem Zustand erfolgt die Bremspedalbetätigung durch die dringlichere Warnung (Mittelwert ca. 78 %; SD ca. 25 %) signifikant stärker ($p = 0{,}009 < 0{,}05$) als die maximale Bremsstärke mit geringerer Warnintensität (Mittelwert ca. 50 %; SD ca. 28 %). Hypothese 6 ist somit bzgl. der Bremspedalbetätigung abzulehnen.

Ähnlich wie bei erster Fahrt sind die beobachteten absoluten Werte aufgrund des multimodalen Bremsens aber auch wegen der Anpassung an Versuchsaufbau auf die Realität nicht übertragbar. Dennoch können die relativen Differenzen zwischen den Gruppen auf die Realität übertragen werden [17], [28] (vgl. Abschnitt 4.3.1).

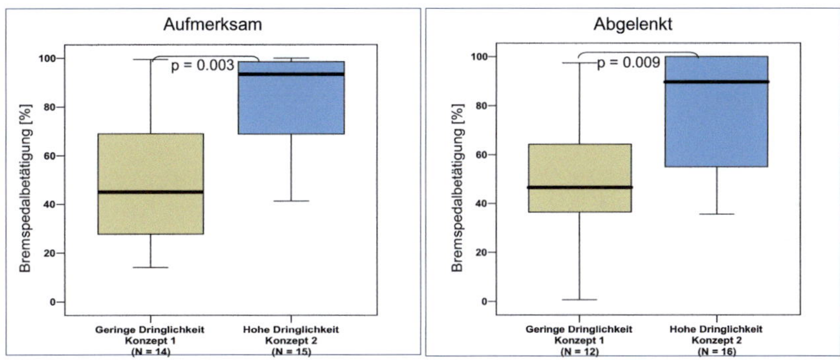


Abb. 5.41: Bremspedalbetätigung auf beide Warnintensitäten bei dritter Fahrt (Fehlauslösung). Links: in aufmerksamem Zustand. Rechts: in abgelenktem Zustand

Durch die Bremspedalbetätigung und die nachfolgenden Ergebnisse lässt sich eine Abhängigkeit des Fahrerreaktionsverhaltens von der Warndringlichkeit bei einer Fehlauslösung feststellen. Ein vergleichbarer Effekt wird in [82] beobachtet, wo unterschiedlich dringliche akustische Warnungen verglichen werden und ein erhöhtes Fahrerfehlverhalten bei hoher Warndringlichkeit festgestellt wird. Die Fahrer geraten durch die hohe Warndringlichkeit in Panik und reagieren unangemessen und riskanter [82].

## Dauer Bremspedalbetätigung

Die Dauer der Bremspedalbetätigung ist unter Berücksichtigung der Warnintensität und Zustand in Abb. 5.42 dargestellt. Aufmerksame Fahrer gewarnt mit geringer Dringlichkeit (Mittelwert ca. 2600 ms; SD = ca. 1080 ms) bremsen signifikant kürzer (p = 0,026 < 0,05) als aufmerksame Fahrer gewarnt mit hoher Warnintensität (Mittelwert ca. 4040 ms; SD ca. 1900 ms). Hypothese 5 kann somit bzgl. der Bremspedalbetätigungsdauer bestätigt werden.

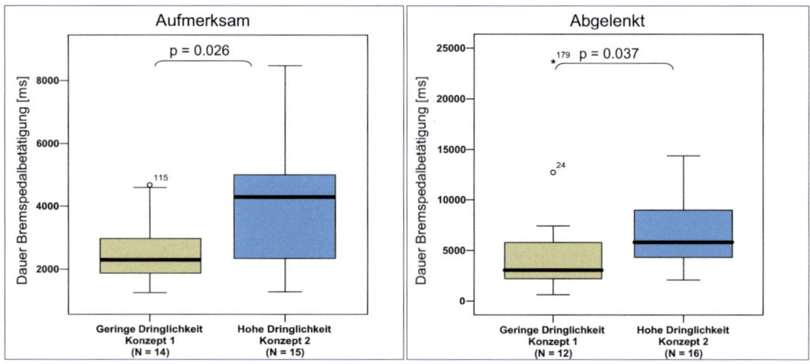


Abb. 5.42: Dauer der Bremspedalbetätigung bei beiden Warnintensitäten in dritter Fahrt (Fehlauslösung). Links: in aufmerksamem Zustand. Rechts: in abgelenktem Zustand

Bei Konzept 2 (Mittelwert ca. 6900 ms; SD = 3400 ms) ist die mittlere Bremsdauer in abgelenktem Zustand signifikant größer (0,037 < 0,05) als bei Konzept 1 (Mittelwert ca. 5640 ms, SD ca. 6530 ms). Hypothese 6 muss daher bzgl. der Bremspedalbetätigungsdauer abgelehnt werden.

Aufgrund des fehlenden vestibulären Inputs nach dem Erreichen des ersten maximalen Verzögerungswerts im dynamischen Fahrsimulator ist die

Bremspedalbetätigung in seiner gesamten Dauer auf die Realität nicht zu übertragen.

**Geschwindigkeitsabbau**

Die Konsequenz des signifikant schnelleren und stärkeren Fahrerverhaltens bei einer hohen Warnintensität im Falle einer Fehlauslösung ist, wie in Abb. 5.43 dargestellt, der signifikant höhere Geschwindigkeitsabbau mit Konzept 2 bei beiden Zuständen.

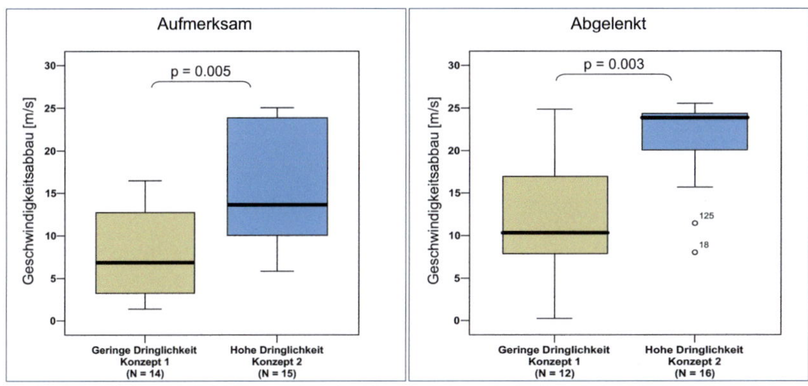

Abb. 5.43: Geschwindigkeitsabbau während der Bremspedalbetätigung bei beiden Warnintensitäten in dritter Fahrt (Fehlauslösung). Links: in aufmerksamem Zustand. Rechts: in abgelenktem Zustand

Die aufmerksamen Fahrer mit Konzept 1 (Mittlerwert ca. 8 m/s; SD ca. 5 m/s) bauen signifikant weniger Geschwindigkeit während ihrer Bremsung ($p = 0{,}005 < 0{,}05$) als die aufmerksamen Fahrer mit Konzept 2 (Mittelwert ca. 16 m/s; SD ca. 8 m/s) ab. Bzgl. des Geschwindigkeitsabbaus kann somit Hypothese 5 verifiziert werden.

Die dringlichere Warnintensität (Mittelwert ca. 21 m/s; SD ca. 5 m/s) wirkt sich beim Geschwindigkeitsabbau der abgelenkten Probanden ebenfalls signifikant (p = 0,003 < 0,05) höher aus als die geringere Dringlichkeit (Mittelwert ca. 12 m/s; SD ca. 7 m/s). Hypothese 6 ist somit für den Geschwindigkeitsabbau ebenfalls falsifiziert.

Die absoluten Werte des Geschwindigkeitsabbaus sind aufgrund des nicht übertragbaren Bremsverhaltens nach dem Erreichen der ersten maximalen Bremsverzögerung nicht auf die Realität übertragbar. Die Relationen zwischen den Gruppen sind jedoch gültig und somit auf die Realität übertragbar.

Die von beiden Konzeptgruppen und Fahrerzustände erzielten sehr hohen Werte der abgebauten Geschwindigkeit fallen deutlich auf. Eine derartige Geschwindigkeitsreduktion könnte im realen Straßenverkehr besonders gefährlich sowohl für den Fahrer als auch für nachfolgende Verkehrsteilnehmer sein. Die Erkenntnisse in [97] mit dem EVITA-Testverfahren bzgl. Fehlauslösungen mit abgelenkten Probanden, die auf einer Teststrecke untersucht wurden, nähern sich an die in dieser Untersuchung beobachteten Effekte an. Dabei wird die kleinste Geschwindigkeitsreduktion von ca. 6 km/h durch die Sitzvibration kombiniert mit einer visuellen Anzeige erreicht. Bei dem Bremsruck und der akustischen Warnung liegen jedoch 70 % der Werte bei einem Geschwindigkeitsabbau von unter 15 km/h. Die deutlich höheren abgebauten Geschwindigkeiten in der WIVW-Studie ergeben sich aufgrund der unrealistisch langen Bremspedalbetätigungen, die aufgrund des fehlenden haptischen Feedbacks im Simulator zu erklären sind. Darüber hinaus sind die in [97] beobachteten Wertebereiche trotz realistischen Fahrverhaltens auf der Teststrecke ebenfalls sehr hoch. In [97] erklärt sie Hoffmann anhand der Verhaltensanpassung am Versuchsablauf, da die Probanden vor der Fehlauslösung mehrere Fahrten mit berechtigten nicht-automatischen Eingriffen erlebten. Empfehlenswert ist die Validierung dieser Ergebnisse in weiteren wissenschaftlichen Arbeiten anhand eines zusätzlichen Versuches auf einer Teststrecke mit unberechtigten Warnungen bereits bei der ersten Fahrt (vgl. [97]).

**Anzahl der zum Stillstand gekommenen Probanden**

Eine weitere Folge des unrealistischen Bremsverhaltens ist die Anzahl der Probanden, die bei der Fehlauslösung zum Stillstand gekommen sind.
Wie in Abb. 5.44 zu sehen ist, führt sowohl bei aufmerksamem als auch bei abgelenktem Zustand die geringere Warnintensität zu weniger kritischem Verhalten, da nur ein aufmerksamer Fahrer zum Stillstand kommt.

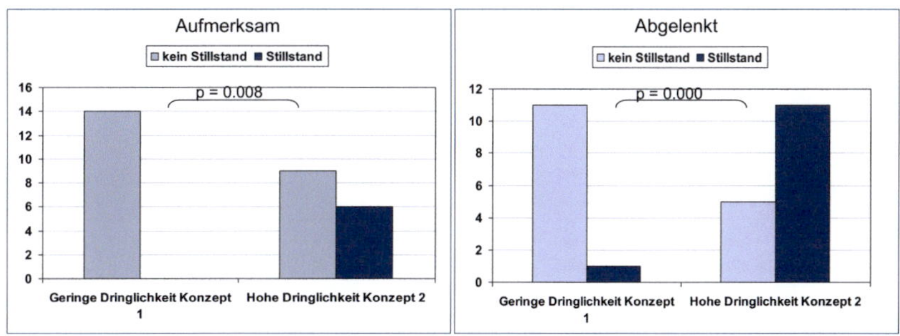


Abb. 5.44: Anzahl der zum Stillstand gekommenen Probanden bei beiden Warnintensitäten in dritter Fahrt (Fehlauslösung). Links: in aufmerksamem Zustand. Rechts: in abgelenktem Zustand

Besonders kritisch ist dieses Verhalten bei Konzept 2 insbesondere in abgelenktem Zustand, bei den 11 von 16 Fahrern das Fahrzeug komplett bis zum Stillstand abgebremst. Aufgrund der hochsignifikanten Ergebnisse ist bzgl. dieses Bewertungskriteriums Hypothese 5 zu bestätigen und Hypothese 6 abzulehnen.

**Ergebnisse der subjektiven Daten**

Abb. 5.45 zeigt die subjektive Bewertung des adaptiven Warnassistenten. Die Anzahl der Probanden, bei denen nach deren Wahrnehmung der Warnassistent eine Bremsreaktion hervorgerufen hat, ist durch eine Warnung mit hoher Dringlichkeit signifikant höher als eine Warnung mit geringer Dringlichkeit (p = 0,053). Dies zeigt eine Übereinstimmung mit den objektiven Daten und liefert eine weitere Erklärung zum schnelleren und stärkeren Fahrerverhalten bei höherer Warnintensität.

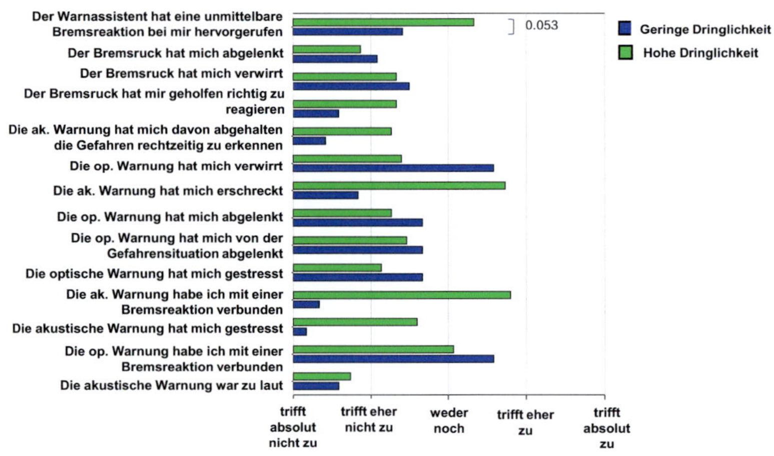


Abb. 5.45: Subjektive Bewertung des adaptiven Warnassistenten bei der ersten Fahrt in aufmerksamem Zustand

Der Bremsruck hat zwar die Fahrer weder abgelenkt noch verwirrt, die Stärke der haptischen Warnung hat sie aber laut ihrer Aussagen nicht zu einer schnelleren Entscheidung veranlasst. Diese Bewertung soll nicht überbewertet werden, da der Bremsruck unbewusst zu einer schnelleren Reaktion beitragen könnte (vgl. [65]).

Beim Punkt „die optische Warnung hat mich verwirrt" besteht auf den ersten Blick eine große Diskrepanz zwischen den Gruppen, diese ist allerdings nicht signifikant (p = 0.209). Außerdem haben sich die Probanden der Gruppe mit geringerer Dringlichkeit eher neutral hierzu geäußert und bei der anderen Gruppe war die Aussage eher negativ, d.h. es lag keine Verwirrung vor. Die optische Warnung hat bei Probanden beider Gruppen weder von der Situation noch allgemein abgelenkt. Von beiden Gruppen wurde die optische Warnung als nicht stressig bewertet (p = 0.774). Die Gruppe, die eine akustische Warnung erhalten hatte, bewertete diese als nicht zu laut. Eine leichte Tendenz zu einer schreckhaften Reaktion war allerdings aus ihrer Bewertung zu erkennen. Dies hat aber nicht zu einer schnelleren Situationsdetektion geführt.

Interessant ist die Aussage zu den Punkten „Die optische Warnung bzw. akustische Warnung konnte ich mit einer Bremsreaktion verbinden". Die Probanden, die keine akustische Warnung hatten, bewerten die optische Warnung stärker als die Probanden, die zusätzlich eine akustische Warnung hatten. Die Gruppe mit hoher Dringlichkeit bewertet die optische Warnung eher neutral. Trotzdem ist der Unterschied zwischen den Gruppen nicht signifikant (p = 0.994). Die akustische Warnung wird tendenziell mit einer Bremsreaktion als Handlungsreaktion verbunden.

Abb. 5.46 veranschaulicht die Bewertung der Warnfunktion nach der Fehlauslösung in aufmerksamem Zustand.

In der letzten Fahrt ist ein interessanter Effekt zu erkennen. Beim Punkt „der Warnassistent hat eine Bremsreaktion bei mir hervorgerufen" kommt es zu einem fast signifikanten Unterschied zwischen den Gruppen. Trotz Lerneffekt ist der signifikante Effekt von der ersten Fahrt ebenfalls bei der Fehlauslösung zu sehen.

Ähnlich wie bei der ersten Fahrt wirkt der Bremsruck weder verwirrend noch ablenkend und hat den Fahrern nicht zusätzlich geholfen, besser zu reagieren. Dasselbe gilt für die optische Warnung. Der Zusammenhang der

Bewertung der visuellen bzw. akustischen Warnung bleibt auch bei der Fehlauslösung auf dem gleichen Niveau.

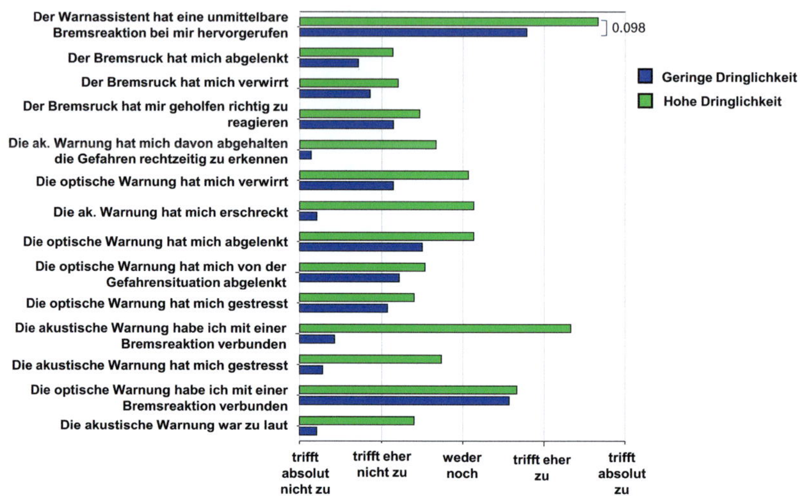


Abb. 5.46: Subjektive Bewertung des adaptiven Warnassistenten bei der dritten Fahrt in aufmerksamem Zustand

Im Gegensatz zum aufmerksamen Zustand ruft der Warnassistent bei den unaufmerksamen Probanden bei ihrer ersten Fahrt eine unmittelbare Bremsreaktion hervor (s. Abb. 5.47).

Der Bremsruck wird ähnlich wie im aufmerksamen Zustand eher unkritisch bewertet, da er weder als ablenkend noch als verwirrend empfunden wird, und führt ebenfalls nicht zu einer Bremsreaktion.

Die akustische Warnung wirkt nicht kontraproduktiv und zu laut. Sie löst ähnlich wie bei den aufmerksamen Fahrern eine schreckhafte Reaktion aus, wird aber entsprechend auch mit einer Bremsreaktion verbunden.

Die optische Warnung wirkt weder ablenkend, noch stressig oder verwirrend. Diese wird aber ähnlich wie bei einer Aufmerksamkeit als „Nebenwarnung" wahrgenommen, sobald eine akustische Warnung vorhanden ist.

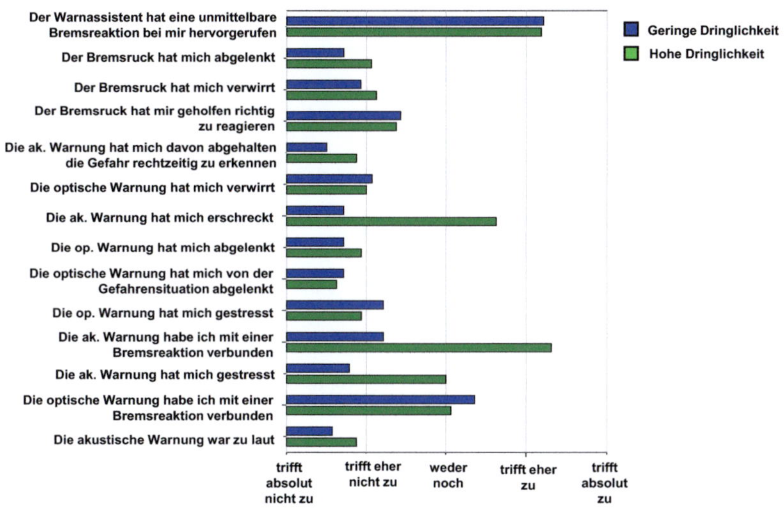


Abb. 5.47: Subjektive Bewertung des adaptiven Warnassistenten bei der ersten Fahrt in abgelenktem Zustand

Im Gegensatz zum aufmerksamen Zustand ist die unmittelbar hervorgerufene Bremsreaktion bei einer unberechtigten Warnung in abgelenktem Zustand unabhängig von der Dringlichkeit (s. Abb. 5.48).

Die akustische Warnung wirkt sich auch hier stärker als die optische Warnung aus, die damit verbundenen Bremsreaktionen sind jedoch vergleichbar. Das Erschrecken durch die akustische Warnung sinkt im Vergleich zur ersten Fahrt, jedoch bleibt die Auswirkung auf die Bremsreaktion gleich, was mit einem Lerneffekt erklärt werden kann.

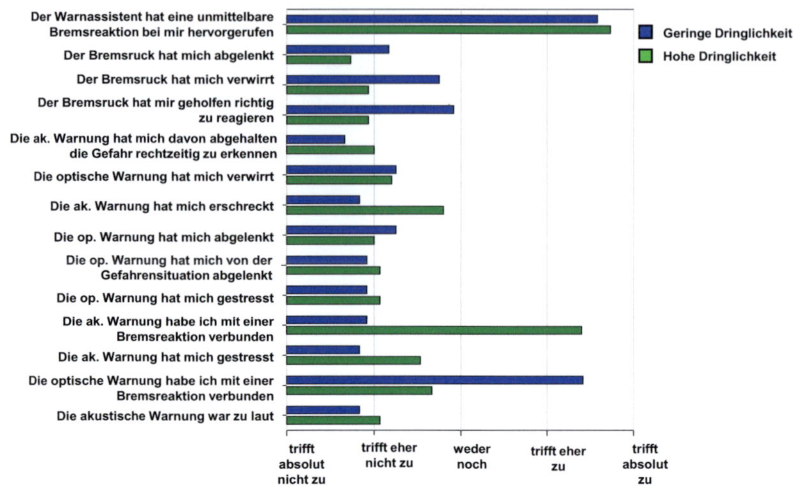


Abb. 5.48: Subjektive Bewertung des adaptiven Warnassistenten bei der dritten Fahrt in abgelenktem Zustand

### *Zusammenfassung und Schlussfolgerung*

Die Untersuchung des Nutzens und der Akzeptanz des adaptiven Warnsystems lässt neue Erkenntnisse bezüglich der Fahrer-Fahrzeug-Interaktion gewinnen. Es lässt sich beobachten, dass unabhängig vom Fahrerzustand eine Warnung mit hoher Warnintensität einen größeren Nutzen aufweist als Warnungen mit geringerer Dringlichkeit. Die hohe Warndringlichkeit bewirkt jedoch auch die Erhöhung der Wahrscheinlichkeit einer Fahrerreaktion bei einer unberechtigten Warnung.

Vermutlich aufgrund des Versuchsablaufs lässt sich eine Anpassung des Fahrerverhaltens zur Auslösung einer starken und schnellen Reaktion zur Vermeidung einer Kollision bei berechtigten Systemauslösungen beobachten, die sich jedoch auf den besonders hohen Geschwindigkeitsabbau bei einer Fehlauslösung auswirkt. Es ist zu empfehlen, die Untersuchung mit einer unberechtigten Warnung noch einmal bei einem Versuch auf einer Teststrecke durchzuführen bei dem der Fahrer direkt bei der ersten Fahrt die Fehlauslösung erlebt, um die Ergebnisse zu validieren.

Da die Untersuchung von sicherheitskritischen FAS auf einer Teststrecke besonders zeit- und kostenaufwändig aufgrund der hohen Anforderungen an die Reproduzierbarkeit und Darstellung der Szenarien sein kann, könnte die Nutzung der im Simulator gewonnenen und nicht direkt auf die Realität übertragbaren Erkenntnisse hilfreich für die Bestimmung des Fahrerfehlerverhaltens von mehreren Funktionsausprägungen sein. Hierzu zeigt Abb. 5.49 einen Vorschlag zur Vorgehensweise bei Bestimmung des Fahrerfehlverhaltens von unberechtigten Warnungen mit unterschiedlicher Warndringlichkeit.

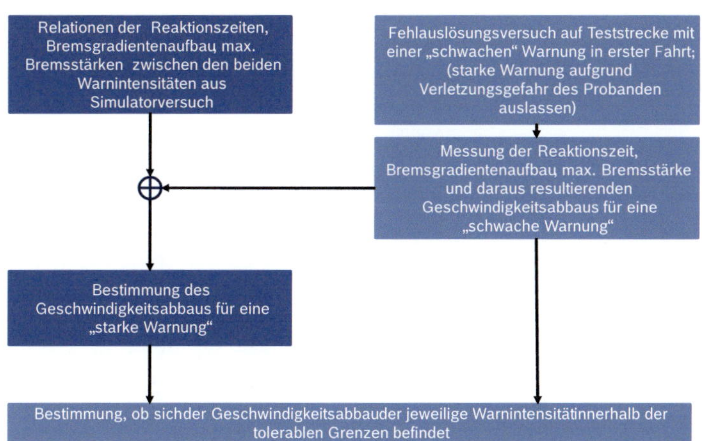


Abb. 5.49: Nutzung der Erkenntnisse aus einem Simulator- und Teststreckenversuch zur Bestimmung des Fahrerfehlverhaltens bei einem unberechtigten nicht-automatischen Eingriff

Beispielsweise kann bei einem Versuch auf einer Teststrecke das Fahrerverhalten auf eine unberechtigte Warnung mit geringer Dringlichkeit gemessen werden (d.h. Reaktionszeit, Bremsgradientenaufbau, Geschwindigkeitsabbau während der Bremspedalbetätigung). Die Erkenntnisse der Simulatorversuche über die Relationen zwischen den Gruppen mit unterschiedlicher Warndringlichkeit sind auf die Realität übertragbar und können dazu genutzt werden, um das Fahrerverhalten mit einer hohen Warndringlichkeit abzuleiten. Somit können Zeit und Kosten eingespart werden und Aussagen über die Systemfehlauswirkungen auf das Fahrerverhalten gewonnen bzw. weitere Maßnahmen diesbezüglich getroffen werden.

Die von der WIVW-Studie gewonnenen Erkenntnisse können für die Erweiterung und Optimierung des Fahrermodells für die Nutzenuntersuchung mit der neuentwickelten Methodik verwendet werden. Dadurch lassen sich besseren Aussagen über den Systemnutzen liefern.

## 5.3 Nutzenbestimmung eines Fahrerassistenzsystems mit optimiertem Fahrermodell

Wenn eine Abweichung zwischen der in empirischen Versuchen tatsächlich gemessenen und der im Fahrermodell angenommenen Fahrer-Fahrzeug-Interaktion festgestellt wird, ist diese Differenz nach dem in Kapitel 3 vorgestellten Konzept der neuentwickelten Methodik in der Fahrernachbildung wiederzugeben.

Dieser Abschnitt stellt die Vorgehensweise zur Optimierung des Fahrermodells anhand nutzerorientierten Versuchsdaten und anschließend die Bestimmung des FAS-Nutzens vor.

### 5.3.1 Vorgehensweise zur Verbesserung des Fahrermodells und Bestimmung des Nutzens eines Fahrerassistenzsystems

Die Gewinnung von neuen Erkenntnissen und empirischen Daten bezüglich des Fahrerverhaltens mit einem bestimmten FAS bietet die Möglichkeit, das Fahrermodell, welches für die Nutzenbestimmung verwendet wird, zu erweitern und verbessern. Da sich jedoch viele Aspekte auf die Fahrerreaktion auswirken können, sind als erstes, wie in Abb. 5.50 veranschaulicht, die Einflussfaktoren auf das Fahrerverhalten zu identifizieren. Zusätzlich ist zu klären, welchen Effekt jeder festgelegter Einflussfaktor auf die Verhaltensweise der Fahrer hat.

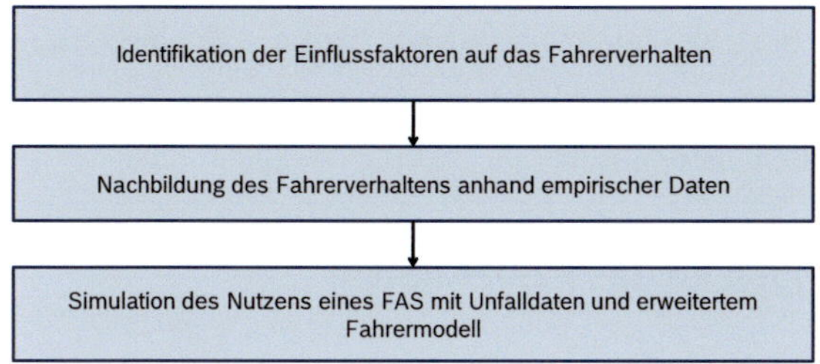


Abb. 5.50: Vorgehensweise zur Verbesserung des Fahrermodells und Bestimmung des FAS-Nutzens

Auf Basis der identifizierten Einflussfaktoren und ihrer Auswirkung auf das Fahrerverhalten sind diese anhand der empirischen Daten im Fahrermodell nachzubilden und entsprechend zu integrieren.

Anschließend ist der Nutzen mittels des optimierten FAS und des angepassten Fahrerverhaltensmodells nach der Vorgehensweise von Kapitel 4 zu bestimmen.

### 5.3.2 Ableitung eines allgemeinen Fahrermodells

Bevor mit der praktischen Umsetzung der theoretischen Vorgehensweise zur Optimierung des Fahrermodells von PEBS fortgefahren wird, besteht zuerst die Notwendigkeit ein allgemeines Fahrermodell für die Nutzenbestimmung eines FAS abzuleiten, da das zurzeit für PEBS angewendete

Modell von Georgi et al. [78] in seiner Herleitung viel zu spezifisch ist und wenige Erweiterungsmöglichkeiten bietet. Außerdem gibt es, wie aus der Zusammenfassung zum Stand der Forschung und Technik in Kapitel 2 schlussgefolgert werden kann, kein absolutes Fahrermodell zur Vorhersage des Fahrerverhaltens für jede Situation.

In diesem Abschnitt findet basierend auf festgelegten Anforderungen, die das Fahrermodell zur Nutzenbewertung von FAS erfüllen muss, eine Bewertung der bestehenden Modelle statt. Diese soll eine Orientierung bzgl. der Erweiterbarkeit und Wiederverwendung von bereits existierenden (Teil-)Modellen verschaffen.

**Anforderungen an das Fahrermodell**

Die Anforderungen, die ein Fahrermodell für die Nutzenbestimmung eines sicherheitskritischen FAS erfüllen soll, wurden in [75] festgelegt und ausgearbeitet.

- *Anwendbarkeit*: Das Modell ist für die Simulation mit Unfalldaten anzuwenden und ist mithilfe von nutzerorientierten Daten zu parametrisieren (nach [75]).

- *Validität*: Die Bestandteile des Modells sollten theoretisch argumentierbar und empirisch anhand nutzerorientierter Daten nachweisbar sein (nach [75]).

- *FAS-Integration*: Beim Modell ist die Fahrerinteraktion mit dem sicherheitskritischen FAS einzubeziehen (nach [75]).

- *Sicherheitskritische Einflussfaktoren*: Im Modell sind die menschlichen Einflussfaktoren zu betrachten, die zu einem unangemessenen Verhalten und somit zu einem Unfall führen können (nach [75]).

- *Prädiktives Reaktionsverhalten*: Für vorausschauende FAS ist es wichtig, das Fahrerverhalten mithilfe von objektiven Eingangsgrößen vorhersehen und klassifizieren zu können. Die objektiven Eingangsgrößen können sicherheitskritische Faktoren, kritische Unfallsituationen o.ä. sein, die das Fahrerverhalten beeinflussen (nach [75]).

- *Sicherheitskritisches Reaktionsverhalten*: Das Fahrerreaktionsverhalten ist anhand von Parametern auszudrücken, die für die Vermeidung einer Kollision oder Minderung von Unfallfolgen eine entscheidende Rolle spielen (nach [75]).

## Bewertung der bestehenden Fahrermodelle

Im Folgenden werden die in Abschnitt 2.4 vorgestellten Fahrermodelle anhand der abgeleiteten Anforderungen bewertet. Eine Bewertungsskala hierfür ist im Anhang D.7 zu finden. Die Bewertung entstand im Rahmen der Arbeit von Galvez et al. (vgl. [75]).

### *Bewertung des Modells von Donges*

Das Modell von Donges [56] kann nicht für die Unfalldatensimulation angewendet werden oder mit nutzerorientierten Daten parametrisieret werden. Eine theoretische Argumentation existiert teilweise aufgrund des Zusammenhangs mit dem Drei-Ebenen-Modell von Rasmussen [162]. Jedoch ist der Aufbau des Modells zum heutigen Zeitpunkt noch nicht empirisch bestätigt (vgl. [75]). Die Anwendung von sicherheitskritischen FAS ist im Modell zwar nicht miteinbezogen, in der Führungs- oder Stabilisierungsebene kann es jedoch erweitert werden. Donges betrachtet in seinem Modell nur den Einfluss der Umwelt auf das Fahrerverhalten und somit erfüllt er das Kriterium für sicherheitskritische Einflussfaktoren nicht. Eine Klassifikation oder Vorhersage des Fahrerreaktionsverhaltens ist mit dem Modell nicht möglich. Einzig lassen sich die zeitlichen Rahmen der Handlungsdauer in den einzelnen Ebenen wiederverwenden, diese sind jedoch für die Anwendung mit einem sicherheitskritischen FAS nicht ausreichend.

Eine Parametrierung des sicherheitskritischen Reaktionsverhaltens kann mit diesem Modell nicht durchgeführt werden.

### Bewertung des Modells von McRuer et al.

Das Modell von McRuer et al. [143] kann zwar für die Simulation des Fahrerlenkverhaltens angewendet werden, jedoch fehlt die Beschreibung des Reaktionsverhaltens in kritischen Situationen. Damit ist Anwendbarkeit des Modells auf Unfalldaten und sicherheitskritische FAS eingeschränkt. Desweiteren fand kein empirischer Nachweis des Modells statt. Positiv zu bewerten ist das prädiktive Reaktionsverhalten des Modells, welches durch die Qualität der Querführung wiedergegeben wird. Eine Parametrierung des Reaktionsverhaltens ist ebenfalls durch den Lenkwinkel möglich (vgl. [75]).

### Bewertung des Modells von Wilde

Die Anwendung des Modells von Wilde ist für die Simulation von Unfalldaten zwar denkbar, jedoch aufgrund der unbewussten Vorgänge nicht parametrisierbar [75]. Für dieses Modell fand nur eine theoretische Betrachtung statt. Die FAS-Integration in der Kritikalitätsmessung durch TTC (Time to Collision) ist möglich. Es sind keine menschlichen Einflussfaktoren im Modell berücksichtigt. Das Reaktionsverhalten lässt sich für sicherheitskritische Ereignisse prädiktiv beschreiben und parametrisieren.

### Bewertung des Modells von Rumar

Die Anwendung des Modells von Rumar [169] für die Nutzenabschätzung mit FAS ist zwar möglich, jedoch sind einige der Informationsverarbeitungsvorgänge nicht objektiv erfassbar. Es fand nur eine theoretische Betrachtung des Modells statt. Angesichts der Verwendung von Filtern ist die

FAS-Integration nicht möglich (vgl. [75]). Das Modell berücksichtigt menschliche sicherheitskritische Einflussfaktoren, die zu einer Klassifikation des Reaktionsverhaltens beitragen und dieses durch Parameter ausdrücken können.

### Bewertung des Modells von Näätänen & Summala

Auf Basis der fehlenden Objektivierung des subjektiven Risikos ist die Anwendbarkeit des Modells auf Unfalldaten nicht gegeben. Die Validität ist aufgrund der theoretischen Betrachtung ebenfalls nicht erfüllt. Ähnlich wie bei Wilde kann ein FAS bei einer geringen TTC-Kritikalitätsermittlung unterstützen (vgl. [75]). Das Modell von [149] berücksichtigt menschliche Einflussfaktoren. Das Reaktionsverhalten kann somit vorhergesagt und parametrisiert werden.

### Bewertung des Modells von Carsten

Das Modell von Carsten [37] kann anhand der Risikoparametrisierung mit Unfalldaten angewendet werden, wird dabei jedoch nur theoretisch betrachtet. Dieses wurde für die Anwendung mit einem sicherheitskritischen FAS abgeleitet und betrachtet menschliche Einflussfaktoren. Das Fahrerreaktionsverhalten wird leider nicht explizit behandelt.

### Bewertung des Modells von Georgi et al.

Das Modell von Georgi et al. [78] wurde speziell für die Nutzenbewertung von PEBS mit Unfalldaten entwickelt. Das Reaktionsverhalten lässt sich durch Parameter (Reaktionszeit, Bremsverhalten) ausdrücken und kann klassifiziert werden. Viele der Bestandteile des Modells wurden jedoch theoretisch anhand von Annahmen festgelegt und deren Herleitung nicht weiter argumentiert. Hierzu fehlen Angaben, wie u.a. die drei Fahrertypen, die nach ihrer Bremsreaktion von den Unfalldaten ermittelt wurden. Weiterhin wurde der Einfluss der Aktivität auf das Fahrerverhalten nicht berücksichtigt. Desweiteren fehlen Angaben, wie die Reaktionsart auf die Warnung hergeleitet wurde. Die Verteilung der Fahrerpopulation sowie die angenommenen Reaktionszeiten lassen sich ebenfalls nicht nachvollziehen. Aus diesem Grund sind die Erweiterungsmöglichkeiten des Modells eingeschränkt. Das Modell berücksichtigt nur die Fahreraktivität als Einflussfaktor, sein Einfluss auf das Fahrerreaktionsverhalten wird jedoch nicht betrachtet. Es wurden keine menschlichen Einflussfaktoren berücksichtigt. Das Fahrermodell soll außerdem nicht nur für PEBS sondern allgemein für sicherheitskritische FAS anwendbar sein.

### *Zusammenfassung der Bewertung*

Tab. 5.5 zeigt die zusammengefasste Bewertung von allen bestehenden Fahrermodellen. Davon erfüllt kein Modell alle Anforderungen gleichzeitig. Die motivationsbasierten und anwendungsorientierten Modelle bekommen die besten Bewertungen. Für die Ableitung des neuen allgemeinen Fahrermodells für sicherheitskritische FAS werden somit Teile oder Aspekte der positiv bewerteten Modelle berücksichtigt.

Für den Zusammenhang zwischen Fahrer, Fahrzeug, FAS und Umwelt kann das Modell von Donges hilfreich sein (vgl. [75]). Die menschlichen Einflussfaktoren und ihr Einfluss auf die Informationsverarbeitungskette kann von den Modellen von Rumar und Carsten wiederverwendet werden. Das Modell von Rumar erfüllt zusätzlich die Anforderung für eine Vorhersage des Fahrerverhaltens. Die anwendungsorientierte Vorgehensweise und die Ableitung einer sicherheitskritischen Reaktionsvorgehensweise von Georgi et al. können wiederverwendet werden.

| Modell<br><br>Anforderung | Donges | McRuer et al. | Wilde | Rumar | Näätänen & Summala | Carsten | Georgi et al. |
|---|---|---|---|---|---|---|---|
| Anwendbarkeit | – | – | – | – | – | + | + |
| Validität | – | – | – | – | – | – | – |
| FAS-Integration | + | – | + | – | + | + | – |
| Sicherheits-kritische Ein-flussfaktoren | – | – | – | + | + | + | – |
| Prädiktives Reaktionsver-halten | – | + | + | + | + | – | + |
| Sicherheits-kritisches Reaktionsver-halten | – | + | + | + | + | – | + |

Tab. 5.5: Bewertung der bestehenden Fahrermodelle (nach [75])

## Konzept des abgeleiteten allgemeinen Fahrermodells

Abb. 5.51 zeigt das abgeleitete allgemeine Fahrermodell im Zusammen-hang mit der Umwelt und der Fahrzeugführung. Ähnlich wie bei Donges [56] beeinflusst die Umwelt die Fahraufgabe, indem sie sich auf die menschlichen Einflussfaktoren sowie die Informationsverarbeitung und somit indirekt auf das Reaktionsverhalten in einer kritischen Situation auswirkt. Die eingeleitete Handlungen beeinflussen somit die Fahrzeugfüh-rung und folglich die Umwelt.

Die neue Komponente in diesem Modell ist das sicherheitskritische FAS, das den Fahrer durch automatische und nicht automatische Eingriffe unter-stützen soll. Wenn eine Erfassung der menschlichen Einflussfaktoren (wie z.B. Fahrerzustand, Erwartung, etc.) möglich ist, kann sich das FAS am jeweiligen Faktor adaptieren (*FAS-Adaptation*). Das System kann Informationen zur aktuellen Verkehrssituation an den Fahrer leiten (*Fahrerunter-stützung*), die an die Fahrerinformationsverarbeitung adressiert sind.

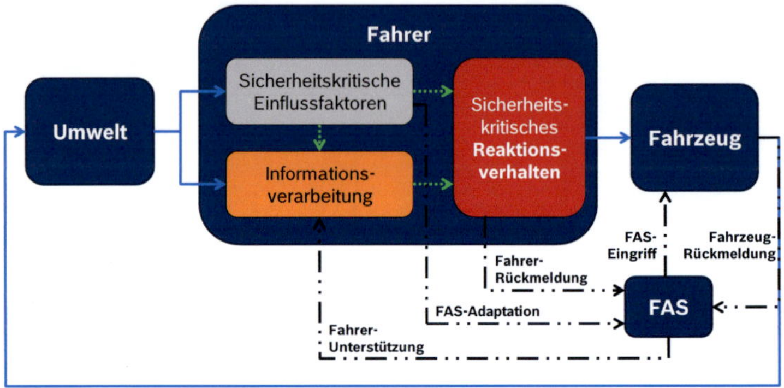


Abb. 5.51:  Das Konzept des abgeleiteten allgemeinen Fahrermodells [75]

Nach der Detektion, Wahrnehmung und Interpretation der angebotenen Assistenz vollzieht der Fahrer eine sicherheitskritische Reaktionshandlung, die ebenfalls dem FAS rückgemeldet wird (*Fahrerrückmeldung*). Die Auslösung eines Eingriffs durch das FAS wird an die Längs- oder Querführung weitergegeben (*FAS-Eingriff*), die jeweils den aktuellen Stand der Ausführung dem System mitteilt (*Fahrzeugrückmeldung*).

Eine detaillierte Beschreibung der in diesem Modell betrachteten menschlichen sicherheitskritischen Einflussfaktoren, der Fahrerinformationsverarbeitung und folgendem sicherheitskritischen Reaktionsverhalten sowie deren Zusammenhang ist in Abb. 5.52 dargestellt.

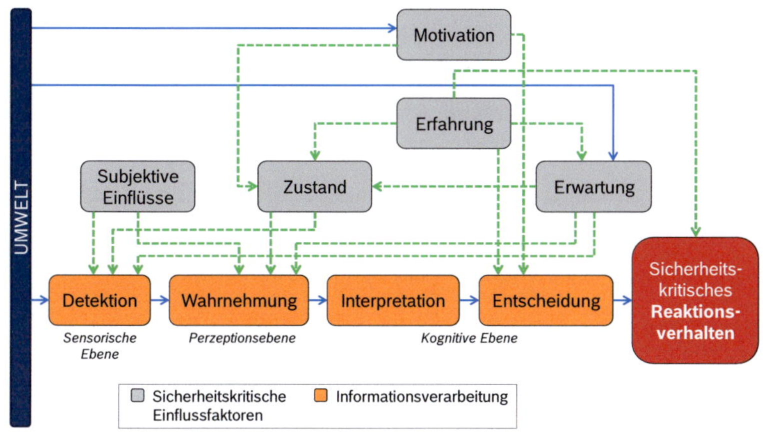


Abb. 5.52: Zusammenhang zwischen den menschlichen sicherheitskritischen Einflussfaktoren, der Informationsverarbeitung und dem Reaktionsverhalten [75]

### *Informationsverarbeitung*

Im Zusammenhang mit FAS eignet sich die Informationsverarbeitungsbeschreibungen von [[107] zitiert nach [159]] sowie von [[18] zitiert nach [83]], die die direkte Auswirkung auf das Reaktionsverhalten berücksichtigen.

- Die Detektion ist der Prozess, bei dem ein Objekt auf der Straße erkannt wird (vgl. [75]). Die Zeitdauer dieses Prozesses ist abhängig vom Sinneskanal, mit dem es aufgenommen wird. Dieser Vorgang verläuft somit auf der sensorischen Ebene.

- Die Wahrnehmung ist der Prozess, bei dem die Bedeutung einer Sinnesempfindung erkannt wird. Dieser läuft in der Perzeptionsebene ab. Für das Verständnis erfordert dieser Vorgang die Informationsanwendung aus dem Gedächtnis.

237

- Die Interpretation ist der Schritt, bei dem die Bedeutung der wahrgenommenen Information extrahiert und der zukünftige Situationsablauf in der kognitive Ebene vorausschauend abgespielt wird. Die Wahl von falschen Gedächtnismustern kann zur Fehlinterpretation führen.

- Die Entscheidung über eine Reaktion und die kognitive Projektion der Bewegung ist der letzte Vorgang der Informationsverarbeitungskette. Dieser verläuft ebenfalls in der kognitiven Ebene ab.

### *Sicherheitskritische Einflussfaktoren*

Die Ableitung und Definition der menschlichen sicherheitskritischen Einflussfaktoren wurde bereits in Abschnitt 5.2.2 durchgeführt. Im Folgenden werden die Zusammenhänge zwischen den einzelnen Faktoren und der Informationsverarbeitung verdeutlicht, die in [75] ausgearbeitet wurden.

- Zustand: In [161] beschreiben die Autoren die möglichen Folgen einer Ablenkung und somit des Fahrerzustands. Diese kann zu einer Verminderung des Situationsbewusstseins, des Entscheidungsvermögens und der Fahrleistung führen [161]. In [192] lassen die Autoren das Situationsbewusstsein in Objektdetektion, das Verständnis des Objekts und die Vorhersage der künftigen Ereignisse unterteilen. Verglichen mit der Definition der Informationsverarbeitung beinhalten beide vergleichbare Schritte. Es ist ein gutes Situationsbewusstsein notwendig, damit richtige Entscheidungen und somit ihre Umsetzung erbracht werden können [192]. Desweiteren beeinflusst das Situationsbewusstsein die Fahrererfahrung, die Persönlichkeit sowie die physischen und kognitiven Fähigkeiten [192]. Die Aufmerksamkeit und das Situationsbewusstsein sind somit zwei voneinander abhängige Begriffe, die ähnliche Auswirkungen auf das Fahrerverhalten haben. In Abb. 5.52 sind somit die Einflüsse der Motivation, Erwartung und Erfahrung auf den Zustand dargestellt. Der Fahrerzustand hat seinerseits Auswirkung auf die Detektion und Wahrnehmung.

238

- Erwartung: In [154] ziehen die Autoren die Schlussfolgerung, dass die Umgebung und das Verhalten von anderen Verkehrsteilnehmern einen Einfluss auf die Erwartung haben. Nach [189][26] lassen sich die Detektionsvorgänge und folglich die Wahrnehmungsvorgänge aufgrund der Erwartung beschleunigen. Der Einfluss der Erwartung und des Zustands auf die Detektion und Wahrnehmung unterscheiden sich, denn bei der Aufmerksamkeit wird die Verarbeitung der Information mit der höchsten Relevanz für die menschlichen Ziele priorisiert (vgl. [189]).

- Motivation: Auf Basis des Fahrermodells von Wilde [212] und der Definition der Motivation lässt sich schlussfolgern, dass die Umwelt einen Einfluss auf das Risikoverhalten und somit die Motivation des Fahrers hat. Mit der Sensation Seeking Theorie [225] lässt sich erklären, warum ein High Sensation Seeker dazu neigt, sich während der Fahrt ablenken zu lassen und z.B. eine SMS nebenbei schreibt. Ein Low Sensation Seeker traut sich im Gegensatz wenig oder überhaupt nichts zu riskieren und lässt sich aus diesem Grund nicht ablenken. Somit existiert ein Zusammenhang zwischen der Motivation und dem Zustand. Darüber hinaus wirken sich die Motivation und das Risikoverhalten auf die Entscheidung für eine Reaktion aus. Beispielsweise würde ein Low Sensation Seeker sofort bei einer kritischen Situation ein Manöver einleiten. Ein High Sensation Seeker würde aufgrund der höheren Risikobereitschaft eher dazu tendieren im letzten Moment zu bremsen oder auszuweichen. Dies bedeutet, dass die Motivation auch die Entscheidung beeinflusst.

---

[26] „Erstens, Erwartungen können die Akquisition von visueller Information vorantreiben, denn konstante Umgebungsmerkmale müssen nicht jedes Mal in gleicher Tiefe verarbeitet werden. Zweitens, Erwartungen vereinfachen die Interpretation von visuellen Reizen, (...) indem sie die Verarbeitung mit kontextabhängigen Wahrscheinlichkeiten unterstützen." [[189] zitiert nach [75]].

- Erfahrung: In [200] wird gezeigt, dass die Fahrererfahrung einen Einfluss auf das visuelle Fahrerverhalten hat, das sich durch aufgezeichnete Fixation beschreiben lässt (zitiert nach [75]). Die Fixation kann jedoch in einen Zusammenhang mit der Lenkung der Aufmerksamkeit gebracht werden. Somit wirkt sich die Erfahrung auf den Zustand aus. Zusätzlich können erfahrene Fahrer viel besser ihre Erwartung bzgl. der Verkehrssituation oder anderer Verkehrsteilnehmer ableiten [200]. Dies bedeutet, dass die Erfahrung ebenfalls einen Einfluss auf die Erwartung hat. Da erfahrene Fahrer besser wissen, wie und mit welchen Maßnahmen sie in einer kritischen Situation zu reagieren haben (vgl. [102], [169], [37]), existiert ein Zusammenhang zwischen der Erfahrung und Entscheidung, sowie Erfahrung und Reaktionsverhalten.

- Subjektive Einflüsse: Laut [153] nimmt mit dem Alter die Sehschärfe, Pupillengröße, die Kontrastempfindlichkeit sowie das Gesichtsfeld ab, die Linse wird dunkler und die Blendungsempfindlichkeit nimmt zu. Die erhöhte Blendungsempfindlichkeit und das geringere Gesichtsfeld beeinflussen somit die Detektion. Die Wahrnehmung hängt im Gegensatz dazu von der verminderten Kontrastempfindlichkeit sowie Sehschärfe ab.

### 5.3.3 Erweiterungs- und Optimierungsmöglichkeiten des Fahrermodells für PEBS anhand des Fahrerzustands

Als nächstes soll das im Abschnitt 5.3.2 abgeleitete allgemeine Fahrermodell am PEBS angewendet werden. Hierzu sind die Daten zur Untersuchung des Nutzens des adaptiven Warnsystems anzuwenden. Mithilfe der nutzerorientierten Daten der Studie im WIVW-Simulator ist somit nach der neuentwickelten Methodik (vgl. Kapitel 3) das Fahrermodell zu optimieren und zu erweitern. Die Messdaten der Probandenstudie sollen somit für die Parametrisierung der sicherheitskritischen Einflussfaktoren und des erfassten sicherheitskritischen Reaktionsverhaltens genutzt werden.

## Relevante sicherheitskritische Einflussfaktoren

Für die Wahl der relevanten sicherheitskritischen Einflussfaktoren müssen die folgenden Voraussetzungen erfüllt sein:

- Der Einflussfaktor ist im allgemeinen Fahrermodell enthalten.
- Der Einflussfaktor wurde bei einer Studie im WIVW-Simulator untersucht.
- Der Einflussfaktor ist auf die Simulation mit den GIDAS-Unfalldaten übertragbar.

Sollte eine dieser Voraussetzungen nicht erfüllt sein, kann der Aspekt nicht berücksichtigt werden.

### *Zustand*

### Untersuchung des Zustands in der WIVW-Studie

Die Untersuchung des Fahrerverhaltens in unterschiedlichen Zuständen war das Hauptziel der Probandenstudie.

### Übertragbarkeit des Zustands auf die Nutzensimulation mit Unfalldaten

Da der Zustand des Fahrers bei einem Unfall in GIDAS nur anhand von Befragungen ermittelt wird, ist die Qualität und somit die Zuverlässigkeit dieser Variable sehr gering. Aus diesem Grund kann der Fahrerzustand nur anhand von Verteilungen, die aus der Literatur abzuleiten sind, berücksichtigt werden.

Wie bereits in Abschnitt 4.2.2 diskutiert wurde, wird in [124] anhand einer Auffahrunfallanalyse aus einer Unfalldatenbank in den USA ermittelt, dass Unaufmerksamkeit die Hauptursache bei 70% der Unfälle ist. Eine weitere Untersuchung von über 200 000 Unfällen in Australien liefert eine ähnliche

Aussage, nämlich bei 73,8% aller Auffahrunfälle ist die Unaufmerksamkeit der Grund dafür [10]. Die großen Datenmengen sprechen für eine repräsentative Aussage. Die Daten werden jedoch anhand von Polizeiberichten erfasst und sind leider nicht in dem hohen Detailierungsgrad beschrieben, der für diese Nutzenuntersuchungsmethodik notwendig ist.

In der 100-Car-Naturalistic-Driving-Study wird festgestellt, dass bei 87% der Auffahrunfälle Unaufmerksamkeit die Ursache ist [127]. Der prozentuale Anteil ist hier höher, da sich für die Zeitdauer von einem Jahr, in dem 100 Fahrzeuge im realen Straßenverkehr gefahren sind, nur 15 Auffahrunfällen ereigneten. Die Qualität der Aussagen ist hier zwar höher, jedoch aufgrund der geringen Unfallanzahl ist die Übertragbarkeit auf das PEBS-Wirkfeld von 1001 Auffahrunfällen sehr begrenzt.

Aus diesem Grund wurde die Verteilung mit geringerer Unaufmerksamkeitsbeteiligung gewählt, d.h. abgelenkt 70%, aufmerksam 30% (vgl. [75]).

*Erwartung*

### Untersuchung der Erwartung in der WIVW-Studie

In Abschnitt 5.2.2 wurde gezeigt, dass die Erwartung einen signifikanten Einfluss auf die Reaktionszeit und die Verzögerungsaufbauzeit hat.

### Übertragbarkeit der Erwartung auf die Nutzensimulation mit Unfalldaten

GIDAS und jede andere Unfalldatenbank kann keine Informationen bzgl. der Erwartungshaltung der Fahrer vor der Kollision zur Verfügung stellen. Somit ist die Erwartung anhand der Daten indirekt zu ermitteln.

Es existieren zwei wichtige Aspekte für die Bildung einer Erwartung. Zum einen tragen die Umwelt und das Verhalten des vorausfahrenden Fahrzeugs dazu bei, dass der Fahrer eine nahende kritische Situation als wahrscheinlich erachtet. Zum anderen sind der zu geringe Abstand zum Vordermann und die Lenkung der Aufmerksamkeit weg vom vorausfahrenden Fahrzeug die Folgen eines nicht erwarteten kritischen Ereignisses (vgl. [10], [16], [54]). Da die Betrachtung des Umwelteinflusses auf das Fahrerverhalten jedoch kein Gegenstand dieser Arbeit ist, wird für die Simulation mit den GIDAS-Unfalldaten nur das Verhalten des Vordermanns berücksichtigt.

Es findet eine Anpassung des Fahrerverhaltens am vorausfahrenden Fahrzeug statt, die durch die TTC, beschrieben wird [[147] zitiert nach [75]]. Hierbei wird die TTC als eine Näherung für die Zeitdauer bis zur Kollision verwendet, die in Abb. 5.53 verdeutlicht und anhand Gl. (5.4) berechnet wird. Bremst das vorausfahrende Fahrzeug CO $(i - 1)$ (vgl. Abb. 5.53), so braucht der Fahrer des Ego-Fahrzeug $(i)$ eine bestimmte Zeit zur Reaktion, um seine Bremsung einzuleiten.

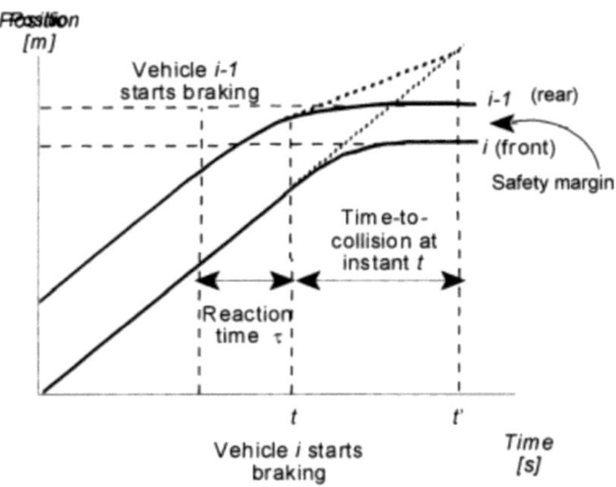


Abb. 5.53: Darstellung der TTC in Abhängigkeit der Fahrzeug-Trajektorien [[145] nach [75]]

In [[95] zitiert nach [75]] schlagen die Autoren eine TTC-Schwelle von 4 s zur Unterscheidung der Kritikalität der Situation vor. Unterhalb dieser

Zeitschwelle befindet sich der Fahrer unfreiwillig in einer kritischen Situation und oberhalb der Zeitschwelle hat er die Situation unter Kontrolle.

$$TTC(t) = \frac{Folgeabstand(t)}{v_{ego}(t) - v_{co}(t)} \qquad (5.4)$$

In [202] beschreiben die Autoren die Erwartung einer kritischen Situation durch den Zeitpunkt, bei dem eine Handlung initiert werden sollte, womit die Kollision vermieden werden kann. Mithilfe einer Probandenuntersuchung[27] ermitteln die Autoren in [202] die Daten der $TTC_{br}$, die eine subjektive Größe ist und die von den Versuchspersonen geschätzte Dauer einer kollisionsvermeidenden Bremsung wiedergibt. Die beste Interpolation der Daten für die Berechnung von $TTC_{br}$ wird nach Van der Horst durch Gl. (5.5) [28] gegeben [[202] zitiert nach [75]]. Hierbei ist $v$ $[m/s]$ die Eigengeschwindigkeit.

$$TTC_{br} \; [s] = 0{,}4 + \frac{v}{3{,}39 + 0{,}25v} \qquad (5.5), [202]$$

$TTC_{br}$ kann somit zur Schätzung der subjktiv-empfundenen Kritikalität der Situation verwendet werden.

Es gilt [75]:

---

[27] Die Probanden wurden instruiert, den letzt-möglichen Zeitpunkt deutlich zu machen, bei dem es möglich wäre erfogreich anhalten zu können. Dies passiert während sie sich einem stationären Objekt annähern. Die Annäherungsgeschwindigkeit variiert zwischen 40 und 120 km/h [202].

[28] In dieser Arbeit stellt Gl. (5.5) eine konservative Näherung dar, da in vielen der GIDAS-Unfälle auf ein vorausfahrendes Fahrzeug gebremst wird. Somit ist die Zeitdauer bis zur Kollision länger und die Situation weniger kritisch.

- TTC < $TTC_{br}$ (Unfall unvermeidbar laut der subjektiven Meinung der Versuchspersonen nach [202]): Fahrer befindet sich unfreiwillig in der Situation, kritische Situation unerwartet.
- TTC > $TTC_{br}$ (Unfall noch vermeidbar laut der subjektiven Meinung der Versuchspersonen nach [202]): Fahrer hat die Situation unter Kontrolle: kritische Situation erwartet.

Die Berechnung des Zeitpunkts $t_{TTC}$, die dieselbe Größe wie in Abb. 5.53 und Gl. (5.4) ist, erfolgt zum Verzögerungsbeginn des Ego-Fahrzeugs. In GIDAS existieren jedoch auch Fälle, bei dem Ego nicht bremst. In diesem Fall wird $t_{TTC}$ zum CO-Bremsstart berechnet. Desweiteren sind Daten vorhanden, wo weder CO noch Ego verzögern. Da die Unfallsimulation zur Nutzenbestimmung von PEBS durchgeführt wird, ist eine Unterstützung für den GIDAS-Fahrer durch die Warnfunktion von PEBS vorhanden [75]. Bei diesen Fällen wird $t_{TTC}$ zum Zeitpunkt der Auslösung der Warnung berechnet. Es gibt noch wenige Fälle, wo eine CO-Verzögerung vorhanden ist, aber $v_{ego} = v_{co}$ (TTC $\rightarrow \infty$). Hierzu wird $t_{TTC}$ 250 ms[29] nach dem CO-Bremsstart berechnet. Diese Vorgehensweise ist zulässig, da es nicht lange dauern kann bis $v_{ego} \neq v_{co}$ und die Fahrzeuge kollidieren. Diese Fälle stellen die Minderheit aller sonstigen Fälle dar und verfälschen nicht die Berechnungen, da bei diesem verschobenen Zeitpunkt noch kein Unfall stattgefunden hat [75]. Darüber hinaus findet in ca. 98 % dieser Fälle die CO-Bremsung zeitlich vor der EGO-Bremsung statt, so dass eine differenzierte Betrachtung nicht notwendig ist [75].

### Weitere Faktoren

Die Motivation war kein Gegenstand der Probandenstudie.

---

[29] Der Wert wurde empirisch ermittelt.

Die Erfahrung und subjektive Einflüsse können aufgrund der zu geringen Stichproben nicht untersucht werden.

## Relevante Variablen zur Parametrisierung des sicherheitskritischen Reaktionsverhaltens

### *Reaktionszeit*

Die Definition der Reaktionszeit entspricht derjenigen nach Abschnitt 5.2.2. Wie dort festgestellt wurde, wirkt sich die Reaktionszeit signifikant auf das Vermeidungspotenzial von PEBS aus.

Problematisch bei der Simulation mit den GIDAS-Daten ist die Verwendung einer Reaktionszeit (z.B. Mittelwert) für das gesamte Wirkfeld, da, wie bereits in Kapitel 4 diskutiert wurde, die Reaktionszeiten von vielen Faktoren beeinflusst werden können.

In [55], [47], [100], (u.a. auch das Modell von Burckhardt) wird die Nutzung von mathematischen Verteilungsfunktionen zur Beschreibung der Reaktionszeiten vorgeschlagen. Diese Vorgehensweise ist darin begründet, dass bei der Ermittlung von Reaktionszeiten aus einer Grundgesamtheit eine Stichprobe entnommen wird [75]. Durch die Nutzung einer geeigneten Verteilung, die die Reaktionszeiten beschreiben kann, wird sichergestellt, dass diese repräsentativ zur Grundgesamtheit sind.

Als bestgeeignete Verteilungsfunktion gilt die Weibull-Verteilungsfunktion (vgl. [47]) (für die abgeleiteten mathematischen Funktionen siehe Anhang 0). Eine zeitlich verschobene Weibull-Verteilung liefert noch bessere Ergebnisse, da die Reaktionszeiten eines Fahrers nicht null betragen können [75].

Für die Anwendung auf die Daten, die im WIVW-Simulator aufgezeichnet wurden, werden die Reaktionszeiten der einzelnen Gruppen durch einen Signifikanz-Test (Anderson-Darling, ähnliche dem Kolmogorov-Smirnov Test) auf eine Weibull-Verteilung geprüft (vgl. [75]). Wenn das Ergebnis dieser Tests keine Signifikanz liefert (d.h. p > 0,05), liegt eine mit der Weibull-Verteilung vergleichbare Verteilung vor. Alle Gruppen weisen eine Weibull-Verteilung auf.

Als nächstes werden die Reaktionszeiten für alle Bedingungen (d.h. die verschiedenen Gruppen) anhand der zeitlich-verschobenen parametrisierten Weibull-Verteilung erzeugt.

Im darauffolgenden Schritt werden die Original-Reaktionszeiten mit den neu erstellten Reaktionszeiten anhand eines Signifikanz-Tests (Kolmogorov-Smirnov) verglichen, um sicherzustellen, dass sich die beiden Verteilungen nicht voneinander unterscheiden.

Durch diese Vorgehensweise lassen sich somit beliebig viele Reaktionszeiten für die entsprechende Bedingung bei der GIDAS-Unfallsimulation repräsentativ erzeugen [75]. Wenn beispielsweise klassifiziert werden soll, dass es 700 Fälle gibt, bei denen der Fahrer abgelenkt war und die Situation nicht erwartet wurde, können 700 Reaktionszeiten generiert werden, die diese Bedingung erfüllen und den unterschiedlichen GIDAS-Fahrern zugewiesen werden können.

***Bremsverlauf***

Im Abschnitt 5.2.2 wurde gezeigt, dass der Aufbau eines Bremsgradienten bzw. einer Bremsverzögerung ebenfalls einen wichtigen Einfluss auf die Kollisionsvermeidung bzw. Unfallfolgenminderung haben kann. Aus diesem Grund wird der Bremsverlauf zusätzlich zur Reaktionszeit als sicherheitskritischer Reaktionsverhaltensparameter aufgenommen. Hierzu wird die Fahrerbremsverzögerung betrachtet, d.h. jegliche Eingriffe wie beispielsweise Teilbremsung oder Zielbremsung, sind nicht enthalten.

Im Gegensatz zu den Reaktionszeiten ist in der Literatur keine ähnliche Methode zur Bremsverzögerungsapproximation bekannt. Aus diesem Grund wird in dieser Arbeit der Median-Wert von allen Bremsverzögerungen einer Bedingung[30] gebildet und diese für die entsprechende Bedingung als Verzögerungsvorgang in die GIDAS-Simulation verwendet (vgl. [75]). Der Vorteil des Medians im Vergleich zum Mittelwert ist seine Robustheit gegen Ausreißer, die bei nutzerorientierten Versuchen nicht vermeidbar sind. Durch die Mediananwendung ist keine Verfälschung der Ergebnisse zu erwarten (s. Anhang D.9).

Wie bereits in Abschnitt 4.3.1 diskutiert wurde, entsteht im Simulator aufgrund des fehlenden vestibulären Inputs nach dem Erreichen des ersten Verzögerungsmaximums eine auf die Realität nicht übertragbare Verzögerung. Empirisch wurde untersucht, ob sich die Standardabweichung nach einem bestimmten Zeitpunkt drastisch erhöht (vgl. Anhang D.9). Dies geschieht ca. 1,4 Sekunden nach Verzögerungsbeginn. Aus diesem Grund wurde der Medianwert nur bis zu diesem Zeitpunkt betrachtet. Danach wird der letzte Medianwert als konstant bis zum Ende der Bremspedalbetätigung angenommen.

Im Vergleich zu Georgi et al. [78], die die Verzögerung in Form eines Sprungs von 0 auf einen bestimmten Wert umgesetzt haben, können mit der oben genannten Medianwertbestimmung die Verzögerungsvorgänge den realen Fahrer realistisch nachbilden.

---

[30] Die entsprechende Gruppe in bestimmten Aufmerksamkeitszustand und Erwartungshaltung sowie gewarnt durch bestimmtes Warnkonzept.

### Fehlende Reaktion

Im Simulator haben alle Probanden bei der kritischen Situation durch Bremsen und/oder Ausweichen reagiert. In der Literatur existieren jedoch unterschiedliche Meinungen und Angaben bzgl. des Anteils der nicht reagierenden Fahrer bei Auffahrsituationen. Aus diesem Grund wurde die Annahme von Georgi et al. [78] übernommen, dass 10% der Fahrer bei einer Auffahrsituation nicht bremsen. Bei diesem Anteil wird somit keine Bremsverzögerung an die GIDAS-Simulation ausgegeben.

### Anpassung der Daten

Wie in Abb. 5.30 dargestellt, gibt es bei der Probandenstudie zwei Gruppen, deren Bedingungen bei der zweiten Fahrt gleich waren.

- Fahrt 2:Versuchsgruppe, unaufmerksam, Konzept 2; Kontrollgruppe, unaufmerksam, Konzept 2.
- Fahrt 2: Versuchsgruppe, aufmerksam, Konzept 1; Kontrollgruppe, aufmerksam, Konzept 1.

Es konnte kein signifikanter Unterschied zwischen dem Reaktionsverhalten bei erwartetem Ereignis nachgewiesen werden (vgl. Abb. 5.37, Abb. 5.38). Daher werden die Gruppen mit den gleichen Bedingungen in einer Gruppe zusammengefasst, um größere Stichproben zu erhalten (s. Abb. 5.54).

In Bezug auf den sicherheitskritischen Einflussfaktor der Erwartung fehlen jedoch zwei Bedingungen:

- Fahrt 2: Aufmerksam, Konzept 2
- Fahrt 2: Unaufmerksam, Konzept 1.

Das Reaktionsverhalten dieser Gruppen kann nur geschätzt werden. Im Abschnitt 5.2.2 wurde gezeigt, dass die Erwartung der kritischen Situation den größten Einfluss auf das Reaktionsverhalten in zweiter Fahrt hat. Die Intensität der Warnung spielte eine untergeordnete Rolle. Hierzu wurde eine Verbesserung der Reaktionszeit bei den aufmerksamen Fahrern um 0,2

Sekunden und bei den unaufmerksamen um 0,1 Sekunden festgestellt. Die zwei fehlenden Bedingungen werden anhand der existierenden Daten aus den anderen Gruppen und die dazu ermittelten Relationen offline simuliert und folgendermaßen generiert (s. Abb. 5.54):

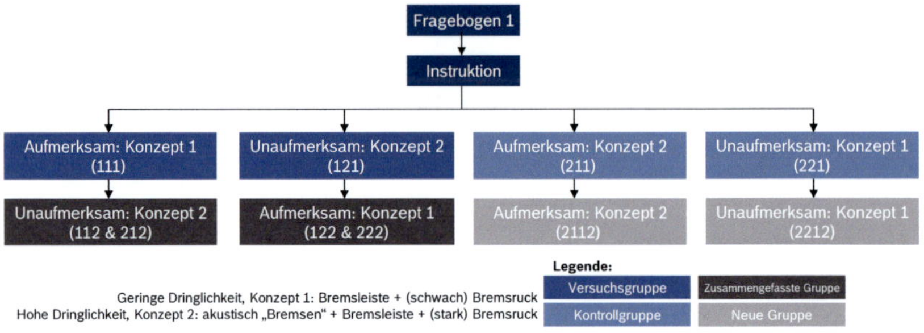


Abb. 5.54:  Anpassung der Daten aus der WIVW-Probandenstudie

- Fahrt 2, Aufmerksam, Konzept 2 wurde durch die Verbesserung der Reaktionszeiten um 0,2 s bezogen auf die Kontrollgruppe mit aufmerksamen Zustand und Konzept 2 in der ersten Fahrt generiert.

- Fahrt 2, Unaufmerksam, Konzept 1 wurde durch die Verbesserung der Reaktionszeiten um 0,1 s bezogen auf die Kontrollgruppe mit unaufmerksamen Zustand und Konzept 1 in der ersten Fahrt erzeugt.

Mit der gleichen Methode wird versucht, die Verschiebung der Betätigungszeiten festzustellen. Da jedoch die Gruppe mit Konzept 2 bessere Zeiten erzielte, wird diese Methode bei den Bremsverläufen zu einer Verfälschung der Ergebnisse führen. Aus diesem Grund werden die Bremsverläufe für die fehlenden Bedingungen von den Gruppen der ersten Fahrt unverändert übernommen.

### 5.3.4 Nutzenbestimmung von PEBS unter Anwendung des erweiterten Fahrermodells

## Ablauf der Nutzenbestimmung

Abb. 5.55 zeigt den Ablauf der Nutzenbestimmung von PEBS mit dem in Abschnitt 5.3.3 anhand des Fahrerzustands erweiterten Fahrermodell.

Mit den GIDAS-Daten wird, wie in Kapitel 4 bereits erklärt, zuerst das Wirkfeld des FAS bestimmt, als nächstes der Initialzustand des Unfalls rekonstruiert und zum Schluss das GIDAS-Unfallgeschehen simuliert.

Die Daten der Unfallrekonstruktion werden sowohl für die Simulation der Unfallentwicklung mit PEBS als auch für die Klassifikation der Erwartungshaltung des Fahrers anhand der TTC genutzt. Mithilfe der WIVW-Daten wird anhand der Erwartung und des Zustands das Reaktionsverhalten des Fahrers (Reaktionszeit und Bremsverlauf) parametrisiert. Auf das Reaktionsverhalten hat ebenfalls PEBS bzw. die Warnung einen Einfluss. Durch die PEBS-Nachbildung, das nachgebildete Fahrerverhalten anhand des Fahrermodells und den Unfallinitialzustand, wird die Unfallentwicklung mit PEBS simuliert.

Durch die Mittelwert-Differenzbildung der beiden Simulationen aller Unfälle vom Wirkfeld wird der Nutzen bestimmt.

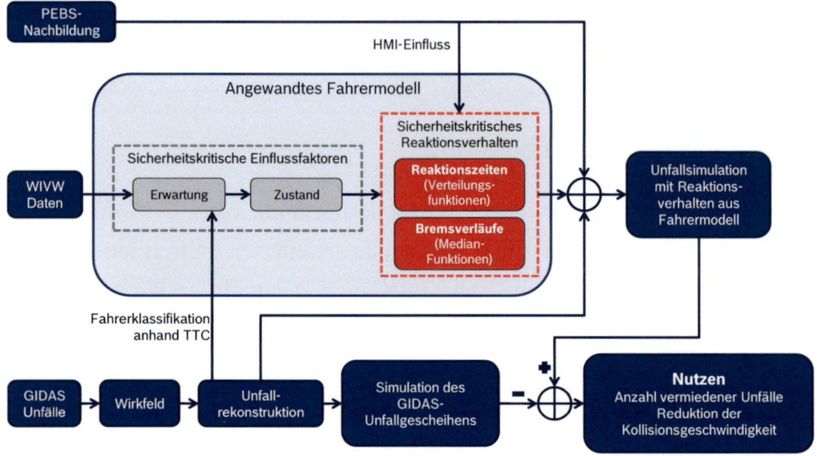



Abb. 5.55: Ablauf der Nutzenbestimmung von PEBS mit dem erweiterten Fahrermodell [75]

Für jede Nutzenbestimmung von PEBS werden acht verschiedene Berechnungen durchgeführt, die ein bestimmtes Reaktionsverhalten bzw. eine bestimmte Bedingung aus der Probandenstudie im WIVW-Simulator abbilden. Die Ergebnisse jeder Berechnung werden anhand der in Abb. 5.56 dargestellten Gewichtungsfaktoren gewichtet. Somit wird die Repräsentativität der Simulation sichergestellt.

Die Gewichtungen sind unabhängig von der Wahl des HMI-Konzepts. Durch das ausgewählte HMI-Konzept ändert sich das Reaktionsverhalten des Fahrers und somit die betrachtete Probandengruppe, mit der der Fahrer nachgebildet wird. Wie in Abschnitt 5.3.3 erläutert wird, hängt in bestimmten Fällen die Bestimmung der Erwartung der kritischen Situation vom Warnzeitpunkt ab. Da der Warnzeitpunkt aufgrund der Warndilemma vom Zustand abhängt, ergeben sich verschiedene Gewichtungen für die Erwartung bei aufmerksamen und unaufmerksamen Fahrern.

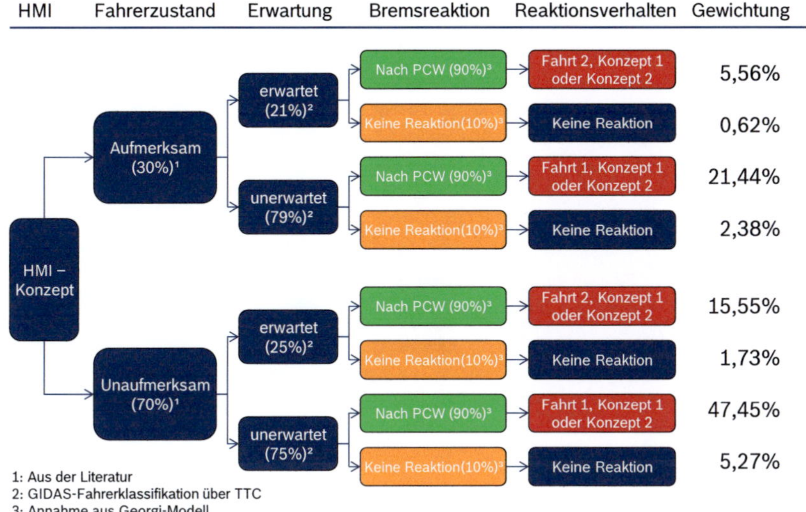


Abb. 5.56: Gewichtungen der Ergebnisse für eine Nutzensimulation mit dem angewandten Fahrermodell [75]


## Ergebnisse

### *Referenzsimulation*

Da im dynamischen Fahrsimulator des WIVW eine maximale Verzögerung von 8,4 $m/s^2$ erreicht werden kann, werden zuerst die Referenzergebnisse nach der Vorgehensweise von Georgi et al. [78] jeweils mit und ohne kombinierte Verzögerung (aus GIDAS-Fahrer und Fahrermodell, vgl. Kapitel 4) simuliert. In Abb. 5.57 sind die Ergebnisse der Simulation der Unfallrate dargestellt.

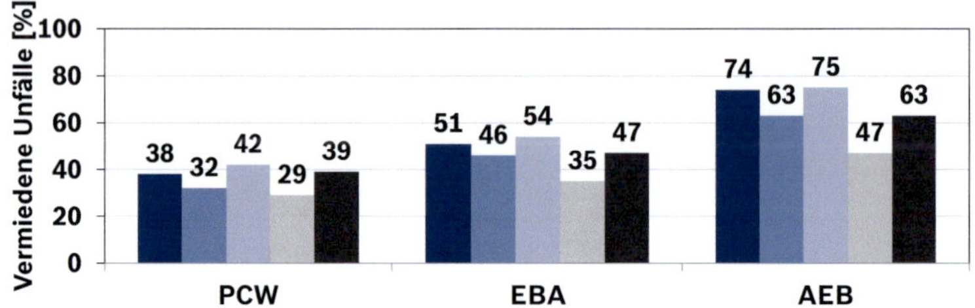


Abb. 5.57: Referenzsimulation der Kollisionsrate mit einer maximalen Verzögerung von -8,4 m/s$^2$

Erwartungsgemäß sinken die Werte sowohl für die TTC-Methode als auch für die Vermeidungsverzögerungs-Methode zur Bestimmung des Warnzeitpunkts. Beim Fall „Ohne kombinierte Verzögerung" wird wie in Kapitel 4 nur die Bremsverzögerung vom Fahrermodell betrachtet. Wie zu erwarten ist, nimmt für diesen Fall die Anzahl der vermiedenen Kollisionen ab. In Kapitel 4 wurde bereits diskutiert, dass die Kombination der GIDAS- und Fahrermodellverzögerung nicht berechtigt ist, da mit einem FAS davon ausgegangen wird, dass die Warnung die Reaktion hervorruft. Da der ursprüngliche GIDAS-Unfall kein FAS als Unterstützung hatte, wird diese Vorgehensweise in den nachfolgenden Ergebnissen nicht weiter betrachtet. Dies bedeutet, es werden nur die Ergebnisse für die TTC-Nutzenabschätzungsmethode und Vermeidungsverzögerungs-Nutzenabschätzungsmethode ohne kombinierte Verzögerung dargestellt. Abb. 5.58 zeigt die Verminderung der Kollisionsgeschwindigkeit für den Referenzfall mit einer maximalen Verzögerung von -8,4 m/s$^2$.

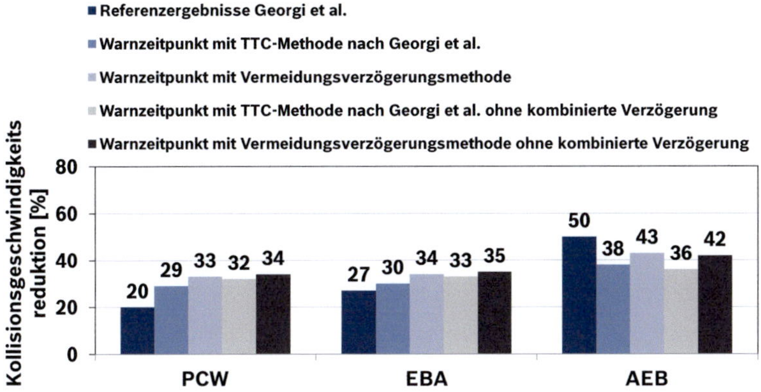

Abb. 5.58:  Referenzsimulation der Kollisionsgeschwindigkeit mit einer maximalen Verzögerung von -8,4 m/s$^2$

**Ergebnisse für das adaptive Warnsystem**

Im Folgenden werden die Ergebnisse der Nutzenbestimmung mit dem erweiterten Fahrermodell für das adaptive Warnsystem veranschaulicht und diskutiert. Die folgenden Ausprägungen werden dargestellt:

- Geringe Warndringlichkeit: Hierzu wird das Reaktionsverhalten der Probanden aus der Probandenstudie im WIVW-Simulator nur auf Konzept 1 (geringe Dringlichkeit) betrachtet.

  Unaufmerksam, Konzept 1, Fahrt 1 (unerwartet);

  Aufmerksam, Konzept 1, Fahrt 1 (unerwartet);

  Unaufmerksam, Konzept 1, Fahrt 2 (erwartet);

  Aufmerksam, Konzept 1, Fahrt 2 (erwartet);

- Hohe Warndringlichkeit: Hier wird das Reaktionsverhalten der Probanden aus der Studie im WIVW-Simulator nur auf Konzept 2 (hohe

Dringlichkeit) berücksichtigt.

Unaufmerksam, Konzept 2, Fahrt 1 (unerwartet);

Aufmerksam, Konzept 2, Fahrt 1 (unerwartet);

Unaufmerksam, Konzept 2, Fahrt 2 (erwartet);

Aufmerksam, Konzept 2, Fahrt 2 (erwartet);

- Adaptive Warndringlichkeit: Auf Basis der Analyse der Erkenntnisse aus der Studie zum adaptiven Warnsystem wird hier das Reaktionsverhalten der aufmerksamen Fahrer auf Konzept 1 (geringe Warndringlichkeit) und der unaufmerksamen Fahrer auf Konzept 2 (hohe Dringlichkeit) betrachtet, um zu prüfen, wie sich eine Warnadaption auf den Gesamtnutzen des Systems auswirkt.

  Unaufmerksam, Konzept 2, Fahrt 1 (unerwartet);

  Aufmerksam, Konzept 1, Fahrt 1 (unerwartet);

  Unaufmerksam, Konzept 2, Fahrt 2 (erwartet)

  Aufmerksam, Konzept 1, Fahrt 2 (erwartet)

Abb. 5.59 zeigt die Ergebnisse für die vermiedenen Kollisionen. Der Vergleich zwischen den verschiedenen Warndringlichkeiten zeigt die Tendenz hin zu einem zunehmenden Anteil an Unfallvermeidung je höher die Warndringlichkeit ist. Am wenigsten Unfälle können durch die geringe Warndringlichkeit vermieden werden. Die adaptive Warndringlichkeit kann zwar mehr Unfälle vermeiden als die geringe Dringlichkeit, aber weniger als die hohe Warndringlichkeit.

Bei PCW lassen sich die Differenzen zwischen den unterschiedlichen Warnausprägungen und der Referenzsimulation auf Basis der unterschiedlichen Warnzeitpunkte und Reaktionszeitpunkte erklären (s. Tab. 5.6 und Tab. 5.7). In Abschnitt 4.1.2 wurde anhand der Verteilungen der Warnzeitpunkte gezeigt, dass die Vermeidungsverzögerungsmethode früher als die TTC-Methode aufgrund ihrer besseren Genauigkeit warnt. Diese Vorgehensweise ist dort möglich, da die Fahrermodellgewichtungen für beide Ergebnisse gleich sind. Da das erweiterte Modell eine andere Gewichtung als das Georgi-Fahrermodell (Zustand, Erwartung) hat, müssen in diesem Fall konkrete Werte wie beispielsweise der Medianwert für jede Methode verglichen werden.

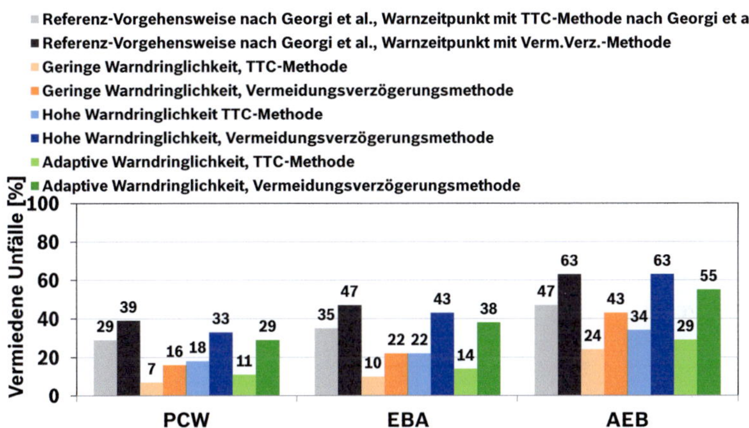


Abb. 5.59: Kollisionsvermeidung mit dem erweiterten Fahrermodell.

Tab. 5.6 zeigt die Medianwerte der unterschiedlichen Warnzeitpunktvarianten. Die Vermeidungsverzögerung warnt sowohl bei Georgi als auch mit dem erweiterten Fahrermodell (FM) früher und aus diesem Grund ist der Nutzen mit der TTC-Methode geringer. Die Differenzen zwischen dem Georgi- und FM-Warnzeitpunkt kommt auf Grund der Annahme der Zustandsverteilungen zustande.

Bei Georgi et al. ist diese 50% / 50 % und beim erweiterten Fahrermodell ist sie 70 % unaufmerksam / 30 % aufmerksam. Dies ist eine der Gründe, warum die Ergebnisse von Georgi et al. im Vergleich zu denen mit erweitertem Fahrermodell höher sind.

| Warnzeitpunktmethode<br>Fahrermodell-<br>Gewichtung | Median (TTC-<br>Methode) | Median(Verm.verz. -<br>Methode) |
|---|---|---|
| Georgi et al.-Gewichtung | -1,95 s | -2,23 s |
| Erweitertes Fahrermodell-<br>Gewichtung | -1,73 s | -2,31 s |

Tab. 5.6:    Warnzeitpunkt abhängig vom Methode und Gewichtung. Die negativen Werte sind aufgrund des Bezugs zur Kollision (0). Je höher der absolute Wert, desto früher wird die Warnung ausgelöst.

| Reaktionszeitpunkt<br>Fahrer-<br>modell-<br>Gewichtung | Median der Reaktionszeitpunkt<br>bezogen auf die Warnung | Median Betätigungs-<br>zeit |
|---|---|---|
| Georgi et al.-Gewichtung | 0,96 s | 0 s |
| Geringe Dringlichkeit | 0,99 s | 0,35 s |
| Adaptive Dringlichkeit | 0,93 s | 0,28 s |
| Hohe Dringlichkeit | 0,89 s | 0,24 s |

Tab. 5.7:    Reaktionszeitpunkt und Betätigungszeit in Abhängigkeit der Warndringlichkeit.

Abb. 5.60 veranschaulicht die Reihenfolge der Warnzeitpunkte.

Auf Basis der früheren FM-Warnzeitpunkte mit der Vermeidungsverzögerungsmethode und dem im Abschnitt 5.2.2 analysierten schnellen und entschlosseneren Reaktionsverhalten reagieren die Fahrermodelle mit unterschiedlicher Dringlichkeit früher als bei Georgi et. al. (vgl. Abb. 5.60). Mit der TTC-Methode warnt Georgi et al. jedoch früher und auf Basis seiner Reaktionszeitannahmen reagiert sein Modell früher als die drei FM. Die Reihenfolge des Bremsreaktionsverhaltens mit unterschiedlicher Warndringlichkeit bleibt unverändert (hohe Warndringlichkeit, adaptive Warndringlichkeit, geringe Warndringlichkeit), da die Reaktion immer am stärksten mit einer dringlichen Warnung ist (Abschnitt 5.2.2). Aus diesem Grund kommen die Unterschiede bei den PCW-Ergebnissen mit unterschiedlicher Warnzeitpunkt-Methode zustande, in diesem Fall geringer Nutzen bei späterem Warnzeitpunkt (z.B. bei geringer Dringlichkeit 7 % mit der TTC-Methode und 16% mit der Vermeidungsverzögerung).

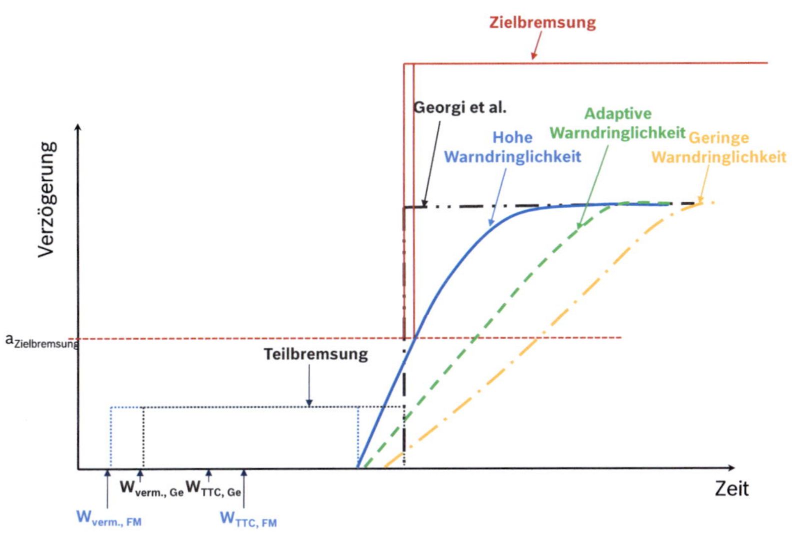


Abb. 5.60: Unterschiedliche Warnzeitpunkte (W) (FM: Fahrermodell und Ge: Georgi et al.) mit der Vermeidungsverzögerungsmethode und TTC-Methode und das Reaktionsmuster beim Warnzeitpunkt mit der Vermeidungsverzögerungsmethode

Zusätzlich zum Warnzeitpunkt reagieren die Fahrer unterschiedlich schnell in Abhängigkeit der Dringlichkeit. Tab. 5.7 zeigt die Medianwerte der Reaktionszeitpunkte bei unterschiedlichen Warndringlichkeiten, die in Abb. 5.60 durch die Verschiebung des Bremsverlaufs nach rechts veranschaulicht sind. Am schnellsten reagieren die Fahrer mit Konzept 2, gefolgt von adaptiv-gewarnten Fahrern und zum Schluss die Probanden mit geringer Dringlichkeit. Dies stellt die Erklärung der unterschiedlichen Unfallvermeidungsraten zwischen den Gruppen mit unterschiedlicher Warndringlichkeit dar. Je weiter rechts ein Bremsverlauf in Abb. 5.60 liegt, desto niedriger ist der Nutzen der jeweilige Gruppe (z.B. 33 % vermiedene Unfälle mit hoher Warndringlichkeit und 29% mit adaptiver Warndringlichkeit).

Der Unterschied zur Referenz-Simulation nach der Georgi-Vorgehensweise lässt sich durch die Form des Bremsverlaufs bzw. die zwischen der x-Achse und des Bremsverlaufs eingeschlossene Fläche erklären, die den Abbau der Geschwindigkeit widerspiegelt. Georgi et al. geht von einer Sprung-Funktion aus, die keinem realistischen Bremsverhalten entspricht. Dadurch kann mehr Geschwindigkeit als beim realistischen Bremsverlauf abgebaut werden. Dies ist auch der Grund, warum trotz früherem Reaktionszeitpunkt bei hoher Warndringlichkeit weniger Unfälle bei PCW als bei der Referenz-Simulation von Georgi et al. vermieden werden.

Die Unterstützung durch die Zielbremsung lässt sich am deutlichsten bei den vermiedenen Unfällen mit hoher Dringlichkeit veranschaulichen (4 Prozentpunkte bei der TTC-Methode bzw. 10 Prozentpunkte bei der Vermeidungsverzögerungsmethode zusätzlich vermiedene Kollisionen im Vergleich zur PCW-Verteilung). Der Grund dafür ist die Steilheit der Bremsverläufe bzw. des Bremsgradientenaufbaus. Wie in Abschnitt 5.2.2 bereits gezeigt wurde, lassen sich durch die hohe Dringlichkeit schnellere Betätigungszeiten erreichen, was zum schnelleren Erreichen der Schwelle zur Auslösung der Zielbremsung und somit zur früheren Triggerung der Bremskraftunterstützung führt (vgl. Tab. 5.7). Der Referenzfall profitiert von der Zielbremsung um 6 Prozentpunkte bzw. 8 Prozentpunkte. Grund für den niedrigeren Nutzen im Vergleich zur hohen Warndringlichkeit ist der sprunghafte Bremsverlauf von 0 auf den bestimmten Wert und somit ein hoher Geschwindigkeitsabbau, die aufgrund der Georgi-

260

Fahrermodellverzögerung stattfindet. Beim erweiterten Fahrermodell kann der Nutzen aufgrund der mit der Weibull-Verteilung zufällig generierten Reaktionszeiten bis zu 1-2 % abweichen (vgl. [75]). Somit ist der Nutzen der Zielbremsung im Referenzfall mit der hohen Dringlichkeit vergleichbar. Eine weitere Schlussfolgerung hier ist, dass der Beitrag der Zielbremsung nicht nur von der Betätigungszeit sondern auch von dem Warnzeitpunkt bzw. dem Reaktionszeitpunkt abhängt. Aus diesem Grund erzielt die tabellarische TTC-Methode weniger Nutzen für die Zielbremsung.

Der zusätzliche Nutzen bei AEB wird durch die Teilbremsung während der Reaktionszeit des Fahrers erzeugt. Bei der Methode zur Bestimmung des Warnzeitpunkts mit der Vermeidungsverzögerung reagieren die Fahrer mit hoher Dringlichkeit am schnellsten. Hierfür würde man entsprechend den geringsten Nutzen für die Teilbremsung aufgrund der kürzesten Zeitdauer erwarten. Verglichen jedoch mit der adaptiven Warndringlichkeit (Anteil der vermiedenen Unfälle durch Teilbremsung 17 Prozentpunkte, vgl. Abb. 5.59 AEB- vs. EBA-Anteil) und mit der geringen Warndringlichkeit (21 Prozentpunkte) ist der Nutzen bei der hohen Warndringlichkeit höher als erwartet (20 Prozentpunkte). Durch Analyse des Fahrerverhaltens mit den Warnkonzepten wurde schon gezeigt, dass die Fahrer mit Konzept 2 sowohl aufmerksam als auch unaufmerksam die schnellsten und entschlossensten sind. Das führt dazu, dass diese schon durch die Warnung mehr schwere Unfälle (S3-Einstufung nach ISO26262) vermeiden können (14%), als die Fahrer mit geringer (24%) oder adaptiver Warndringlichkeit (19%) (vgl. Abb. 5.61 ). Dies bedeutet, dass auch dann, wenn ein Unfall nicht durch die Warnung vermieden werden kann, die Folgen geringer ausfallen. Durch die Zielbremsung ergibt sich keine wesentliche Veränderung der Unfallschweren-Verteilung (vgl. Abb. in Anhang D.10). Somit muss die Teilbremsung bei der hohen Dringlichkeit weniger Geschwindigkeit abbauen, um einen Unfall zu vermeiden. Die geringe und adaptive Warndringlichkeit, für die aufgrund der langsameren Reaktion mehr schwere Unfälle erzielen, bekommen zwar länger eine Teilbremsung als Unterstützung, diese muss jedoch eine höhere Geschwindigkeit abbauen, um eine Kollision zu vermeiden. Dafür ist in manchen Fällen die Zeitdauer nicht ausreichend.

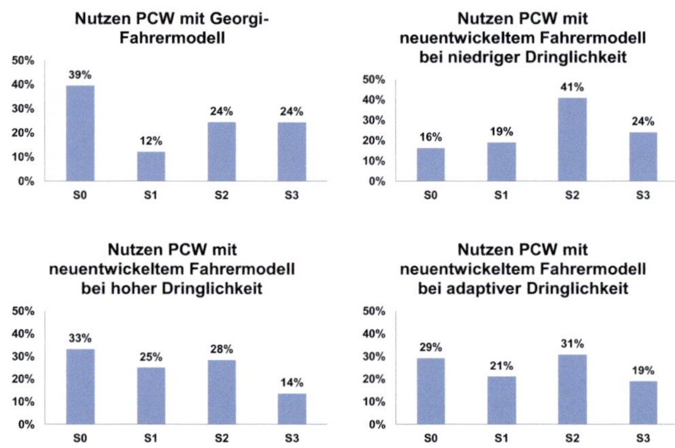


Abb. 5.61: Verteilung der Unfallschwere bei PCW. Warnmethode. Vermeidungs-verzögerung / Verzögerungsmodus: Fahrermodell.

Die unterschiedliche Gewichtung der Faktoren bzw. Nicht-Betrachtung von Faktoren wie Erwartung beim Georgi et al.-Modell wirkt sich ebenfalls auf den kollisionsvermeidenden Anteil aus. Für die TTC-Warnzeitpunktmethode warnt und reagiert als erstes das Georgi-Fahrermodell, danach die hohe, die adaptive und geringe Dringlichkeit (vgl. Abb. 5.60). Dadurch, dass die Fahrer später gewarnt werden, steigt die Kritikalität. Somit hilft auch eine schnelle und entschlossene Reaktion nicht dabei, nur durch die Warnung die Unfallschwere genügend zu mini-mieren. Der Nutzenanteil hängt in diesem Fall nur von der Zeitdauer der Teilbremsung ab.

Insgesamt ergibt sich ein maximaler Nutzen von 63% vermiedene Kollisionen durch die hohe Warndringlichkeit, die dem Referenz-Simulationsnutzen entspricht. Es zeigt sich jedoch, dass das adaptive Warnsystem vergleichbar gut sein kann (55 % vermiedene Kollisionen). Dies bedeutet, dass bei einer hohen Fehlauslöserate das adaptive Warnsystem ggf. besser als die hohe Warndringlichkeit in Bezug auf die Kombination aus Nutzen und Akzeptanz abschneiden könnte.

Abb. 5.62 veranschaulicht die Kollisionsgeschwindigkeitsverminderung. Hier zeigt sich ein vergleichbarer Nutzen für alle Gruppen, da dies nur die Unfälle abbildet.

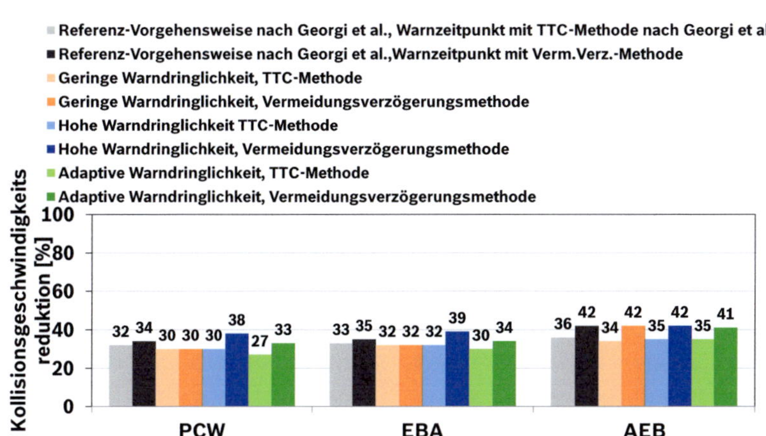


Abb. 5.62: Kollisionsgeschwindigkeitsverminderung mit dem erweiterten Fahrermodell

## 5.4 Zusammenfassung und Schlussfolgerung

In diesem Kapitel wurde eine Methodik zur Nutzenoptimierung vorgestellt. Durch die vorgestellte Vorgehensweise zur Detailnutzenanalyse konnte die Schwachstelle von PEBS, nämlich die Warnfunktion, festgestellt werden.

Durch empirische Untersuchungen konnte gezeigt werden, dass durch eine einfache, intuitive, eindeutige und zur kritischen Situation kompatiblen HMI das Fahrerreaktionsverhalten auf die Warnung wesentlich verbessert werden kann und somit der Nutzen des gesamten Systems erhöht wird.

Anhand der Nutzen- und Akzeptanzuntersuchung in Rahmen eines nutzerorientierten Versuchs konnte beobachtet werden, dass die Dringlichkeit zwar den Nutzen der Warnfunktion erhöhen kann, diese sich jedoch kontraproduktiv auf die Fehlauslösungen auswirkt, da es zu einem unangemessenen Reaktionsverhalten kommt. Dieses Verhalten kann ggf. unerwünschte Auswirkungen auf das Verkehrsgeschehen der nachfolgenden Verkehrsteilnehmer haben.

Die Erkenntnisse aus nutzerorientierten Versuchen sind wertvolle Resultate, die für die Optimierung und Erweiterung von Fahrerverhaltensmodellen mit unterschiedlichen FAS eingesetzt und genutzt werden können. In diesem Abschnitt wurde anhand der Erkenntnisse des Zustandseinflusses auf das Fahrerverhalten das Fahrermodell für PEBS verbessert und somit eine realitätsnähere Nachbildung des realen Fahrers erreicht. Das allgemeine Fahrermodell hat den Vorteil, dass es Einflussfaktoren für viele FAS berücksichtigt. Somit kann in Zukunft das Modell durch weitere Erkenntnisse zum Fahrerverhalten erweitert werden und zur Entwicklung eines universellen Fahrermodells führen, das für alle FAS einsetzbar ist.

Anhand der Nutzenabschätzung mit dem erweiterten Fahrermodell für PEBS konnte die Auswirkung der Warndringlichkeit auf das allgemeine Unfallgeschehen gezeigt werden. Die Tendenz der Abhängigkeit des Nutzens von der Warndringlichkeit wurde dadurch bestätigt. Die Berücksichtigung der möglichen Auswirkungen auf den Akzeptanzfall zeigt, dass eine adaptive Warnung unter Umständen attraktiv und sinnvoll sein kann, da genau diese das Optimum zwischen Nutzen und Akzeptanz reflektieren kann. Eine Risiko-Gefahren-Analyse ist jedoch zuvor zu diesem Zweck durchzuführen.

# 6. Zusammenfassung

Die vorliegende Arbeit stellt einen neuen Ansatz zur Bewertung des Nutzens von sicherheitskritischen Fahrerassistenzsystemen vor. Die neuentwickelte Methodik verbindet nutzerorientierte Versuche und Unfallanalyse realer Unfälle in ihrer Gesamtheit.

Durch die hohe Kontrollierbarkeit von nutzerorientierten Versuchen ist es möglich, das Fahrerverhalten mit einem hohen Detaillierungsgrad aufzunehmen und zu untersuchen, womit das Reaktionsverhalten und seine Abhängigkeit von Einflussfaktoren in Form eines Fahrermodells nachgebildet werden kann.

Abhängig vom Untersuchungsparadigma, das für einen nutzerorientierten Versuch ausgewählt wird (Simulator, Teststrecke, etc.), wird die externe Validität der Ergebnisse verringert. Die in dieser Arbeit erarbeitete Methodik gibt dafür eine Zusammenfassung der auf die Realität übertragbaren Größen, die in einem Fahrsimulator erfasst sind. Dabei bieten Unfalldaten die Basis für eine verallgemeinerbare Aussage zum erwarteten Nutzen des Fahrerassistenzsystems (FAS), es fehlt hier jedoch die reale Interaktion mit dem Fahrer. Durch die Kombination von Unfalldaten und nutzerorientierten Versuchen kann eine hohe interne und externe Validität erzielt werden und die Nachbildung des realen Fahrers ermöglich werden.

Durch die praktische Anwendung der Untersuchungsmethodik an einem konkreten Bremsassistenzsystem, dem Predictive Emergency Braking System (PEBS) wird dessen Potenzial dargestellt, zum einen ca. 50 % der Auffahrunfälle vermeiden zu können und zum anderen bei den restlichen 50% der nicht vermeidbaren Unfälle ca. 50% der Kollisionsgeschwindigkeit vermindern zu können.

Der zweite Aspekt der neuentwickelten Methodik ist die Nutzensteigerung. Hierzu leitet die neue Methodik eine Vorgehensweise zur Ermittlung des

Optimierungspotenzials eines FAS anhand einer Detailnutzenanalyse ab. Die Detailnutzenanalyse von PEBS zeigte, dass 50% der Kollisionsgeschwindigkeitsreduktion durch die Teilbremsung erreicht werden. Die restlichen 50 % werden durch die Warnfunktion und die Zielbremsung abgebaut. Hierbei wurde der Nutzen der Warnung durch die Verbesserung des Bremsverhaltens beschrieben. In Bezug auf Reaktionszeitreduktion zeigt die Funktion keine signifikante Veränderung im Vergleich zu dem Fall ohne FAS. Die Untersuchung des Optimierungspotenzials von PEBS bestätigt zum wiederholten Mal, wie wichtig die Fahrer-Fahrzeug-Interaktion für FAS ist.

Mithilfe der vorgestellten neuen Vorgehensweise zur Verbesserung eines FAS anhand von empirischen, nutzerorientierten Untersuchungen können neue Erkenntnisse zur Fahrerinteraktion gewonnen werden. Durch das abgeleitete allgemeine Fahrermodell können zukünftig mehrere Einflussfaktoren des Fahrerreaktionsverhaltens betrachtet und die Erkenntnisse am Modell nachbildet werden. Je mehr Erkenntnisse zum Fahrer und seiner Interaktion abgeleitet werden können, desto aussagekräftiger ist der ermittelte Nutzen. Diese Art der sukzessiven Selbst-Optimierung ist eine der Vorteile der neuentwickelten Methodik.

Die obengenannten neuen Erkenntnisse zur Fahrerinterkation sind ein weiterer wichtiger Baustein für die Gestaltung von Kollisionswarn- und Infotainmentsysteme.

In Bezug auf das gesamte reale Unfallgeschehen erfüllt die neuentwickelte Methodik die Anforderung mit repräsentativen Unfalldatenbanken, wie beispielsweise GIDAS, zu arbeiten. Die Daten dort verfügen über eine hohe Qualität und einen hohen Detaillierungsgrad. Der zurzeit einzige Nachteil der neuen Methodik ist ihre Einschränkung auf Daten, die auf die Längsrichtung beschränkt sind. Hintergrund hierfür ist, dass Daten für die Querrichtung erst seit ein paar Jahren in GIDAS systematisch erhoben werden. Somit sind Methoden zur Rekonstruktion von Unfällen notwendig, die die laterale Bewegung betrachten. Eine belastbare statistische Analyse anhand dieser Daten kann jedoch erst nach einigen Jahren durchgeführt werden, nachdem genügend Fälle in der Unfalldatenbank erfasst wurden.

Angenommen, dass die Unfalldaten die Fahrerpopulation nachbilden, erfüllt die neuentwickelte Methodik auch das Kriterium der Repräsentativität. Das echte System ist durch den nutzerorientierten Versuch bzw. den dafür verwendeten Systemprototyp gegeben. Durch die praktischen Untersuchungen mit PEBS wurde gezeigt, wie wichtig es ist, das simulierte oder prototypisch nachgebildete System möglichst realitätsnah nachzubilden. Ansonsten entstehen schon durch die Nutzung eines nicht realen FAS Verfälschungen der Ergebnisse.

Das echte Fahrerverhalten wird bei der neuerarbeiteten Methodik durch eine nutzerorientierte Studie gewährleistet. Die gewonnenen Erkenntnisse zur Fahrer-Fahrzeug-Interaktion können in dem für die neue Methodik abgeleiteten Fahrermodell nachgestellt und ggf. erweitert werden. Der Mensch ist jedoch ein komplexes Lebewesen, das sich nicht so einfach in einem Fahrer-Datenmodell zusammenfassen lässt und somit kaum vollständig gebildet werden kann.

Echtes Fahrverhalten wird mithilfe der nutzerorientierten Versuche nachbildet. Hierzu sollte beachtet werden, dass Simulatoren das Fahrverhalten nie vollständig realitätsnah nachbilden können. Jedoch gibt die vorliegende Methodik Hinweise, wie die im Simulator erhobenen Daten zu interpretieren und weiterzuverwenden sind.

Die Qualität der Ergebnisse für die Nutzenbewertung ist ebenfalls aufgrund der Objektivität der Daten gewährleistet.

Insgesamt bietet die in dieser Arbeit entwickelte Methodik die Möglichkeit mit überschaubaren Kosten und Aufwand eine sowohl umfangreiche als auch detaillierte und aussagekräftige Nutzenanalyse eines sicherheitskritischen FAS durchzuführen. Im Vergleich zu Field Operational Tests können bereits in einem früheren Entwicklungsstadium des Systems schnellere und weniger aufwändige Ergebnisse erzielt werden und ggf. Optimierungen des FAS vorgenommen werden. Nachteilig ist jedoch die Abhängigkeit von zuverlässigen Datenbanken wie GIDAS, NASS-CDS, etc. In Deutschland bietet GIDAS eine gute Datengrundlage zur Durchführung von qualitativen und aussagekräftigen Unfallanalysen. Desweiteren arbeitet GIDAS permanent an der Optimierung und Weiterentwicklung ihrer Methodik zur Erhebung von Unfalldaten. Weltweit ist jedoch zur Zeit keine vergleichbare Datenbank bekannt. Somit schränkt sich die Anwendung der neuen Methodik auf GIDAS-Daten und die FAS-Nutzenbewertung auf Deutschland ein. Da jedoch die Verteilung der Unfalltypen mit Personenschaden in westlichen Ländern vergleichbar ist (vgl. [157]) und ihre Verkehrssituation ähnlich ist, sind die für Deutschland abgeleitete Ergebnisse auch auf westliche Länder wie USA; West Europa, etc. übertragbar und anwendbar.

# 7.　Ausblick

Zukünftige Forschungsarbeiten können die Anwendbarkeit der in dieser Arbeit entwickelten Methodik für lateraleingreifende FAS untersuchen und ggf. Anpassungen vornehmen. Hierzu sind neue Methoden notwendig, die anhand einer hochdetaillierten Unfallbeschreibung einen komplexen Unfall mit mehreren Fahrzeugteilnehmern rekonstruieren können. Die Erweiterung des Fahrermodells durch Interaktionsmuster mit FAS in Querrichtung würde das Gesamtspektrum der neuen Methodik vervollständigen.

Sicherlich ist der Aufbau bzw. die Erweiterung von Unfallerhebungsdatenbanken in Europa, USA und Asien mit der Datenqualität und Erhebungsmethodik von GIDAS auch ein weiterer, wichtiger Schritt zur besseren Prognose des erwarteten Nutzens von sicherheitskritischen FAS in anderen Ländern. Dies kann ebenfalls hilfreich für die Zielerreichung der EU-Kommission sein, welche hohe Ziele für die Reduktion der Unfalltoten in Europa gesetzt hat.

Die Auswirkungen von unberechtigten Fahrzeugeingriffen auf die Fahrerreaktion stellen ein weiteres interessantes Forschungsfeld dar. Eine unangemessene Reaktion des Fahrers kann zu gravierenden Folgen sowohl für ihn selbst als auch für andere Verkehrsteilnehmer führen. Aus diesem Grund sind neue Methoden zur Untersuchung des systematischen Effekts von Fehlauslösungen auf das Fahrerverhalten notwendig.

Eine weitere Überlegung wäre, das unangemessene Fahrerverhalten an der Nutzenuntersuchung widerzuspiegeln und die Folgen auf Basis repräsnetativer Daten auszuwerten, darzustellen und deren Ergebnisse anzuwenden.

# A   Abbildungsverzeichnis

# C  Literaturverzeichnis


[1]    Abe, G.; Richardson, J.: *The human factors of collision warning systems: System performance, alarm timing, and driver trust.* Proceedings of the Human Factors and Ergonomics Society 48th Annual Meeting, 2232-2236, 2004.

[2]    Abendroth, B.: *Gestaltungspotentiale für ein PKW-Abstandsregelsystem unter Berücksichtigung verschiedener Fahrertypen.* Ergonomia, Stuttgart, 2001.

[3]    Abendroth, B.; Bruder, R.: *Die Leistungsfähigkeit des Menschen für die Fahrzeugführung.* In: Winner, H., Hakuli, S., Wolf, G.,(Hrsg): Handbuch Fahrerassistenzsysteme. Wiesbaden Vieweg + Teubner, Kap 1, 2009.

[4]    Anonym: *Unfalldisposition und Fahrpraxis.* Automobil-technische Zeitschrift 78, S. 129, 1976.

[5]    Arndt, S.: *Evaluierung der Akzeptanz von Fahrerassistenzsystemen, Modell zum Kaufverhalten von Endkunden.* Dissertation, Technische Universität Dresden, 2010.

[6]    Arnold, N.: *Untersuchung von Methoden zum Nachweis des Nutzens von Fahrerassistenzsystemen zur Unfallvermeidung bzw. Unfallfolgenminderung.* Diplomarbeit, KIT, 2010. Diese Arbeit ist im Rahmen der vorliegenden Dissertation entstanden. Die Konzepte und Ergebnisse wurden in Zusammenarbeit mit der Verfasserin ausgearbeitet.

[7]    Arnon, M.: *Ein neuer Systemansatz für die Fahrerwarnung bei Nacht.* Dissertation, Universität Karlsruhe, 2010.

[8] Association for the advancement of automotive medicine: *Abbreviated injury scale – 1990 Revision, update 98*. Des Plaines, IL: Association for the advancement of automotive medicine, 1998.

[9] ATZ Online: *Totwinkelassistent – Ultraschallsensoren von Bosch helfen beim Fahrspurwechsel*. ATZ Online, http://www.atzonline.de/Aktuell/Nachrichten/1/12629/Ultraschallse nsoren-von-Bosch-helfen-beim-Fahrspurwechsel.html abgerufen am 04.02.12, 2010.

[10] Baldock, M.; Long, A.; Lindsay V.; McLean, A.: *Rear end crashes*. Technischer Bericht, Centre for Automotive Safety Research, 2005.

[11] Bangemann , C.: *Müdigkeitssensor, Assistent warnt vor Sekundenschlaf*. Auto, Motor und Sport, http://www.auto-motor-und-sport.de/testbericht/muedigkeitssensor-assistent-warnt-vor-sekundenschlaf-872739.html, 18.11.08, abgerufen am 06.04.12.

[12] Belz, S.; Robinson, G.; Casali, J.: *A New Class of Auditory Warning Signals for Complex Systems: Auditory Icons*. Human Factors, 41(4), 608-618, 1999.

[13] Bender, E.; Darms, M.; Schorn, M.; Stählin, U.; Isermann, R.; Winner, H. et al.: *Antikollisionssystem Proreta - Der Weg zum unfallvermeidenden Fahrzeug. Teil 2: Ergebnisse*. Automobiltechnische Zeitschrift, 109 (05), 456-463, 2007.

[14] Bender, E.; Landau, K.: *Fahrerverhalten bei automatischen Brems- und Lenkeingriffen eines Fahrerassistenzsystems zur Unfallvermeidung*. In VDI-Berichte, Nr. 1931 (S. 219-228). Düsseldorf: VDI-Verlag, 2006.

[15] Bender, E.: *Handlungen und Subjektivurteile von Kraftfahrzeugführern bei automatischen Brems- und Lenkeingriffen eines Unterstützungssystems zur Kollisionsvermeidung*. Dissertation, Technische Universität Darmstadt, 2008.

[16]  Ben-Yaacov; A.; Maltz, M.; Shinar, D.: *Effects of an invehicle collision avoidance warning system on short- and long-term driving performance*. Human Factors, 44:335-342, 2002.

[17]  Boer, E.; Yamamura, T.; Kuge, N.; Girshick, A.: *Experiencing the Same Road Twice: A Driver Centered Comparison between Simulation and Reality*. Paper presented at the DSC 2000 (Driving Simulation Conference 2000), Paris, 2000.

[18]  Boff, K.; Lincoln, J.: *Engineering data compendium: Human perception and performance*. Wright-Patterson Air Force Base, OH: Armstrong Medical Research Laboratory, 1988.

[19]  Böhler, H.: *Marktforschung*, 3. Aufl., Stuttgart et al., S. 132, 2004.

[20]  Böhm, H. et al.: *Verkehrsteilnehmergruppen und Verkehrserziehungsmittel*. Forschungsgemeinschaft "Der Mensch im Verkehr" e.V., 1965.

[21]  Bortz, J.: *Lehrbuch der Statistik für Human- und Sozialwissenschaftler*. Berlin, Springer, 2005.

[22]  Breuer, J.: *Bewertungsverfahren von Fahrerassistenzsystemen*. In: Winner, H., Hakuli, S., Wolf, G.,(Hrsg): Handbuch Fahrerassistenzsysteme. Wiesbaden Vieweg + Teubner, Kap 6, 2009.

[23]  Broen, N.; Chiang, O.: *Braking Response Times for 100 drivers in avoidance of an unexpected obstacle as measured in a driving simulator*. In: Proceedings of the Human Factors and Ergonomics Society 40th annual meeting, Santa Monica, California. Human Factors and Ergonomics Society, Philadelphia, Pa., USA, 1996.

[24]  Brown, S.: *Effects of Haptic and Auditory Warnings on Driver Intersection Behavior and Perception*. Master's thesis, Virginia Polytechnic Institute and State University, 2005.

[25]   Bruder, R.; Abendbroth, B.; Landau, K.: *Zum Nutzen von Fahrver-suchen für die Gestaltung.* In: Bruder, R., Winner, H. (Hrsg.): Wie objektiv sind Fahrversuche, Ergonomia Verlag Stuttgart. Darmstädter Kolloquium Mensch & Fahrzeug, Technische Universität Darmstadt, 14-15.03.2007.

[26]   Bubb, H.: *Wie viele Probanden braucht man für allgemeine Er-kenntnisse aus Fahrversuchen?* In: Landau, K.; Winner, H.: Fahrversuche mit Pro-banden - Nutzwert und Risiko. Fortschritt-Berichte VDI Reihe 12 Nr. 557. Düsseldorf: VDI 2003.

[27]   Buld, S.; Schumacher, M.; Hoffmann, S.; Krüger, H.-P.: *Literaturübersicht zur Fahrsimulation.* Interdisziplinäres Zentrum für Verkehrswissen-schaften an der Universität Würzburg, 2001.

[28]   Buld, S.; Schumacher, M.; Hoffmann, S.; Krüger, H.-P.: *Projekt: EMPHASIS Effort-Management und Performance-Handling in sicherheitsrelevanten Situationen, Meilensteinbericht: Validierung Quer- und Längsführung.* Interdisziplinäres Zentrum für Verkehrswissenschaften an der Universität Würzburg, 2001.

[29]   Burgett, A.; Srinivasan, G.; Ranganathan, R.: *A Methodology for Estimating Potential Safety Benefits for Pre-Production Driver Assistance Systems.* US Department of Transportation, National Highway Traffic Safety Administration (NHITSA), Report No. DOT HS 810 945, S. 9, 2008.

[30]   Busch, S.; Stanzel, M.; Zobel, R.: *Einsatzmöglichkeiten der GIDAS-Daten für Fragestellungen der aktiven Sicherheit.* In: 1. Dresdner Tagung Verkehrssicherheit interdisziplinär, Dresden, 27.-28. Juni 2003, S. 120-131, 2003.

[31]   Busch, S.; Stanzel, M.; Zobel, R.: *Prognose des Sicherheitsgewinns aktiver Sicherheitssysteme.* In: Verein Deutscher Ingenieure (VDI), Telematik, 2002.

[32]   Busch, S.: *Entwicklung einer Bewertungsmethodik zur Prognose des Sicherheitsgewinns ausgewählter Fahrerassistenzsysteme.* VDI Fortschritt-Berichte, Reihe 12, Nr. 588. Düsseldorf: VDI-Verlag, 2005.

[33]   Buttler, G; Fickel, N.: *Statistik mit Stichproben.* Rowohlt Taschenbuch Verlag, Reinbek, 2002.

[34]   Campbell, J.; Richards, C.; Brown, J.; McCallum, M.: *Crash warning system interfaces: Human factors insights and lessons learned - Final Report.* Springfield, Virginia: National Technical Information Service. Retrieved 07 03, http://www-nrd.nhtsa.dot.gov/departments/nrd-12/3839/CWS%20HF%20Insights%20Task%205%20Final%20Rpt.pdf ab-gerufen am 02.03.2012, 2007.

[35]   Campbell, J.; Richman, J.; Carney, C.; Lee, J.: *In-vehicle display icons and other information elements.* Task F: Final in-vehicle symbol guidelines (FHWA-RD-03-065). Washington, DC: Federal Highway Administration, 2002.

[36]   CARE or national publications EC Directorate General Energy and Trans-port, December 2007.

[37]   Carsten, O.: *From Driver Models to Modelling the Driver: What Do We Really Need to Know About the Driver?.* In: Cacciabue C. (Ed.): Modelling Driver Behaviour in Automotive Environments, Springer-Verlag London, S. 105-120, 2007.

[38]   Centre for Automotive Safety Research: *Rear end crashes.* Technischer Bericht, 2005.

[39]   Chapman, P.; Underwood, G.: *Visual search of driving situations: danger and experience.* Perception, 27:951-964, 1998.

[40]  Chen, W.; Lin, T.; Su, J.; Lee, S.; Hwang, S.; Hsu, C.; Lin, C.: *The effect of using in-vehicle communication system on bus drivers' performance in car-following tasks.* In ERTICO (Ed.), ITS World Conference 2006, 13th World Congress and Exhibition on Intelligent Transport Systems and Services, London, United Kingdom, October 9–12, 2006.

[41]  Clarke, D.; Ward, P.; Bartle, C.; Truman, W.: *Young driver accidents in the UK: the influence of age, experience, and time of day.* Accident Analysis and Prevention, 38:871-878, 2006.

[42]  Cohen, A.: *Menschengerechte Straßenbreite.* In B. Schlag (Hg.), Fort-schritte der Verkehrspsychologie 1996. Bonn: Deutscher Psychologen Verlag GmbH, 1997.

[43]  Cohn, T.: *Engineered visibility warning signals: An IDEA project.* Proceedings of the Second World Congress on Intelligent Transport Systems. 9.-11.11.1995, Tokyo, Vol. 1, 452-7, 1995.

[44]  COMSIS Corporation: *Preliminary human factors guidelines for crash avoidance warning devices (NHTSA Project No. DTNH22-91-07004).* Silver Spring, MD: COMSIS, 1996.

[45]  Cousineau, D.: *Fitting the Three-Parameter Weibull Distribution: Review and Evaluation of Existing and New Methods.* Universite de Montreal, 2008.

[46]  Deml, B.: *Methoden zur Bewertung der Benutzerakzeptanz von Fahrerassistenzsystemen.* 3. Workshop Fahrerassistenzsysteme, Walting (Altmühltal), 6.-8. April 2005.

[47]  Derichs, H.: *Vergleich statistischer Auswerteverfahren der experimentell ermittelten Reaktionszeiten von PKW-Fahrern im Straßenverkehr.* Diplomarbeit, Fachhochschule Köln, 1998.

[48] Dethloff, C.: *Akzeptanz und Nicht-Akzeptanz von technischen Produktinnovationen*. Lengrich : Papst Science Publishers, 2004.

[49] Deutsches Zentrum für Luft- und Raumfahrt e.V.: *Dynamischer Fahrsimulator*. http://www.dlr.de/fs/Desktopdefault.aspx/tabid-1236/1690_read-3257/ abgerufen am 11.03.2010.

[50] Diederichs, F.: *Kollisionsvermeidungssysteme und Stimulus-Response-Kompatibilität*. Diplomarbeit, Katholischen Universität Eichstätt-Ingolstadt, 2006.

[51] Diederichs, F.; Marberger, C.; Jordan, P., Melcher, V.: *Design and assessment of informative auditory warning signals for ADAS*. In: Proceed-ings of FISITA World Automotive Congress 2010, Springer Automotive Media, FISITA World Automotive Congress 2010, 30.05 - 04.06.2010, Bu-dapest, Hungary, 2010.

[52] DIN Deutsches Institut für Normung e. V.: *DIN EN ISO 15006 - Stra-ßenfahrzeuge - Ergonomische Aspekte von Fahrerinformations- und Assistenzsystemen - Anforderungen und Konformitätsverfahren für die Ausgabe auditiver Informationen im Fahrzeug (ISO 15006:2004)*. Deutsche Fassung EN ISO 15006:2004. Berlin: DIN Deutsches Institut für Normung e. V., 2007.

[53] Dingus, T. et al.: *The 100-Car Naturalistic Driving Study (DOT HS 810 593)*. Technischer Bericht, National Highway Traffic Safety Administration, 2006.

[54] Dingus, T.; McGehee, D.; Manakkal, N.; Jahns, S.; Carney, C.; Hankey, J.: *Human factors field evaluation of automotive headway maintenance and collision warning devices*. Human Factors, 39(2):216-229, 1997.

[55]  Döhler, H.; Nitsche, K.: *Neue mathematische Erkenntnisse zu Reaktionszeiten bei Notbremsvorgängen, Teil 2*. Verkehrsunfall und Fahrzeugtechnik, S. 299-306, Oktober 2008.

[56]  Donges, E.: *Aspekte der Aktiven Sicherheit bei der Führung von Personenkraftwagen*. Automobilindustrie 27, 1982, S. 183-190.

[57]  Donges, E.: *Fahrerverhaltensmodelle*. In: Winner, H., Hakuli, S., Wolf, G.,(Hrsg): Handbuch Fahrerassistenzsysteme. Wiesbaden Vieweg + Teubner, Kap 2, 2009.

[58]  Enders, S.: *Entwicklung und Test eines Konzeptes zur Koordination von Warnungen im Fahrzeug*. Universität Karlsruhe, 2009.

[59]  Engeln, A.: *Anleitung: Ermittlung einer geeigneten Stichprobengröße für Nutzertests*. Unveröffentlichter Forschungsbericht, 2005.

[60]  Engeln, A.: *Psychologische Grundlagen zur Optimierung von Fahrerreaktionen auf Kollisionswarnsysteme*. Warnstrategien für Frontalkollisions-vermeidungssysteme. Unveröffentlichter Bericht. 2008.

[61]  Erbsmehl, C.: *Simulation of Real Crashes as a Method for Estimating the Potential Benefits of Advanced Safety Technologies*. ESV, 2009. http://www.vufo.de/index.php?plugin=dokumente&action=details& id=36, abgerufen am 27.02.2012.

[62]  eSafety: *Improved road safety through Information & communication technologies*. http://ec.europa.eu/information_society/events/shanghai2010/pdf/04 8_esafety_en.pdf, 2001, abgerufen am 05.07.2011.

[63]  European Commission: *Towards a European road safety area: policy orientations on road safety 2011-2020*.

http://ec.europa.eu/transport/road_safety/pdf/com_20072010_en.pdf , 2010, abgerufen am 05.07.2011.

[64] Fach, M.; Breuer, J.; Baumann, F.; Nuessle, M.; et al.: *Objektive Bewertungsverfahren für radbremsenbasierte Systeme der Aktiven Sicherheit.* In: XXV. Internationales µ-Symposium, Bremsen-Fachtagung. VDI Forschritt-Bericht, Reihe 12, Nr. 597, Bert Breuer (Hrsg.) Düsseldorf: VDI-Verlag, S. 58-80, 2005.

[65] Färber, B.; Maurer, M.: *Nutzer- und Nutzen-Parameter von Collision Warning und Collision Mitigation Systemen.* In 3. Workshop Fahrerassistenzsysteme FAS2005, Walting im Altmühltal, 6.-8. April 2005 (S. 47-55), 2005.

[66] Färber, B.; Naab, K.; Schumann, J.: *Evaluation of prototype implementation in terms of handling aspects of driving tasks (Deliverable Report DRIVE V1041/GIDS CON3).* Haren, The Netherlands: Traffic Research Institute, University of Groningen, 1991.

[67] Farmer, C.: *New evidence concerning fatal crashes of passenger vehicle before and after adding antilock braking systems.* Insurance Institute for Highway safety: Arlington, VA, 2000.

[68] Fecher, N.; Hoffmann, J.; Winner, H.; Fuchs, K.; Abendroth, B.; Bruder, R.: *Aktive Gefahrenbremsungen – wie reagiert das Fahrer-Fahrzeug-System?*. ATZ 02 (2009), S. 140-146, 2009.

[69] Forkenbrock, G.; O'Harra, B.: *A Forward Collision Warning (FCW) Perfomance Evaluation.* ESV 2009, Paper Number 09-0561 http://www-nrd.nhtsa.dot.gov/pdf/esv/esv21/09-0561.pdf 2009, abgerufen am 31.03.12.

[70] Fricke, N.: *Gestaltung zeit- und sicherheitskritischer Warnungen im Fahrzeug.* Dissertation. Berlin, TU Berlin, 2009.

[71]   Fricke, N.: *HMI-Design: Warnsignale vs. Alarme – Was brauchen wir wirklich?* In Integrierte Sicherheit und Fahrerassistenzsysteme (VDI-Berichte Nr. 1960, S. 387-397). Düsseldorf: VDI-Verlag, 2008.

[72]   Friedrich, H. et. al.: *Vorausschauende Kollisionserkennung – Frühwarnsysteme.* In: IVEES/ 42 Volt Konferenz, München, 2000.

[73]   Fritz, D.: *Head-up display best for collision warning.* http://www.sae.org/automag/technewsletter/070703Electronics/01.htm 2011, abgerufen am16.02.12.

[74]   Fuchs, K.; Abendroth, B.; Bruder, R.: *Aktive Gefahrenbremsungen – Wie reagiert der Fahrer?.* 24. VDI/VW-Gemeinschaftstagung. Integrierte Sicherheit und Fahrerassistenzsysteme. 29. und 30. Oktober 2008, Wolfsburg. Düsseldorf: VDI 2008.

[75]   Galvez, A.: *Erweiterung eines Fahrermodells anhand des Fahrerzustands für einen Notbremsassistenten.* Diplomarbeit, KIT, 2012. Diese Arbeit ist im Rahmen der vorliegenden Dissertation entstanden. Die Konzepte und Ergebnisse wurden in Zusammenarbeit mit der Verfasserin ausgearbeitet.

[76]   Geiser, G.: *Mensch-Maschine-Kommunikation.* München, Wien: Oldenbourg, 1990.

[77]   Georgi, A.; Brunner, H.; Scheunert, D.: *GIDAS German In-Depth Accident Study.* FISITA Automotive Congress, 23 – 27 May 2004, Barcelona, Spain, 2004.

[78]   Georgi, A.; Zimmermann, M.; Lich, T.; Blank, L.; et al.: *New Approach of Accident Benefit Analysis for Rear End Collision Avoidance and Mitigation Systems.* NHTSA Report 09-0281, 2009.

[79]   GIDAS: *Unfallerhebung vor Ort Dresden und Hannover.* www.gidas.org, abgerufen am 27.02.2012.

[80] Gish, K.; Mercadante, M.: *The Effect of False Forward Collision Warnings on Driver Responses (DOT HS 809 418)*. U. S. Department of Transportation: National Highway Traffic Safety Administration, 2001.

[81] Graham, R.: *Use of auditory icons as emergency warnings: evaluation within a vehicle collision avoidance application*. Ergonomics, 42(9), 1233-1248., 1999.

[82] Graham, R.; Hirst, S.; Carter, C.: *Auditory Icons for Collision-Avoidance Warnings*. In: the Proceedings of the 1995 annual meeting of ITS America, Intelligent Transportation: Serving the User Through Deployment, Volume 2, 1995.

[83] Green, M.: *How Long Does It Take to Stop?, Methodological Analysis of Driver Perception-Brake Times*. Transportation Human Factors, 2 (3), 195-216, 2000.

[84] Griffiths, P.; Gillespie, R. B.: *Shared Control Between Human and Machine: Haptic Display of Automation During Manual Control of Vehicle Heading*. In Proceedings of the 12th International Symposium on Haptic Interfaces for Virtual Environment and Teleoperator Systems (HAP-TICS'04) IEEE, 2004.

[85] Griffiths, P.; Gillespie, R. B.. *Sharing Control between humans and automation using haptic interface: Primary and secondary task performance*. Human Factors, 47 (3), 574-590, 2005.

[86] Groeger, J. A.: *Understanding Driving. Applying cognitive psychology to a complex everyday task*. Philadelphia: Taylor & Francis, 2000.

[87] Gründl, M.: *Fehler und Fehlverhalten als Ursache von Verkehrsunfällen und Konsequenzen für das Unfallvermeidungspotenzial und die Gestaltung von*

*Fahrerassistenzsystemen*. Dissertation, Universität Regensburg, 2005.

[88] Häcker, H.; Stapf, K. H.: *Dorsch Psychologisches Wörterbuch*. Bern: Verlag Hans Huber, 1998.

[89] Hankey, J.: *Unalerted emergency avoidance at an intersection and possible implications for ABS implementation*. Ames: University of Iowa, 1996.

[90] Hannawald, L.: *Multivariate Bewertung zukünftiger Fahrzeugsicherheit*. VDI Fortschritt-Berichte, Reihe 12, Nr. 682. Düsseldorf: VDI-Verlag, 2008.

[91] Harter, L.; Moore, A.: *Maximum-Likelihood Estimation of the Parameters of Gamma and Weibull Populations from Complete and from Censored Samples*. Technometrics, 7(4), 1965.

[92] Häring, J.; Wilhelm, U.; Branz, W.: *Entwicklungsstrategie für Kollisionswarnsysteme im Niedrigpreis-Segment*. Automobiltechnische Zeitschrift, 03/2009 , S. 182-186, 2009.

[93] Heller, O.; Krüger, H.-P.: *Recommendations for the proposal ISO/TC22/SC13/WG8, Auditory information presentation*. Interdisziplinäres Zentrum für Verkehrswissenschaften an der Universität Würzburg, Psychologisches Institut, March 22, 1996.

[94] Himme, A.: *Gütekriterien der Messung: Reliabilität, Validität und Generalisierbarkeit*. In: Albers, S., Klapper D., Konradt U., Walter A. Wolf J. (Hrsg.): Methodik der empirischen Forschung, Betriebswirtschaftlicher Verlag Dr. Th. Gabler, GWV Fachverlage GmbH, Wiesbaden, Kapitel 4, S. 375 – 390, 2007.

[95] Hirst, S.; Graham, R.: *The format and presentation of collision warnings*. Noy, N.I. (Ed.), Ergonomics and safety of Intelligent Driver Interfaces, 1991.

[96] Ho, C; Spence, C; Tan, H.: *Warning Signals Go Multisensory*. In Proceedings of the 11th International Conference on Human-Computer Interaction, Las Vegas, Nevada, 22.-27. Juli 2005 (Vol. 9, Advances in Virtual Environments Technology: Musings on Design, Evaluation & Applications) (S. 1-10). Mahwah, NJ: Lawrence Erlbaum Associates, 2005.

[97] Hoffmann, J.: *Das Darmstädter Verfahren (EVITA) zum Testen und Bewerten von Frontalkollisionsgegenmaßnahmen*. Dissertation, Technische Universität Darmstadt, 2008.

[98] Hoffmann, J.; Winner, H.: *Bewertung von Frontalkollisionsgegenmaßnahmen durch das Darmstädter Test- und Bewertungsverfahren mit EVITA*. In VDI-Berichte, Nr. 2048 (S. 425-438). Düsseldorf: VDI-Verlag, 2008.

[99] Holte, H.: *Kenngrößen subjektiver Sicherheitsbewertung*. Bergisch-Gladbach: Bundesanstalt für Straßenwesen, 1994.

[100] Hugemann, W.: *Driver Reaction Times In Road Traffic*. 2002.

[101] International Harmonized Research Activities (IHRA) working group on Intelligent Transport Systems (ITS): *Statement of Principles on the Design of High-Priority Warning Signals for In-Vehicle Intelligent Transport Systems – Draft*. www.unece.org/trans/doc/2008/wp29/ITS-16-03e.pdf 2008, abgerufen am 02.03.2012.

[102] International Organization for Standardization (ISO): *ISO 16352, Road vehicles – ergonomic aspects of in-vehicle presentation for transport information and control systems - warning systems*. Geneva, Switzerland: International Organization of Standards, 2005.

[103] International Organization for Standardization (ISO): *ISO 17287, Ergonomische Aspekte von Fahrerinformations und – assistenzsystemen, Verfahren zur Bewertung der*

*Gebrauchstauglichkeit beim Führen eines Kraftfahrzeuges.* Geneva, Switzerland: International Organization of Standards, 2003.

[104] International Organization for Standardization (ISO): *ISO/DIS 26262-3, Road vehicles — Functional safety — Part 3: Concept phase.* Geneva, Switzerland: International Organization of Standards, 2009.

[105] International Organization for Standardization (ISO): *ISO/FDIS 15623 – Transportation information and control systems - Forward vehicle collision warning systems - Performance requirements and test procedures.* Geneva, Switzerland: International Organization for Standardization, 2002.

[106] International Organization for Standardization (ISO): *ISO/TS 16951, Road vehicles – Ergonomic aspects of transport information and control systems – Procedure for determining priority of on board messages pre-sented to drivers).* Geneva, Switzerland; International Organization for Standards, 2003.

[107] Jagacinski, R.; Flach, J.: *Control theory for humans-Quantitative ap-proaches to modelling performance.* Lawrence Erlbaum, Mahwah, NJ, 2003.

[108] Johannsen, G.: *Mensch-Maschine-Systeme.* Springer-Verlag, 1993.

[109] Kaußner, A.: *Dynamische Szenerien in der Fahrsimulation.* Dissertation, Bayerische Julius-Maximilians-Universität Würzburg, 2003.

[110] Kaya, M.; Himme, A.: *Möglichkeiten der Stichprobenbildung.* In: Albers, S., Klapper D., Konradt U., Walter A. Wolf J. (Hrsg.): Methodik der empirischen Forschung, Betriebswirtschaftlicher Verlag Dr. Th. Gabler, GWV Fachverlage GmbH, Wiesbaden, Kapitel 2, S. 79 – 88, 2007.

[111] Khanafer, A.; Pusic, D; Balzer, D.; Bernhard, U.: *Methodik zur Bewertung aktiver Fahrerassistenzsysteme*. In: VDI-Berichte 2000, S. 775-785. Düsseldorf: VDI-Verlag, 2007.

[112] Khanafer, A.; Pusic, D; Balzer, D.; Bernhard, U.: *Nutzenabschätzung bei aktiven Fahrerassistenzsystemen*. ATZelektronik 01/2008, S. 36-41, 2008.

[113] Kiefer, R.; LeBlanc, D.; Palmer, M.; Salinger, J.; Deering, R.; Shulman, M.: *Development and Validation of Functional Definitions and Evaluation Procedures for Collision Warning/Avoidance Systems (Final Report DOT HT 808 964)*. Washington, DC: National Highway Traffic Safety Administration, 1999.

[114] Klanner, F.: *Entwicklung eines kommunikationsbasierten Querverkehrsassistenten im Fahrzeug*. Dissertation, TU Darmstadt, 2008.

[115] Knoll, P.: *The use of displays in automotive applications*. Journal of the Society for Information Display, USA: Soc. Inf. Display, vol.5, no.3, 165-172, 1997.

[116] Knoll, P.; Manstetten, D., et al.: *Fahrerassistenzsysteme*. Robert Bosch GmbH, 2008.

[117] Kobiela, F.: *Fahrerintentionserkennung für autonome Notbremssysteme*. Dissertation, Technische Universität Dresden, 2010.

[118] König, W.; Wittig, T.; Engeln, A.: *Bewertung von Mensch-Maschine-Schnittstelle im Kraftfahrzeug*. Deutsche Gesellschaft für Ortung und Navigation, Wolfsburg, 2001.

[119] Kopischke, S.: *Entwicklung einer Notbremsfunktion mit Rapid Prototyping Methoden*. Dissertation Universität Braunschweig. Aachen: Verlag Mainz, 2000.

[120] Korteling, J.: *Perception–response speed and driving capabilities of brain-damaged and older drivers*. Human Factors, 32, 95–108, 1990.

[121] Krüger, H.-P.; Rauch, N.; Gradenegger, B.: *Der situationsbewusste Umgang mit Nebenaufgaben beim Fahren*. VDI-Berichte 2015, 2007.

[122] Kuehn, M; Hummel, T.; Bende, J.: *Benefit Estimation of Advanced Driver Assitance Systems for Cars Derived from Real-Life Accidents*. ESV 2009, Paper Number 09-0317 http://www-nrd.nhtsa.dot.gov/pdf/esv/esv21/09-0317.pdf 2009, abgerufen am 31.03.12.

[123] Laurig, W; Luttmann, A.: *Planung und Durchführung von Feldstudien*. In: Rohmert, W; Ruten Jranz, J (Hrsg.): Die Bedeutung von Feldstudien für die Arbeitsphysiologie. Festkolloquium aus Anlaß des 75. Geburtstags von Herbert Scholz, Dortmund 10. Juni 1987. Dokumentation Arbeitswissen-schaft Bd. 17, Köln: Dr. Otto Schmidt 1988.

[124] LeBlanc, D.; Kiefer, R.; Deering, R.; Shulman, M.; Palmer, M.; Salinger, J.: *Forward Collision Warning: Preliminary Requirements for Crash Alert Timing*. SAE 2001-01-0462, 2001.

[125] LeBlanc, D.; Sayer, J.; Winkler, C.; Ervin, R.; Bogard, S.; Devonshire, et al.: *Road Departure Crash Warning Field Operational Test*. Washington, DC: National Highway Traffic Safety Administration, 2006.

[126] Lee, J.; McGehee, D.; Brown, T.; Reyes, M.: *Collision Warning Timing, Driver Distraction, and Driver Response to Imminent Rear-*

*End Collisions in a High-Fidelity Driving Simulator*. Human Factors, 44 (2), 314-334, 2002.

[127] Lee, S.; Llaneras, E.; Klauer S.; Sudweeks, J.: *Analyses of Rear-End Crashes and Near-Crashes in the 100-Car-Naturalistic-Driving-Study to Support Rear-Signaling Countermeasure Development (DOT HS 810 846 )*. Technischer Bericht, National Highway Trac Safety Administration, 2007.

[128] Lee, S.; Perez, M.; Doerzaph, Z.; Brown, S.; Stone, S.; Neale, V. et al.: *Intersection collision avoidance – violation project: Final project report (Draft Final Task 5 Report DTNH22-00-C-07007)*. Washington, DC: Na-tional Highway Traffic Safety Administration, 2005.

[129] Lermer, R.: *Konzeption und Bewertung eines fahrsituations- und fahrerleistungsadaptiven Warn- und Informationsmanagers*. Dissertation, Uni-versität der Bundeswehr München, 2010.

[130] Lerner, N.; Dekker, D.; Steinberg, G.; Huey, R.: *Inappropriate alarm rates and driver annoyance (DOT HS 808 533)*. Washington, DC: National Highway Traffic Safety Administration, Office of Crash Avoidance Re-search, 1996.

[131] Lerner, N.; Huey, R.; McGee, H.; Sullivan, A.: *Older driver perception reaction time for intersection sight distance and object detection*. Final report. University of Springfleld, Virginia, 1995.

[132] Lerner, N.; Kotwal, B.; Lyons, R.; Gardner-Bonneau, D.: *Preliminary Human Factors Guidelines for Crash Avoidance Warning Devices*. Wash-ington: US Department of Transportation: National Highway Traffic Safety Administration (NHTSA), 1996.

[133] Lietz, H.; Petzoldt, T.; Henning, M.; Haupt, J.; Wanielik, G. et. al.: *Methodische und technische Aspekte einer Naturalistic Driving*

*Study*. Forschungsvereinigung Automobiltechnik e.V. (FAT), FAT – Schriftreihe 229, 2008.

[134] Lings, S.: *Assessing driving capability: A method for individual testing*. Applied Ergonomics, 22, 75–84, 1991.

[135] Lui, Y.: *Comparative study of the effects of auditory, visual and multimodal displays on drivers' performance in advanced traveller information systems*. Ergonomics, 44(4), 425-442, 2001.

[136] Luttinen, R.: *Statistical Analysis of Vehicle Time Headways*. Dissertation, Helsinki University of Technology, 1996.

[137] Maltz, M.; Shinar, D.: *Imperfect In-Vehicle Collision Avoidance Warning Systems Can Aid Drivers*. Human Factors, 46 (2), 357-366, 2004.

[138] Manser, M.; Ward, N.; Kuge, N.; Boer, E.: *Influence of a driver support system on situation awareness and information processing in response to lead vehicle braking*. Proceedings of the Human Factors and Ergonomics Society 48th Annual Meeting, 2359-2363, 2004.

[139] Marberger, C.; Bosler, F.; Diederichs, F.: *Experimental evaluation of distributed visual warnings for ADAS*. In: Verein Deutscher Ingenieure u.a.: World Automotive Congress: FISITA; 14 - 19 September 2008, Munich, Germany, 2008.

[140] Mattes, S.: *The lane-change-task as a tool for driver distraction evaluation*. Paper presented at the Annual Spring Conference of the GfA/17th Annual Conference of International-Society-for-Occupational-Ergonomics-and-Safety (ISOES), 2003.

[141] McCormick, E.; Sanders, M.: *Human factors in engineering and design*. McGraw Hill, New York, 1982.

[142] McGehee, D.; Brown, T.; Wilson, T.; Burns, M.: *Examination of Driver's Collision Avoidance Behavior in a Lead Vehicle Stopped Scenario Using a Front-to-Rear-End Collision Warning System (DTNH22-93-C-07326)*. Washington, DC: National Highway Traffic Safety Administration, 1997.

[143] Mcruer, D.; Allen, R.; Weir, D.; Klein, R.: *New results in driver steering control models*. Human Factors, 19, 381-397, 1977.

[144] Michon, J.: *A critical view of driver behavior models: What do we know, what should we do?* In L.A. Evans and R.C. Schwing (Eds.). Human behavior and traffic safety (pp. 487-525). New York: Plenum, New York, 1985.

[145] Minderhoud, M.; Bovy, P.: *Extended time-to-collision measures for road traffic safety assessment*. Accident Analysis and Prevention, 33:89-97, 2009.

[146] Muhrer, E.; Vollrath, M.: *Das Projekt ISi-PADAS – Ein Überblick*. 6. VDI-Tagung Fahrer im 21. Jahrhundert, 08. – 09.11.2011, Braunschweig, 2011.

[147] Muhrer, E.; Vollrath, M.: *Expectations while car following - The consequences for driving behaviour in a simulated driving task*. Accident Analysis and Prevention, 42:2158-2164, 2010.

[148] N.N.: *"Schrecksekunde" dauert im Schnitt 0,7 Sekunden*. In: ATZ Automobiltechnische Zeitschrift 85 (3), 1983.

[149] Näätänen, R.; Summala, H.: *A model for the role of motivational factors in drivers' decision-making*. Accident Analysis and Prevention, 6, 243-261, 1974.

[150] Najm, W.; Wiacek, C.; Burgett, A.: *Identlflcation of Precrash Scenarios for Estimating the Safety Benefits of Rear-End Collision*

*Avoidance Systems.* 5th ITS World Congress, Seoul, Korea October 1998.

[151] Neale, V.; Dingus, T.; Klauer, S.; Sudweeks, J.; Goodman, M.: *An Overview of the 100-Car Naturalistic Study And Findings.* http://www-nrd.nhtsa.dot.gov/pdf/esv/esv19/05-0400-W.pdf 2005, abgerufen am 31.03.12.

[152] Neyens, D.; Boyle, L.: *The influence of driver distraction on the severity of injuries sustained by teenage drivers and their passengers.* Accident Analysis and Prevention, 40:254-259, 2008.

[153] Olson, P.; Dewar, R.: *Human factors in traffic safety.* Lawyers and Judges Publishing, 2002.

[154] Olson, P.; Farber. E.: *Forensic aspects of driver perception and response.* Lawyers and Judges Publishing Company, 1993.

[155] Olson, P.; Sivak, M.: *Perception–response time to unexpected roadway hazards.* Human Factors, 28, 91–96, 1986.

[156] Ovcharova, N.; Benz, S.; Uhler, W.; Gauterin, F.; Lethaus, F.; Silvestro, D.: *Benefit Analysis of an Advanced Emergency Braking System Based on End User Tests in a Driving Simulator.* In FISITA World Automotive Congress, 2010.

[157] Ovcharova, N.; Fausten, M.; Benz, S.; Uhler, W.; Gauterin, F.: *Detailnutzenanalyse eines Notbremsassistenzsystems mithilfe einer Probandenstudie im dynamischen Fahrsimulator.* 6. VDI-Tagung Fahrer im 21. Jahrhundert, 08. – 09.11.2011, Braunschweig, 2011.

[158] Ovcharova, N.; Fausten, M.; Gauterin, F.: Effectiveness of Forward *Collision Warnings for Different Driver Attention States.* In: Proceedings of IEEE The Intelligent Vehicles Symposium (IV'12), 03.-07.06.12. Alcala de Henares, Spain, 2012.

[159] Peters, B.; Nilsson, L.: *Modelling the Driver in Control.* In: Cacciabue C. (Ed.): Modelling Driver Behaviour in Automotive Environments, Springer-Verlag London, S. 85-104, 2007.

[160] Popken, A.: *Drivers' reliance on lane keeping assistance Systems as a function of the level of assistance.* Unpublished Dissertation, Chemnitz University of Technology, Chemnitz, 2009.

[161] Ranney, T.: Driver Distraction: *A Review of the Current State-of-Knowledge (DOT HS 810 787).* Technischer Bericht, National Highway Traffic Safety Administration, 2008.

[162] Rasmussen, J: *Skills, Rules and Knowledge; Signals, Signs and Symbols and other Distinctions in Human Performance Models.* In IEEE Transac-tions on Systems, Man and Cybernetics, Vol. SMC 13, No. 3, S. 257-266, 1983.

[163] Rauch, N.; Schoch, S.; Krüger, H.-P.: *Ermittlung von Fahreraufmerksamkeit aus Fahrverhalten. Zusammenstellung des State-of-the-Art zur Aufmerksamkeitserkennung und Betrachtung des Potenzials der Fahrver-haltensanalyse zur Bestimmung der Fahreraufmerksamkeit.* BMWi Projekt AKTIV-AS - Teilprojekt FSA. Würzburg: Institut für Verkehrswissenschaften, 2007.

[164] Rauch, N.; Totzke, I.; Krüger, H.-P.: *Kompetenzerwerb für Fahrerinformationssysteme: Bedeutung von Bedienkontext und Menüstruktur.* In VDI-Gesellschaft Fahrzeug- und Verkehrstechnik (Hrsg.), Integrierte Sicherheit und Fahrerassistenzsysteme (VDI-Berichte, Nr. 1864, S. 303-322). Düsseldorf: VDI-Verlag, 2004.

[165] Reid, L.: *Survey of recent driving steering behaviour models suited to accident investigations.* Accident Analysis and Prevention, 15, 23-40, 1983.

[166] Response 3: *Code of Practice for the Design and Evaluation of ADAS, Version 5.0, 2009.* Preventive and Active Safety

Applications Integrated Project, Contract number FP6-507075 eSafety for road and air transport, 2009.

[167] Robert Bosch GmbH: *Interne Präsentation.*

[168] Robertson, R. et al.: *The road safety monitor 2010: Distracted Driving.* Technischer Bericht, Traffic Injury Research Foundation, 2011.

[169] Rumar, K.: *The role of perceptual and cognitive filters in observed behavior.* In L. Evans and R.G. Schwing (Eds.). Human behavior and traffic safety, Plenum Press, New York, pp. 151-165, 1985.

[170] Sanders, M.; McCormick, E.: *Human factors in engineering and design.* New York: McGraw-Hill, 1993.

[171] Scheffler, H.: *Stichprobenbildung und Datenerhebung.* In: Herrmann, A. und C. Homburg (Hrsg.), Marktforschung, 2. Aufl., Wiesbaden, 59-77, 2000.

[172] Schlag, B.: *Risikoverhalten im Straßenverkehr.* Wissenschaftliche Zeit-schrift der Technischen Universität Dresden, 55, 2006.

[173] Schmidt, G.: *Wann spürt der Fahrer überhaupt? Der Einfluss des Fahrmanövers auf die Wahrnehmung von Zusatzlenkmomenten als haptische Signale im Fahrzeug.* VDI-Berichte Nr. 2015, S. 15-27, 2007.

[174] Schmidt, R.: *Effektivität und Akzeptanz unterschiedlicher Kollisionswarnstrategien: Eine Simulatorstudie zur Verringerung des Zielkonflikts zwischen frühzeitigen und gut akzeptierten Kollisionswarnungen.* Diplomarbeit, Technische Universität Dresden, 2008.

[175] Schumann, J.; Godthelp, H.; Farber, B.; Wontorra, H.: *Breaking up open-loop support for the driver's lateral control task.* In A. G. Gale

et al. (Eds.) Vision in Vehicles IV (pp. 321-332). London: Taylor and Francis, 1993.

[176] Scott, J.; Gray, R.: *Comparison of Driver Brake Reaction Times To Multimodal Rear End Collision Warnings*. In: Proceedings of the Fourth International Driving Symposium on Human Factors in Driver Assessment, Training and Vehicle Design, 285-291, 2007.

[177] Selcon, S.; Taylor, R.; Shadrake, R.: *Multi-modal cockpit warnings pictures or words or both?* Proceedings of the Human Factors Society, 36th Annual Meeting, 57-61, 1992.

[178] Shinar, D. et al.: *The interaction between driver mental and physical conditions and errors causing traffic accidents: An analytical approach*. Journal of Safety Research, 10:16-23, 1978.

[179] Siegler, I.; Reymond, G.; Kemeny, A.; Berthoz, A.: *Sensorimotor integration in a driving simulator: contributions of motion cueing in elementary driving tasks*. Paper presented at the DSC 2001 (Driving Simulation Conference 2001), Nizza, 2001.

[180] Sivak, M.; Post, D.; Olson, P.; Donohue, R.: *Driver responses to high-mounted brake lights in actual traffic*. Human Factors, 23, 231–235, 1981.

[181] Sklar, A.; Sarter, N.: *Good vibrations: tactile feedback in support of attention allocation and human-automation coordination in event-driven domains*. Human Factors, vol.41, no.4, Dec. 1999, 543-552, 1999.

[182] Stanczyk, T.; Jurecki, R.: *Fahrerreaktionszeiten in Unfallrisikosituationen – neue Fahrbahn- und Fahrsimulator-versuche*. Verkehrsunfall und Fahrzeugtechnik, S. 235-246, Juli-August 2008.

[183] Statistisches Bundesamt: *Fachserie 8, Reihe 7, Verkehrsunfälle 2002*. Stuttgart: Metzger Poeschel, 2003.

[184] Staubach, M.: *Identifikation menschlicher Einflüsse auf Verkehrsunfälle als Grundlage zur Beurteilung von Fahrerassistenzsystem- Potentialen*. Dissertation, Technische Universität Dresden, 2010.

[185] Stiller, C.: *Fahrerassistenzsysteme - Von realisierten Funktionen zum vernetzt wahrnehmenden, selbstorganisierenden Verkehr*. In: Maurer M., Stiller, Ch. (Hrsg.): Fahrerassistenzsysteme mit maschineller Wahrnehmung, Springer-Verlag, Kap 1, S. 1-20, 2005.

[186] Stößel, C.: *Evaluation of Driver Warning Strategies for a Collision-Avoidance System*. Unpublished research report, Ludwig-Maximilians University of Munich 2006.

[187] Summala, H.: *Brake reaction times and driver behavior analysis*. In: Transportation Human Factors 2(3), Lawrence Erlbaum Associates, Inc, 2000.

[188] Summala, H.; Koivisto, I.: *Unalerted drivers' brake reaction times: Older drivers compensate their slower reaction times by driving more slowly*. In T. Benjamin (Ed.), Driving behaviour in a social context (pp. 680–683). Caen, France: Paradigme, 1990.

[189] Summerfeld, C.; Egner, T.: Expectation (and attention) in visual cognition. 2009.

[190] Suzuki, K.; Jansson, H.: *An Analysis of driver's steering behaviour during auditory or haptic warnings for the designing of lane departure warning system*. JSAE Review, 24 , 65-70, 2003.

[191] Tan, A.; Lerner, N.: *Acoustic Localization of In-Vehicle Crash Avoidance Warnings as a Cue To Hazard Direction (DOT HS 808*

*534)*. Washington, DC: National Highway Traffic Safety Administration, 1996.

[192] Tasca, L.: *Driver Distraction: Towards A Working Definition*. In: International Conference on Distracted Driving, 2005.

[193] Tijerina, L.; Jackson, J.; Pomerleau, D.; Romano, R.; Petersen, A.: *Driving simulator tests of lane departure collision avoidance systems*. Proceedings of ITS America Sixth Annual Meeting, Houston, TX, 1996.

[194] Tijerina, L.; Johnston, S.; Palmer, E.; Pham, H.; Winterbottom, M.: *Preliminary studies in haptic displays for rear-end collision avoidance system and adaptive cruise control system applications*. Vehicle Research and Test Center (U.S.), National Highway Traffic Safety Administration, Washington DC, Technical Report EDL # 13363, 2000.

[195] Timpe, K.: *Informationsdarstellungen in Mensch-Maschine-Systemen*. In C. G. Hoyos & B. Zimolong (Hrsg.), Ingenieurpsychologie. Enzyklopädie der Psychologie, Themenbereich D, Serie III, Band 2 (S. 178-203). Göttingen: Hogrefe, 1990.

[196] Totzke, I.; Hofmann, M.; Krüger, H.: *Age, previous knowledge, and learnability of driver information systems*. In G. Underwood (Hrsg.), Traffic and Transport Psychology (S. 279-292), Nottingham: Elsevier, 2005.

[197] Totzke, I.; Rauch, N.; Krüger, H.-P.: *Kompetenzerwerb und Struktur von Menüsystemen im Fahrzeug: "Breiter ist besser?"*. In C. Steffens, M. Thüring & L. Urbas (Hrsg.), Entwerfen und Gestalten. 5. Berliner Werkstatt für Mensch-Maschine-Systeme (Bd. 18, S. 226-249). Düsseldorf: VDI-Verlag, 2004.

[198] Treisman, A.: *Features and objects: the Fourteenth Bartlett Memorial Lecture*. Quarterly Journal of Experimental Psychology, A40(2), 201-237, 1988.

[199] Trujillo-Ortiz, A.; Hernandez-Walls R.; Barba-Rojo K., Castro-Perez A.; Lavaniegos-Espejo, B.: *AnDarWtest: Anderson-Darling test for assessing Weibull distribution of a sample data*. A MATLAB file, http://www.mathworks.com/matlabcentral/file-exchange/loadFile.do?objectId=15745, 2007.

[200] Underwood, G.: *Visual attention and the transition from novice to advanced driver*. 50(8):1235-1249, 2009.

[201] Vaa, T.: *Modelling Driver Behaviour on Basis of Emotions and Feelings: Intelligent Transport Systems and Behavioural Adaptations*. In: Cacciabue C. (Ed.): Modelling Driver Behaviour in Automotive Environments, Sprin-ger-Verlag London, S. 208-232, 2007.

[202] van der Horst, A.: *A time-based analysis of road user behaviour in normal and critical encounters*. Dissertation, 1990.

[203] Voss, M; Bouis, D: *Der Mensch als Fahrzeugführer. Bewertungskriterien der Informationsbelastung*. Visuelle und auditive Informationsübertragung im Vergleich. FAT Schriftenreihe Nr. 12, Bericht Phase 2, 1979.

[204] Warshawsky-Livne, L.; Shinar, D.: *Effects of uncertainty, transmission type, driver age and gender on brake reaction and movement time*. Jour-nal of Safety Research, 33:117-128, 2002.

[205] Watzke, C.: *Konzeption von adaptiven Warnstrategien für einen Notbremsassistenten in Abhängigkeit der Aufmerksamkeit des Fahrers*. Bachelorarbeit, Hochschule Coburg, 2011. Diese Arbeit ist im Rahmen der vorliegenden Dissertation entstanden. Die Konzepte

und Ergebnisse wurden in Zusammenarbeit mit der Verfasserin ausgearbeitet.

[206] Weber, D.: *Untersuchung des Potentials eines Ausweich-Assistenten*. Dissertation, KIT, 2012.

[207] Weiße, J.: *Beitrag zur Entwicklung eines optimierten Bremsassistenten*. Bericht aus dem Institut für Arbeitswissenschaft der TU Darmstadt (Leiter: Univ.-Prof. Dr.-Ing. K. Landau), Ergonomia Verlag Stuttgart, 2003.

[208] Wiacek, C.; Najm, W.: *Driver/Vehicle Characteristics in Rear-End Pre-crash Scenarios Based on the General Estimates System (GES)*. SAE-1999-01-0817, 1999.

[209] Wickens, C.: *Engineering psychology and human performance*. New York, NY: Harper Collins, 1992.

[210] Wickens, C.: *Processing resources in attention*. In R. Parasuraman and R. Davies (Ed.), Variety of Attention, Academic Press, New York, 1984.

[211] Wierwille, W.: *A review of age effects in several experiments on instrument panel task performance*. In: International Congress and Exposition, Detroit, 1990.

[212] Wilde, G.: *Risk homeostasis theory: an overview*. Injury Prevention, 4:89-91, 2006.

[213] Wilde, G.: *Risk homeostasis theory: an overview*. Injury Prevention, 4: 89-91, 1998.

[214] Wilde, G.: *Target risk: dealing with the danger of death, disease and damage in everyday decisions*. Toronto: PDE Publications, 1994.

[215] Wilhelm, U.: *Optimierung des Akzeptanz-Nutzenverhältnisses am Beispiel der Predictive Collision Warning*. In VDI-Berichte, Nr. 1960, S. 553-562, Düsseldorf: VDI-Verlag, 2006.

[216] Willmes-Lenz, G.: *Internationale Erfahrungen mit neuen Ansätzen zur Absenkung des Unfallrisikos junger Fahrer und Fahranfänger*. Berichte der Bundesanstalt für Straßenwesen, Heft M 144, 2003.

[217] Wilson, T.; Miller, S.; Burns, M.; Chase, C.; Taylor, D.; Butler, W. et al.: *Light vehicle forward-looking, rear-end collision warning system performance guidelines (DOT HS 808 948)*.Washington, DC: National Highway Traffic Safety Administration, 1998.

[218] Winner, H.: *Radarsensorik*. In: Winner, H., Hakuli, S., Wolf, G.,(Hrsg): *Handbuch Fahrerassistenzsysteme*. Wiesbaden Vieweg + Teubner, Kap 12, 2009.

[219] WIVW GmbH: *Fahrsimulator mit Bewegungssystem*. http://www.wivw.de/TechnischeAusruestung/BewFS/index.php.de, 2011, abgerufen am 14.04.12.

[220] Wright, G.; Shephard, R.: *Brake reaction time – effects of age, sex, and carbon monoxide*. Archives of Environmental Health, 33, 141–150, 1978.

[221] Young, K. et al.: *Driver distraction: A review of the literature*. Technischer Bericht, MONASH University - Accident Research Centre, 2003.

[222] Ziegler, W.; Franke, U.; Renner, G.; Kühnle, A.: *Computer Vision on the Road: A Lane Departure and Drowsy Driver Warning System*. SAE Tech-nical Papers Series No. 952256 E, 1995.

[223] Zimmermann, M.: *Häufigkeitsverteilung von Auffahrszenarien und Initialgeschwindigkeiten auf Basis von GIDAS Unfalldaten*. Unveröffentlichter Forschungsbericht, 2009.

[224] Zimmermann, M.; Georgi, A.; Lich, T.; Marchthaler, R.: *Nutzenanalyse für Auffahrunfälle vermeidende Sicherheitssysteme.* 10. Braunschweiger Symposium AAET 2009 Automatisierungs-, Assistenzsysteme und einge-bettete Systeme für Transportmittel, 11. - 12.02, 2009.

[225] Zuckerman, M.: *Sensation Seeking and anxiety, traits and states, as determinants of behaviour in novel situations.* Sarason, I. G.; Spielberger, C. D. (Hrsg.): Stress and anxiety. Washington, D. C.: Hemisphere/Wiley, 1976.

Liste der Diplomarbeiten, die im Rahmen dieser Dissertation entstanden sind und deren Ergebnisse verwendet wurden:

| | |
|---|---|
| Galvez, Andres: | Erweiterung eines Fahrermodells anhand des Fahrerzustands für einen Notbremsassistenten |
| Watzke, Christian: | Konzeption von adaptiven Warnstrategien für einen Notbremsassistenten in Abhängigkeit der Aufmerksamkeit des Fahrers |
| Pullmann, Christian: | Umsetzung, Integration und Evaluation einer adaptiven Notbremsassistenzfunktion |
| Arnold, Nina: | Untersuchung von Methoden zum Nachweis des Nutzens von Fahrerassistenzsystemen zur Unfallvermeidung bzw. Unfallfolgenminderung |

# D   Anhang

## D.1   Skala für die Bewertung der Methoden zur Nutzenuntersuchung

| Bewertung<br><br>Kriterium | Positiv (+) | Negativ (-) |
| --- | --- | --- |
| 1) Gesamtes reales Unfallgeschehen | Unfallgeschehen aus statistisch repräsentativen Unfalldatenbanken (alle relevanten Unfälle). Das Unfallgeschehen sollte mit einer hohen Detaillierungsgrad beschrieben wurden, damit eine möglichst realitätsnahe Rekonstruktion des Unfalls stattfinden kann. | Spezielle kritische Situation bei nutzerorientierten Versuchen (Teststrecke und Simulator) oder modelliertes Unfallgeschehen. |
| 2) Gesamte Fahrerpopulation | Fahrerpopulation aus Datenbanken ist die einzige repräsentative Datenquelle, die alle Unfallfahrer abbilden kann. | Nutzerorientierte Versuche aufgrund der kleinen bzw. begrenzten Stichprobenmengen. |
| 3) Echtes System | Reales System oder FAS-Prototyp (exakte Nachbildung) mit realitätsnahem System- und Gefahrempfinden sowie Beanspruchung des Fahrers (d.h. Realfahrzeug oder dynamischer Fahrsimulator). Jedes System, die mit einem Fahrer evaluiert werden kann. | Virtuelle Prototypen oder mathematische Modelle, die ohne Fahrer-in-der-Loop das Systemverhalten offline simulieren. |
| 4) Echtes Fahrerverhalten | Gemessenes Fahrerverhalten mit einem FAS, welches aus einem nutzerorientierte Studie stammt. Oder auf Basis von nutzerorientierten Erkenntnissen über das Fahrerverhalten mit dem FAS abgeleitetes Fahrermodell. | Ignoriertes Fahrerverhalten oder modelliertes Fahrerverhalten, das mit einem FAS nicht evaluiert wurde oder von einem nutzerorientierte Studie mit dem entsprechenden System abgeleitet wurde. |
| 5) Echtes Fahrverhalten | Realitätsnahes Fahrdynamik- und Haptikempfinden des Fahrzeugs. Gegeben bei Versuchen mit realen Fahrzeug oder im dynamischen Fahrsimulator. | Simulation der Fahrdynamik des Fahrzeugs z.B. bei virtuellen Fahrzeugen. |
| 6) Qualität der Ergebnisse | Objektive Ergebnisse, die anhand vom Messdaten oder kinematischen Modellen erzielt wurden. Keine subjektive Abschätzungen oder | Subjektive Abschätzungen oder Rechnung mit Erfahrungswerten. |

| | Abschätzungen aller relevanten Parameter erlaubt. | |
|---|---|---|
| 7) Nutzenbewer-tung | Objektive Nutzenwerte, keine Bereiche in dem sich der Nutzen bewegen kann bzw. Vermeidungs-wahrscheinlichkeitsangaben. | Wahrscheinlichkeiten, Bereiche in denen der Nutzen liegt, Nut-zenabschätzungen. |

## D.2 Gewichtung der Fahrerreaktionen nach den Georgi et al. Fahrermodell

Aufgrund fehlender Angaben bzgl. der Gewichtung der Fahreraktivität unter [78] wird der aktive und inaktive Zustand jeweils mit 50% in dieser Arbeit gewichtet.

| Aktivität | Reaktionsart | Fahrertyp | Gewichtung |
|---|---|---|---|
| Aktiv | Keine Reaktion | Lethargic | 1,67% |
| | | Realistic | 1,67% |
| | | Best | 1,67% |
| | Akustische Warnung | Lethargic | 8,33% |
| | | Realistic | 8,33% |
| | | Best | 8,33% |
| | Bremsruck | Lethargic | 6,66% |
| | | Realistic | 6,66% |
| | | Best | 6,66% |
| Inaktiv | Keine Reaktion | Lethargic | 1,67% |
| | | Realistic | 1,67% |
| | | Best | 1,67% |
| | Akustische Warnung | Lethargic | 8,33% |
| | | Realistic | 8,33% |
| | | Best | 8,33% |
| | Bremsruck | Lethargic | 6,66% |
| | | Realistic | 6,66% |
| | | Best | 6,66% |

## D.3 Fragebögen der Probandenstudie im DLR-Fahrsimulator



### Fragebogen Teil 2

In dieser wissenschaftlichen Studie wurde ein bestimmtes Fahrerassistenzsystem untersucht – ein Notbremsassistent.

| Haben Sie gemerkt, dass ein Notbremsassistent getestet wurde? | | |
| --- | --- | --- |
| ❑ ja | ❑ nein | ❑ weiß nicht |



### A. Wie attraktiv ist der Notbremsassistent?

Bitte beurteilen Sie den Notbremsassistenten mit Hilfe der nachfolgenden Adjektivpaare. Beachten Sie, dass die Adjektive eher im übertragenen Sinne, also "gefühlsmäßig" zu verstehen sind. Markieren Sie also möglichst spontan die Position zwischen den Wortpaaren, die Ihrer Meinung nach das System am besten beschreibt.

*Machen Sie in jeder Zeile ein Kreuz.*

| Ich finde den Notbremsassistenten: | | | | | | |
| --- | --- | --- | --- | --- | --- | --- |
| anregend | ❑ | ❑ | ❑ | ❑ | ❑ | ermüdend |
| dynamisch | ❑ | ❑ | ❑ | ❑ | ❑ | statisch |
| müde | ❑ | ❑ | ❑ | ❑ | ❑ | frisch |
| stark | ❑ | ❑ | ❑ | ❑ | ❑ | schwach |
| aktiv | ❑ | ❑ | ❑ | ❑ | ❑ | passiv |
| schnell | ❑ | ❑ | ❑ | ❑ | ❑ | langsam |
| unangenehm | ❑ | ❑ | ❑ | ❑ | ❑ | angenehm |
| effektiv | ❑ | ❑ | ❑ | ❑ | ❑ | ineffektiv |
| erstrebenswert | ❑ | ❑ | ❑ | ❑ | ❑ | nicht erstrebenswert |
| kontrollierbar | ❑ | ❑ | ❑ | ❑ | ❑ | unkontrollierbar |
| gut | ❑ | ❑ | ❑ | ❑ | ❑ | schlecht |
| ideenlos | ❑ | ❑ | ❑ | ❑ | ❑ | innovativ |
| langweilig | ❑ | ❑ | ❑ | ❑ | ❑ | interessant |
| nützlich | ❑ | ❑ | ❑ | ❑ | ❑ | nutzlos |
| unbequem | ❑ | ❑ | ❑ | ❑ | ❑ | komfortabel |
| kühl | ❑ | ❑ | ❑ | ❑ | ❑ | gefühlvoll |
| wichtig | ❑ | ❑ | ❑ | ❑ | ❑ | unwichtig |
| gefährlich | ❑ | ❑ | ❑ | ❑ | ❑ | sicher |
| erfreulich | ❑ | ❑ | ❑ | ❑ | ❑ | ärgerlich |

## B. Wie haben Sie die Warnungen des Notbremsassistenten empfunden?

Welche Warnung haben Sie wahrgenommen? War der Warnzeitpunkt korrekt?

*Machen Sie in jeder Zeile ein bzw. zwei Kreuze.*

| Warnung | Warnung wahrgenommen? | | | Falls wahrgenommen, kam die Warnung rechtzeitig? | | | | |
|---|---|---|---|---|---|---|---|---|
| | weiß nicht | nein | ja | viel zu früh | etwas zu früh | genau richtig | etwas zu spät | zu spät |
| Akustische Warnung | ☐ | ☐ | ☐ | ☐ | ☐ | ☐ | ☐ | ☐ |
| Bremsruck | ☐ | ☐ | ☐ | ☐ | ☐ | ☐ | ☐ | ☐ |

Haben Sie auf die Warnung reagiert?

☐ ja          ☐ nein          ☐ weiß nicht

Falls ja, auf welche Warnung haben sie reagiert?

☐ akustische Warnung          ☐ Bremsruck



## C. Welche Eigenschaften hat der Notbremsassistent?

Bitte bewerten Sie die verschiedenen Eigenschaften des Notbremsassistenten.

*Machen Sie in jeder Zeile ein Kreuz.*

| | trifft absolut nicht zu | trifft eher nicht zu | weder noch | trifft eher zu | trifft absolut zu |
|---|---|---|---|---|---|
| Der Notbremsassistent ist modern. | ☐ | ☐ | ☐ | ☐ | ☐ |
| Der Notbremsassistent fördert die körperliche Entspannung beim Fahren. | ☐ | ☐ | ☐ | ☐ | ☐ |
| Der Notbremsassistent wirkt glaubwürdig. | ☐ | ☐ | ☐ | ☐ | ☐ |
| Der Notbremsassistent erhöht den Fahrgenuss. | ☐ | ☐ | ☐ | ☐ | ☐ |
| Der Notbremsassistent lenkt davon ab, Gefahren rechtzeitig zu erkennen. | ☐ | ☐ | ☐ | ☐ | ☐ |
| Fahren mit dem Notbremsassistenten macht keinen Spaß. | ☐ | ☐ | ☐ | ☐ | ☐ |
| Der Notbremsassistent erhöht die Verkehrssicherheit. | ☐ | ☐ | ☐ | ☐ | ☐ |
| Durch den Notbremsassistenten wird die Umwelt beim Fahren weniger belastet. | ☐ | ☐ | ☐ | ☐ | ☐ |

Fragebögen Teil 2

| | trifft absolut nicht zu | trifft eher nicht zu | weder noch | trifft eher zu | trifft absolut zu |
| --- | --- | --- | --- | --- | --- |
| Der Notbremsassistent ist in der Stadt vorteilhaft. | □ | □ | □ | □ | □ |
| Der Notbremsassistent ist auf Landstraßen und Autobahnen vorteilhaft. | □ | □ | □ | □ | □ |
| Der Notbremsassistent macht auch mal Fehler. | □ | □ | □ | □ | □ |
| Der Notbremsassistent kann vor Verkehrsverstößen bewahren. | □ | □ | □ | □ | □ |
| Das Erlernen der Bedienung des Notbremsassistenten ist schwierig. | □ | □ | □ | □ | □ |
| Der Notbremsassistent bringt einen eindeutigen Zeitgewinn. | □ | □ | □ | □ | □ |
| Der Notbremsassistent wird nur von Leuten genutzt, die sich im Straßenverkehr nicht sicher fühlen. | □ | □ | □ | □ | □ |
| Mit dem Notbremsassistenten kann man beim Fahren gut Frust und Stress abbauen. | □ | □ | □ | □ | □ |
| Mit dem Notbremsassistenten erhöht sich der Komfort des Autofahrens. | □ | □ | □ | □ | □ |
| Der Notbremsassistent macht das Autofahren langweilig. | □ | □ | □ | □ | □ |
| Der Notbremsassistent fördert den Stress beim Fahren. | □ | □ | □ | □ | □ |
| Mit dem Notbremsassistenten kann man Sprit sparen. | □ | □ | □ | □ | □ |
| Der Notbremsassistent unterstützt den Fahrer dabei, Gefahren im Straßenverkehr rechtzeitig zu erkennen. | □ | □ | □ | □ | □ |
| Mit dem Notbremsassistenten kann man sportlich fahren. | □ | □ | □ | □ | □ |
| Der Notbremsassistent schadet dem Image des Fahrers. | □ | □ | □ | □ | □ |
| Ich vertraue dem Notbremsassistenten nicht. | □ | □ | □ | □ | □ |

Fragebögen Teil 2

| | trifft absolut nicht zu | trifft eher nicht zu | weder noch | trifft eher zu | trifft absolut zu |
| --- | --- | --- | --- | --- | --- |
| Dank des Notbremsassistenten ist man auch noch nach längeren Fahrten entspannt. | □ | □ | □ | □ | □ |
| Man kann stolz sein, wenn man anderen den Notbremsassistenten vorführt. | □ | □ | □ | □ | □ |
| Der Notbremsassistent trägt dazu bei, das Unfallrisiko der Autofahrer zu senken. | □ | □ | □ | □ | □ |
| Die Informationen, die der Notbremsassistent ausgibt, sind für den Nutzer ungenügend. | □ | □ | □ | □ | □ |
| Es wäre mir vor meinen Kollegen peinlich, den Notbremsassistenten zu benutzen. | □ | □ | □ | □ | □ |
| Der Notbremsassistent ist verlässlich. | □ | □ | □ | □ | □ |
| Der Notbremsassistent unterstützt eine umweltfreundliche Fahrweise. | □ | □ | □ | □ | □ |
| Das Autofahren mit dem Notbremsassistenten belastet den Fahrer zusätzlich. | □ | □ | □ | □ | □ |

## D. Was bringt mir der Notbremsassistent?

Für wie wahrscheinlich halten Sie folgende Konsequenzen, die sich aus dem Kauf bzw. der Nutzung des Systems für Sie ergeben könnten?

*Machen Sie in jeder Zeile ein Kreuz.*

| Wenn ich einen Notbremsassistenten hätte... | sehr unwahr-scheinlich | eher unwahr-scheinlich | weder noch | eher wahr-scheinlich | sehr wahr-scheinlich |
|---|---|---|---|---|---|
| ... würde ich mich beim Autofahren sicherer fühlen. | ☐ | ☐ | ☐ | ☐ | ☐ |
| ... würden viele Zusatzkosten auf mich zukommen. | ☐ | ☐ | ☐ | ☐ | ☐ |
| ... wäre ich beim Autofahren entspannter. | ☐ | ☐ | ☐ | ☐ | ☐ |
| ...würde ich schneller fahren. | ☐ | ☐ | ☐ | ☐ | ☐ |
| ... könnte ich mich besser auf den Verkehr konzentrieren. | ☐ | ☐ | ☐ | ☐ | ☐ |
| ... würde ich schreckhaft auf das Warnsignal reagieren. | ☐ | ☐ | ☐ | ☐ | ☐ |
| ... würde ich schreckhaft auf den Bremsruck reagieren. | ☐ | ☐ | ☐ | ☐ | ☐ |
| ... würde ich schneller bei einer kritischen Situation reagieren. | ☐ | ☐ | ☐ | ☐ | ☐ |
| ... könnte ich bei einer kritischen Situation einen Unfall vermeiden. | ☐ | ☐ | ☐ | ☐ | ☐ |
| sonstiges___________________ | ☐ | ☐ | ☐ | ☐ | ☐ |



## E. Was denken andere über den Notbremsassistenten?

Was glauben Sie, denken andere Personen über den Notbremsassistenten?

*Machen Sie in jeder Zeile ein Kreuz.*

| | trifft absolut nicht zu | trifft eher nicht zu | weder noch | trifft eher zu | trifft absolut zu |
|---|---|---|---|---|---|
| Meine Freunde fänden den Notbremsassistenten gut. | ☐ | ☐ | ☐ | ☐ | ☐ |
| Ich kann mir gut vorstellen, dass sich meine Freunde den Notbremsassistenten kaufen. | ☐ | ☐ | ☐ | ☐ | ☐ |
| Personen, die mir wichtig sind, würden es ablehnen, wenn ich mir den Notbremsassistenten kaufe. | ☐ | ☐ | ☐ | ☐ | ☐ |
| Meine Freunde würden mich darin bestärken, mir den Notbremsassistenten zu kaufen. | ☐ | ☐ | ☐ | ☐ | ☐ |
| Meine Familie würde es begrüßen, wenn ich den Notbremsassistenten hätte. | ☐ | ☐ | ☐ | ☐ | ☐ |
| Andere würden es gut finden, wenn ich den Notbremsassistenten hätte. | ☐ | ☐ | ☐ | ☐ | ☐ |
| Wenn ich mir den Notbremsassistenten kaufe, ist es mir egal, was meine Freunde dazu sagen. | ☐ | ☐ | ☐ | ☐ | ☐ |
| Viele Leute würden den Notbremsassistenten toll finden. | ☐ | ☐ | ☐ | ☐ | ☐ |
| Bei der Kaufentscheidung zu diesem Notbremsassistenten berücksichtige ich die Meinung meiner Familie. | ☐ | ☐ | ☐ | ☐ | ☐ |

## F. Würden Sie den Notbremsassistenten kaufen?

Bitte beurteilen Sie **spontan** die nachfolgenden Aussagen.

*Machen Sie in jeder Zeile ein Kreuz.*

| | trifft absolut nicht zu | trifft eher nicht zu | weder noch | trifft eher zu | trifft absolut zu |
|---|---|---|---|---|---|
| Ich würde den Notbremsassistenten gern besitzen. | ☐ | ☐ | ☐ | ☐ | ☐ |
| Ich werde den Notbremsassistenten auf keinen Fall kaufen. | ☐ | ☐ | ☐ | ☐ | ☐ |
| Ich werde den Kauf des Notbremsassistenten in Betracht ziehen. | ☐ | ☐ | ☐ | ☐ | ☐ |
| Ob ich den Notbremsassistenten kaufe, hängt von mir selbst ab. | ☐ | ☐ | ☐ | ☐ | ☐ |
| Es ist sehr wahrscheinlich, dass ich den Notbremsassistent kaufen kann. | ☐ | ☐ | ☐ | ☐ | ☐ |
| Ich kann den Notbremsassistenten vermutlich nicht bezahlen. | ☐ | ☐ | ☐ | ☐ | ☐ |
| Ich habe kein Geld für Zusatzfunktionen im Auto. | ☐ | ☐ | ☐ | ☐ | ☐ |
| Komfort-Zusatzausstattungen für mein Auto sind mir einiges wert. | ☐ | ☐ | ☐ | ☐ | ☐ |



Markieren Sie die Position zwischen den Wortpaaren, die Ihrer Meinung am besten entspricht.

*Machen Sie in jeder Zeile ein Kreuz.*

| Den Notbremsassistenten zu kaufen finde ich … | | | | | | |
|---|---|---|---|---|---|---|
| gut | ☐ | ☐ | ☐ | ☐ | ☐ | schlecht |
| nutzlos | ☐ | ☐ | ☐ | ☐ | ☐ | nützlich |
| angenehm | ☐ | ☐ | ☐ | ☐ | ☐ | unangenehm |
| unwichtig | ☐ | ☐ | ☐ | ☐ | ☐ | wichtig |
| nachteilig | ☐ | ☐ | ☐ | ☐ | ☐ | vorteilhaft |

## G. Welchen Wert hat der Notbremsassistent für Sie?

Wie wichtig ist es Ihnen, folgende Systeme in Ihrem Auto zu haben? Bitte vergeben Sie die Plätze 1 bis 6 (Platz 1 = wichtigstes System; Platz 6 = unwichtigstes System).

**Vergeben Sie jeden Platz nur einmal.**

| System | Funktion | Platz |
|---|---|---|
| ESP (Elektronisches Stabilitätsprogramm) | Vermindert die Schleudergefahr des Fahrzeugs durch gezieltes Abbremsen einzelner Räder. | —— |
| Nachtsichtunterstützung (Night Vision) | Zeigt dem Fahrer auf einem Display bei Dunkelheit einen größeren Sichtbereich an, als mit den Scheinwerfern ausgeleuchtet wird. | —— |
| Notbremsassistent | Ziel von Notbremsassistenten ist die Minderung der Unfallschwere und längerfristig die Kollisionsvermeidung durch aktive Fahrzeugeingriffe. | —— |
| Spurverlassenswarner (LDW) | Warnt den Fahrer, wenn er von der Spur abzukommen droht. | —— |
| Spurwechselassistent/ Totwinkelassistent (LCA) | Warnt den Fahrer bei einer drohenden Kollision mit einem Fahrzeug auf den Nebenspur beim Spurwechsel. | —— |
| Automat. Abstandsregelung (ACC) | Das System regelt durch Motor- und Bremseingriffe automatisch den Abstand zum Vordermann. | —— |

Im Folgenden möchten wir von Ihnen wissen, welchen Aufpreis Sie persönlich für solchen Notbremsassistenten zahlen würden. Zur leichteren Orientierung werden zunächst die Preise verschiedener Systeme auf einem "Preisstrahl" angegeben.

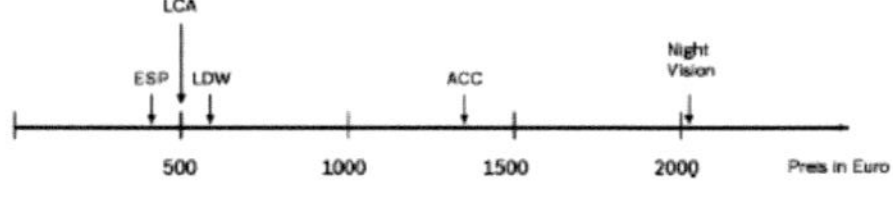


| | | |
|---|---|---|
| Bis zu welchem Preis würden Sie das Warnsystem preiswert finden und es besonders gern kaufen? | bis | € |
| Bis zu welchem Preis finden Sie das Warnsystem so billig, dass Sie an der Qualität des Produktes zweifeln würden? | bis | € |
| Ab welchem Preis finden Sie das Warnsystem zwar teuer, würden ihn aber noch kaufen? | ab | € |
| Ab welchem Preis finden Sie das Warnsystem zu teuer und würden ihn nicht mehr kaufen? | ab | € |
| Was glauben Sie wird dieses System kosten? | circa | € |

Wie hoch ist insgesamt das monatliche Nettoeinkommen in Ihrem Haushalt (Welchen Betrag hat Ihr Haushalt nach Abzug von Steuern u. ä. monatlich zur Verfügung?)

*Diese Frage ist für unsere Auswertung enorm wichtig. Ihre Antworten werden absolut vertraulich behandelt. Sie können nicht Ihrem Namen, sondern lediglich Ihrem persönlichen Code zugeordnet werden und sind daher anonym.*

❏ unter 500 €                    ❏ 500 bis 1000 €

❏ 1001 bis 2000 €            ❏ 2001 bis 3000 €

❏ 3001 bis 4000 €            ❏ 4001 bis 5000 €

❏ über 5000 €

## D.4 Fragebögen der Voruntersuchungen in Leonberger Simulator

Fragebogen Teil 2   1

### Fragebogen Teil 2-1

In dieser wissenschaftlichen Studie wurde ein bestimmtes Fahrerassistenzsystem untersucht – ein Warnassistent.

Haben Sie gemerkt, dass ein Warnassistent getestet wurde?

☐ ja     ☐ nein     ☐ weiß nicht

Fragebogen Teil 2   2

### A. Wie haben Sie die Warnungen des Warnassistenten empfunden (1.Fahrt)?

Welche Warnung haben Sie wahrgenommen? War der Warnzeitpunkt korrekt?

*Machen Sie in jeder Zeile ein bzw. zwei Kreuze.*

| Warnung | Warnung wahrgenommen? | | | Falls wahrgenommen, kam die Warnung rechtzeitig? | | | | |
|---|---|---|---|---|---|---|---|---|
| | weiß nicht | nein | ja | viel zu früh | etwas zu früh | genau richtig | etwas zu spät | zu spät |
| Akustische Warnung | ☐ | ☐ | ☐ | ☐ | ☐ | ☐ | ☐ | ☐ |
| Optische Warnung | ☐ | ☐ | ☐ | ☐ | ☐ | ☐ | ☐ | ☐ |

Haben Sie auf die Warnung reagiert?

☐ ja     ☐ nein     ☐ weiß nicht

Falls ja, auf welche Warnung haben sie reagiert?

☐ akustische Warnung     ☐ optische Warnung

**Reihenfolge der Warnungen** bitte unten neben die Zifffern eintragen. Mögliche Antworten: Bremsleuchten, optisch, akustisch

1☐     2☐     3☐

## B. Welche Eigenschaften hat der Warnassistent  (1.Fahrt)?

Bitte bewerten Sie die verschiedenen Eigenschaften des Warnassistenten.

*Machen Sie in jeder Zeile ein Kreuz.*

| | trifft absolut nicht zu | trifft eher nicht zu | weder noch | trifft eher zu | trifft absolut zu |
|---|---|---|---|---|---|
| Die optische Warnung ist gut platziert. | ☐ | ☐ | ☐ | ☐ | ☐ |
| Die akustische Warnung ist zu laut. | ☐ | ☐ | ☐ | ☐ | ☐ |
| Die optische Warnung kann ich mit einer Bremsreaktion verbinden. | ☐ | ☐ | ☐ | ☐ | ☐ |
| Die akustische Warnung hat mich gestresst. | ☐ | ☐ | ☐ | ☐ | ☐ |
| Die akustische Warnung kann ich mit einer Bremsreaktion verbinden. | ☐ | ☐ | ☐ | ☐ | ☐ |
| Der Warnassistent bringt einen eindeutigen Zeitgewinn. | ☐ | ☐ | ☐ | ☐ | ☐ |
| Die optische Warnung hat mich gestresst. | ☐ | ☐ | ☐ | ☐ | ☐ |
| Die optische Warnung hat mich von der Gefahrensituation abgelenkt. | ☐ | ☐ | ☐ | ☐ | ☐ |
| Die Frequenz der optischen Warnung war der Gefahrensituation angemessen | ☐ | ☐ | ☐ | ☐ | ☐ |
| Die optische Warnung hat mich abgelenkt. | ☐ | ☐ | ☐ | ☐ | ☐ |
| Ich habe die Bremsleuchten des vor mir fahrenden Fahrzeuges gesehen. | ☐ | ☐ | ☐ | ☐ | ☐ |
| Die akustische Warnung hat mich erschreckt. | ☐ | ☐ | ☐ | ☐ | ☐ |



| | trifft absolut nicht zu | trifft eher nicht zu | weder noch | trifft eher zu | trifft absolut zu |
|---|---|---|---|---|---|
| Die optische Warnung hat mich verwirrt. | ☐ | ☐ | ☐ | ☐ | ☐ |
| Die akustische Warnung ist zu Intensiv. | ☐ | ☐ | ☐ | ☐ | ☐ |
| Die akustische Warnung hat mich davon abgehalten die Gefahrensituation rechtzeitig zu erkennen | ☐ | ☐ | ☐ | ☐ | ☐ |

Bemerkungen:

## C. Wie haben Sie die Warnungen des Warnassistenten empfunden (2.Fahrt)?

Welche Warnung haben Sie wahrgenommen? War der Warnzeitpunkt korrekt?

*Machen Sie in jeder Zeile ein bzw. zwei Kreuze.*

| Warnung | Warnung wahrgenommen? | | | Falls wahrgenommen, kam die Warnung rechtzeitig? | | | | |
|---|---|---|---|---|---|---|---|---|
| | weiß nicht | nein | ja | viel zu früh | etwas zu früh | genau richtig | etwas zu spät | zu spät |
| Akustische Warnung | ☐ | ☐ | ☐ | ☐ | ☐ | ☐ | ☐ | ☐ |
| Optische Warnung | ☐ | ☐ | ☐ | ☐ | ☐ | ☐ | ☐ | ☐ |

Haben Sie auf die Warnung reagiert?

☐ ja          ☐ nein          ☐ weiß nicht

Falls ja, auf welche Warnung haben sie reagiert?

☐ akustische Warnung          ☐ optische Warnung

**Reihenfolge der Warnungen** bitte unten neben die Zifffern eintragen.
Mögliche Antworten: Bremsleuchten, optisch, akustisch

1☐          2☐          3☐



## D. Welche Eigenschaften hat der Warnassistent (2.Fahrt)?

Bitte bewerten Sie die verschiedenen Eigenschaften des Warnassistenten.

*Machen Sie in jeder Zeile ein Kreuz.*

| | trifft absolut nicht zu | trifft eher nicht zu | weder noch | trifft eher zu | trifft absolut zu |
|---|---|---|---|---|---|
| Die optische Warnung ist gut platziert. | ☐ | ☐ | ☐ | ☐ | ☐ |
| Die akustische Warnung ist zu laut. | ☐ | ☐ | ☐ | ☐ | ☐ |
| Die optische Warnung kann ich mit einer Bremsreaktion verbinden. | ☐ | ☐ | ☐ | ☐ | ☐ |
| Die akustische Warnung hat mich gestresst. | ☐ | ☐ | ☐ | ☐ | ☐ |
| Die akustische Warnung kann ich mit einer Bremsreaktion verbinden. | ☐ | ☐ | ☐ | ☐ | ☐ |
| Der Warnassistent bringt einen eindeutigen Zeitgewinn. | ☐ | ☐ | ☐ | ☐ | ☐ |
| Die akustische Warnung weiste bei der zweiten Testfahrt die gleiche Lautstärke auf wie bei der ersten Fahrt. | ☐ | ☐ | ☐ | ☐ | ☐ |
| Die optische Warnung hat mich gestresst. | ☐ | ☐ | ☐ | ☐ | ☐ |
| Die optische Warnung hat mich von der Gefahrensituation abgelenkt. | ☐ | ☐ | ☐ | ☐ | ☐ |
| Die Frequenz der optischen Warnung war der Gefahrensituation angemessen | ☐ | ☐ | ☐ | ☐ | ☐ |
| Die optische Warnung hat mich abgelenkt. | ☐ | ☐ | ☐ | ☐ | ☐ |
| Ich habe die Bremsleuchten des vor mir fahrenden Fahrzeuges gesehen. | ☐ | ☐ | ☐ | ☐ | ☐ |
| Die akustische Warnung hat mich erschreckt. | ☐ | ☐ | ☐ | ☐ | ☐ |

|  | trifft absolut nicht zu | trifft eher nicht zu | weder noch | trifft eher zu | trifft absolut zu |
|---|---|---|---|---|---|
| Die optische Warnung hat mich verwirrt. | ☐ | ☐ | ☐ | ☐ | ☐ |
| Die akustische Warnung ist zu Intensiv. | ☐ | ☐ | ☐ | ☐ | ☐ |
| Die akustische Warnung hat mich davon abgehalten die Gefahrensituation rechtzeitig zu erkennen | ☐ | ☐ | ☐ | ☐ | ☐ |
| Die akustische Warnung hatte bei der zweiten Testfahrt die gleiche Intensität wie bei der ersten Fahrt. | ☐ | ☐ | ☐ | ☐ | ☐ |

Bemerkungen:

## D.5 HMI-Vergleich der Voruntersuchungen im Leonberger Simulator

Signifikanzniveaus der abgelenkten Probanden in Phase 1 (akustische Warnung)

|  | Alarm2 | Auditory Icon | Hybricon | Speech Message | Kontroll-gruppe |
|---|---|---|---|---|---|
| Alarm1 | 0,517 | 0,938 | 0,755 | 0,417 | 0,809 |
| Alarm2 | – | 0,530 | 0,762 | 0,836 | 0,208 |
| Auditory Icon | – | – | 0,795 | 0,416 | 0,704 |
| Hybricon | – | – | – | 0,637 | 0,490 |
| Speech Message | – | – | – | – | 0,130 |
| Kontroll-gruppe | – | – | – | – | – |

Signifikanzniveaus der aufmerksamen Probanden in Phase 1 (akustische Warnung)

|  | Alarm2 | Auditory Icon | Hybricon | Speech Message | Kontroll-gruppe |
|---|---|---|---|---|---|
| Alarm1 | 0,494 | ,246 | 0,282 | 0,236 | 0,215 |
| Alarm2 | – | 0,707 | 0,718 | 0,482 | 0,684 |
| Auditory Icon | – | – | 0,972 | 0,461 | ,979 |
| Hybricon | – | – | – | 0,583 | 0,993 |
| Speech Message | – | – | – | – | 0,533 |
| Kontroll-gruppe | – | – | – | – | – |

Signifikanzniveaus der abgelenkten Probanden in Phase 2 (visuelle Warnung)

|  | Bremsleiste | Bremslicht | Kollisionsanzeige | Kontrollgruppe |
|---|---|---|---|---|
| **Warndreieck** | 0,932 | 0,209 | 0,232 | 0,802 |
| **Bremsleiste** | – | 0,203 | 0,109 | 0,829 |
| **Bremslicht** | – | – | 0,386 | 0,223 |
| **Kollisions-anzeige** | – | – | – | 0,433 |
| **Kontroll-gruppe** | – | – | – | – |

Signifikanzniveaus der aufmerksamen Probanden in Phase 2 (visuelle Warnung)

|  | Bremsleiste | Bremslicht | Kollisionsanzeige | Kontrollgruppe |
|---|---|---|---|---|
| **Warndreieck** | 0,062 | 0,424 | 0,961 | 0,570 |
| **Bremsleiste** | – | 0,196 | 0,005 | 0,017 |
| **Bremslicht** | – | – | 0,274 | 0,182 |
| **Kollisions-anzeige** | – | – | – | 0,446 |
| **Kontroll-gruppe** | – | – | – | – |

# D.6 Fragebögen der Probandenstudie in dynamischen Simulator des WIVW

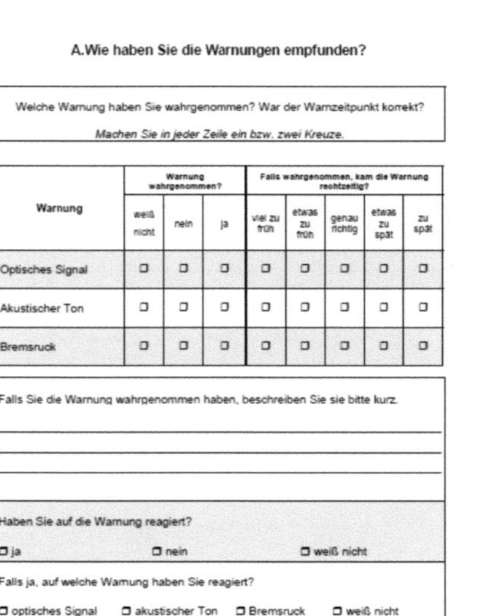

## B. Welche Eigenschaften hat der Warnassistent?

Bitte bewerten Sie die verschiedenen Eigenschaften des Warnassistenten.

*Machen Sie in jeder Zeile ein Kreuz.*

| | trifft absolut nicht zu | trifft eher nicht zu | weder noch | trifft eher zu | trifft absolut zu |
|---|---|---|---|---|---|
| Die optische Warnung ist gut platziert. | ☐ | ☐ | ☐ | ☐ | ☐ |
| Die akustische Warnung ist zu laut. | ☐ | ☐ | ☐ | ☐ | ☐ |
| Die optische Warnung kann ich mit einer Bremsreaktion verbinden. | ☐ | ☐ | ☐ | ☐ | ☐ |
| Die akustische Warnung hat mich gestresst. | ☐ | ☐ | ☐ | ☐ | ☐ |
| Die akustische Warnung kann ich mit einer Bremsreaktion verbinden. | ☐ | ☐ | ☐ | ☐ | ☐ |
| Der Warnassistent bringt einen eindeutigen Zeitgewinn. | ☐ | ☐ | ☐ | ☐ | ☐ |
| Die optische Warnung hat mich gestresst. | ☐ | ☐ | ☐ | ☐ | ☐ |
| Die optische Warnung hat mich von der Gefahrensituation abgelenkt. | ☐ | ☐ | ☐ | ☐ | ☐ |
| Die Frequenz der optischen Warnung war der Gefahrensituation angemessen | ☐ | ☐ | ☐ | ☐ | ☐ |
| Die optische Warnung hat mich abgelenkt. | ☐ | ☐ | ☐ | ☐ | ☐ |
| Ich habe die Bremsleuchten des vor mir fahrenden Fahrzeuges gesehen. | ☐ | ☐ | ☐ | ☐ | ☐ |
| Die akustische Warnung hat mich erschreckt. | ☐ | ☐ | ☐ | ☐ | ☐ |



| | trifft absolut nicht zu | trifft eher nicht zu | weder noch | trifft eher zu | trifft absolut zu |
|---|---|---|---|---|---|
| Die optische Warnung hat mich verwirrt. | ☐ | ☐ | ☐ | ☐ | ☐ |
| Die akustische Warnung ist zu intensiv. | ☐ | ☐ | ☐ | ☐ | ☐ |
| Die akustische Warnung hat mich davon abgehalten die Gefahrensituation rechtzeitig zu erkennen | ☐ | ☐ | ☐ | ☐ | ☐ |
| Der Bremsruck ist zu intensiv. | ☐ | ☐ | ☐ | ☐ | ☐ |
| Der Bremsruck hat mir geholfen, richtig zu reagieren. | ☐ | ☐ | ☐ | ☐ | ☐ |
| Der Bremsruck hat mich verwirrt. | ☐ | ☐ | ☐ | ☐ | ☐ |
| Der Bremsruck hat mich abgelenkt. | ☐ | ☐ | ☐ | ☐ | ☐ |
| Der Warnassistent hat eine unmittelbare Bremsreaktion bei mir hervorgerufen. | ☐ | ☐ | ☐ | ☐ | ☐ |

Haben Sie Verbesserungsvorschläge für den Warnassistenten?

## D.7  Bewertungsskala Fahrermodell-Bewertung

| Bewertung / Anforderung | Positiv (+) | Negativ (-) |
|---|---|---|
| Anwendbarkeit | Das Modell kann für die Simulation mit Unfalldaten angewendet werden und ist mithilfe von nutzerorientierten Daten parametrisiert werden. | Das Modell ist für die Simulation mit Unfalldaten nicht anwendbar. |
| Validität | Die Bestandteile des Modells sind theoretisch argumentiert und empirisch nachweisen. | Die Bestandteile des Modells wurden nur theoretisch argumentiert. |
| FAS-Integration | Beim Modell ist die Fahrerinteraktion mit dem FAS einbezogen oder lässt sich nachträglich integrieren | Beim Modell ist die Fahrerinteraktion mit dem FAS nicht einbezogen und lässt sich nachträglich integrieren. |
| Sicherheitskritische Einflussfaktoren | Im Modell werden die menschlichen Einflussfaktoren betrachtet, die zu einem unangemessenen Verhalten und somit zu einem Unfall führen können. | Im Modell werden die menschliche Einflussfaktoren betrachtet, die bei einer kritischen Situation keine direkten Auswirkungen haben, oder es werden keine menschliche Einflussfaktoren berücksichtigt |
| Prädiktives Reaktionsverhalten | Das Fahrerverhalten kann mithilfe von objektiven Eingangsgrößen vorhergesagt werden. | Das Fahrerverhalten kann nicht vorhergesagt werden oder wird nicht explizit berücksichtigt. |
| Sicherheitskritisches Reaktionsverhalten | Das Fahrerreaktionsverhalten kann anhand von Parametern ausgedrückt werden, die für die Vermeidung oder Minderung einer Kollision eine entscheidende Rolle spielen. | Das Fahrerreaktionsverhalten kann nicht anhand von Parametern ausgedrückt werden oder wird nicht explizit berücksichtigt. |

## D.8  Weibull-Verteilung

Die nachfolgende Beschreibung basiert auf der Arbeit von [75].

Die Bremsreaktionszeiten auf die PCW-Warnung wurden in der WIVW-Probandenstudie für jeden Probanden aufgezeichnet, so dass ihre Anwendung als Variable des Reaktionsverhaltens des Fahrers möglich ist. Genau handelt es sich um die Zeit von Auslösung der PCW-Warnung bis zum Anfang der Bremspedalbetätigung des Probanden, d.h. die Umschaltzeit vom Gas- auf das Bremspedal wird ggf. ebenfalls berücksichtigt.

Die Bremsreaktionszeit ist einer der wichtigsten Parameter bei einer Unfallrekonstruktion, denn sie hat einen großen Einfluss auf die Ergebnisse der Berechnung [182]. Da die Nutzenbestimmung von PEBS anhand einer Unfallrekonstruktion mit der GIDAS-Datenbank erfolgen wird, liegt es nahe, diesen Parameter zu berücksichtigen. Die Problematik liegt darin, dass die Herleitung einer universellen Reaktionszeit, die allen Fahrern in beliebigen Situationen zuzuordnen wäre, nicht möglich ist; als Beweis dient die Tatsache, dass vorgeschlagene Reaktionszeiten aus der Literatur sich um den Faktor 4 unterscheiden [83]. Aus diesem Grund wird nach einem Ansatz gesucht, wie das angewandte Fahrermodell mehrere Reaktionszeiten zur Verfügung stellen kann, die man unterschiedlichen Fahrern unter denselben Umständen zuordnen könnte.

Eins der bekanntesten Reaktionszeitmodelle, das die Grundlagen des 20. Deutschen Verkehrsgerichtstages in Goslar (1982) bildete, ist das Modell von Burckhardt, auch als Kölner Modell bekannt. Es ist auch heute noch eine wichtige Grundlage in der Unfallanalyse und zur Entscheidungsfindung in der Rechtsprechung [55]. Es existieren jedoch neuere Auswertungen mit denselben Daten, bei denen andere Reaktionszeiten als die von Burckhardt gefunden worden sind [47], [100]. Die Grundlage des Modells besteht aus einer mathematischen Verteilung, um die Reaktionszeiten zu beschreiben: die Weibull-Verteilung.

Diese Vorgehensweise ist darin begründet, dass bei der Ermittlung von Reaktionszeiten einer Grundgesamtheit N eine Stichprobe vom Umfang n entnommen wird. Somit kann man aus den ermittelten Reaktionszeiten einer Studie Schlüsse über die Grundgesamtheit der Reaktionszeiten ziehen. Dieser Vorgang wird Induktionsschluss genannt und beruht auf dem Gesetz der großen Zahlen von Bernoulli. Mathematisch formuliert bedeutet dies, dass mit zunehmender Größe der Stichprobe sich die relative Häufigkeit für das Eintreten einer Reaktionszeit der Wahrscheinlichkeit annähert, die durch die Wahrscheinlichkeitsdichtefunktion beschreiben wird. Die Formel lautet (angepasst, nach [47]):

$$\lim_{n \to \infty} P\,(RT) = \frac{n_{RT}}{n} \tag{1}$$

In der Gl. 1 steht P(RT) für die Wahrscheinlichkeit für das Eintreten einer Reaktionszeit, $n_{RT}$ für die Häufigkeit, mit der diese Reaktionszeit in der Stichprobe auftritt und $n$ für den Umfang der Stichprobe. Diese Formel beschreibt somit die Beziehung zwischen relativer Häufigkeit für das Eintreten einer Reaktionszeit in der Stichprobe und der Wahrscheinlichkeit, diese Reaktionszeit in der Grundgesamtheit zu ermitteln. Bei der Verwendung der richtigen Verteilung, um Reaktionszeiten zu beschreiben, wird somit sichergestellt, dass diese repräsentativ für die Grundgesamtheit sind. Die Weibull-Verteilung wurde in den 40er Jahren nach dem schwedischen Ingenieur Weibull benannt. Diese wurde insbesondere für die Vorhersage der Lebensdauer von Bauteilen verwendet, aber auch in der Unfallstatistik zur Charakterisierung der individuellen Reaktionszeit; diese Verteilung ist eine Verallgemeinerung der Exponentialverteilung [55]. Die Wahrscheinlichkeitsdichtefunktion lautet:

$$f(t) = \frac{B}{T} \cdot \left(\frac{t - t_0}{T}\right)^{B-1} \cdot e^{-\left(\frac{t-t_0}{T}\right)^B} \tag{2}$$

In der Gl. 2 steht B für den Weibull-Exponent, der die Streuung der Reaktionszeiten charakterisiert, T für die charakteristische Reaktionszeit, die in 63,21 % aller Fälle unterschritten wird und $t_0$ für den Lageparameter, d.h. der Zeitpunkt, ab dem die Reaktionszeiten beginnen. Schließlich steht $f(t)$ für die Wahrscheinlichkeit, eine Reaktionszeit anzutreffen, die im Intervall zwischen $t$ und $(t + dt)$ liegt (nach [47]). Das ursprüngliche Reaktionszeitsmodell von Burckhardt basiert auf dieser Wahrscheinlichkeitsdichtefunktion mit dem Lageparameter $t_0 = 0$, was nicht nachvollziehbar ist, denn die Reaktionszeiten beginnen nicht bei $t = 0$. Derichs hat in seiner Auswertung von denselben Daten wie Burckhardt in [47] festgestellt, dass die Berücksichtigung des Lageparameters $t_0$ eine bessere Nachzeichnung der Häufigkeitsverteilung der Daten ermöglicht (vgl. Abb. 1). Die Weibull-Verteilung mit einem Lageparameter $t_0 \neq 0$ wird zeitverschobene Weibull-Verteilung genannt.

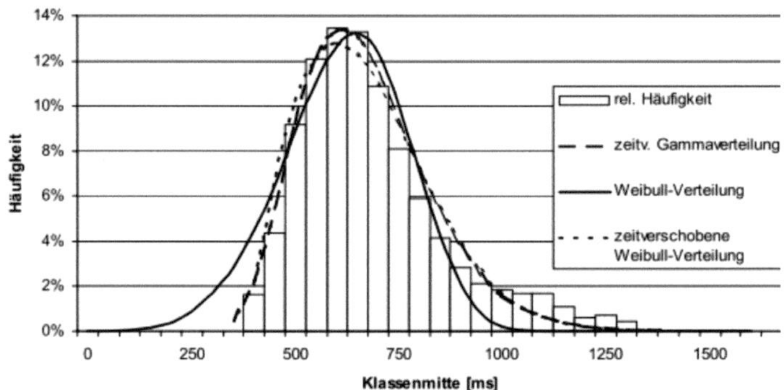


Abb. 1:     Anpassung der Verteilungsparameter über Methode der Verlustminimierung für verschiedene Verteilungen [47].

Zusammenfassend kann man sagen, dass die Beschreibung von Reaktionszeiten durch eine Verteilung eine sinnvolle Methode ist, denn die ermittelten Reaktionszeiten einer Stichprobe werden durch die Wahrscheinlichkeiten ausgedrückt, dass man diese Werte in einer Grundgesamtheit wieder findet. Dies sorgt für die Repräsentativität der Daten. Im Kölner-Modell wurde die Weibull-Verteilung als geeignet für diesen Zweck vorgestellt, und durch die Berücksichtigung des Lageparameters $t_0$ ist die zeitverschobene Weibull-Verteilung entstanden, die noch bessere Ergebnisse liefert. Diese Verteilung wird nun zur Beschreibung von Reaktionszeiten im angewandten Fahrermodell untersucht.

Als Erstes wurde der statistische Test Anderson-Darling auf die ermittelten Reaktionszeiten in den WIVW-Versuchsfahrten angewandt, um die Hypothese zu prüfen, dass diese Weibull-verteilt sind. Dies ist dann der Fall, wenn die Häufigkeitsverteilung dieser Reaktionszeiten nicht von der Wahrscheinlichkeitsverteilung der Weibull-Verteilung abweicht. Dieser Test weist eine höhere Sensitivität gegenüber dem Kolmogorov-Smirnov Test auf. Allerdings muss man beachten, dass aufgrund der kleinen Stichproben dieser Test eher zur Orientierung für die weitere Arbeit dient. Die Überprüfung erfolgte im MATLAB mithilfe eines Skripts von Trujillo-Ortiz et al. [199]. Hier werden die Ergebnisse für die ursprünglichen Gruppen gezeigt:

*Anderson-Darling-Test für Gruppe 111:*
*Sample size: 14*
*Anderson-Darling statistic: 0.4525*
*Anderson-Darling adjusted statistic: 0.4767*
*Probability associated to the Anderson-Darling statistic = 0.2466*
*With a given significance = 0.050*
*The sampled population has a Weibull distribution.*

*Anderson-Darling-Test für Gruppe 121:*
*Sample size: 16*
*Anderson-Darling statistic: 0.5462*
*Anderson-Darling adjusted statistic: 0.5735*
*Probability associated to the Anderson-Darling statistic = 0.1443*
*With a given significance = 0.050*
*The sampled population has a Weibull distribution.*

*Anderson-Darling-Test für Gruppe 211:*
*Sample size: 15*
*Anderson-Darling statistic: 0.3433*

*Anderson-Darling adjusted statistic: 0.3610*
*Probability associated to the Anderson-Darling statistic = 0.4369*
*With a given significance = 0.050*
*The sampled population has a Weibull distribution.*

*Anderson-Darling-Test für Gruppe 221:*
*Sample size: 14*
*Anderson-Darling statistic: 0.5680*
*Anderson-Darling adjusted statistic: 0.5984*
*Probability associated to the Anderson-Darling statistic = 0.1252*
*With a given significance = 0.050*
*The sampled population has a Weibull distribution.*

*Anderson-Darling-Test für Gruppe 112:*
*Sample size: 12*
*Anderson-Darling statistic: 0.4782*
*Anderson-Darling adjusted statistic: 0.5058*
*Probability associated to the Anderson-Darling statistic = 0.2107*
*With a given significance = 0.050*
*The sampled population has a Weibull distribution.*

*Anderson-Darling-Test für Gruppe 212:*
*Sample size: 13*
*Anderson-Darling statistic: 0.2541*
*Anderson-Darling adjusted statistic: 0.2682*
*Probability associated to the Anderson-Darling statistic = 0.6296*
*With a given significance = 0.050*
*The sampled population has a Weibull distribution.*

*Anderson-Darling-Test für Gruppe 122:*

*Sample size: 17*

*Anderson-Darling statistic: 0.8562*

*Anderson-Darling adjusted statistic: 0.8977*

*Probability associated to the Anderson-Darling statistic = 0.0221*

*With a given significance = 0.050*

*The sampled population does not have a Weibull distribution.*


*Anderson-Darling-Test für Gruppe 222:*

*Sample size: 13*

*Anderson-Darling statistic: 0.5685*

*Anderson-Darling adjusted statistic: 0.6001*

*Probability associated to the Anderson-Darling statistic = 0.1240*

*With a given significance = 0.050*

*The sampled population has a Weibull distribution.*


Hier werden die Ergebnisse für alle Gruppen für die neue Nutzenbestimmung gezeigt:


*Anderson-Darling-Test für Gruppe 111:*

*Sample size: 14*

*Anderson-Darling statistic: 0.4525*

*Anderson-Darling adjusted statistic: 0.4767*

*Probability associated to the Anderson-Darling statistic = 0.2466*

*With a given significance = 0.050*

*The sampled population has a Weibull distribution.*


*Anderson-Darling-Test für Gruppe 121:*

*Sample size: 16*

*Anderson-Darling statistic: 0.5462*

*Anderson-Darling adjusted statistic: 0.5735*

*Probability associated to the Anderson-Darling statistic = 0.1443*
*With a given significance = 0.050*
*The sampled population has a Weibull distribution.*

Das bedeutet z.B. für den ersten Test der Gruppe 111, dass die genannte Hypothese zum Signifikanzniveau von 5 % nicht abgelehnt werden kann, d.h. man kann davon ausgehen, dass die Reaktionszeiten aus dieser Versuchsfahrt weibull-verteilt sind. Von den 8 relevanten Gruppen hat eine einzige Gruppe diesen Test zur Weibull-Verteilung nicht bestanden. Dies ist jedoch auf die kleine Stichprobe zurückzuführen, denn das Ergebnis der Untersuchung in [47] anhand von 1226 Messwerten zur Verteilung der Bremsreaktionszeiten ist eindeutig.

Der nächste Schritt ist die Anpassung der Weibull-Verteilung an die ermittelten Reaktionszeiten. Dieser Vorgang wird Parameterschätzung genannt, denn im Prinzip werden die Parameter der Verteilung geschätzt, wobei es dafür mehrere mathematische Verfahren gibt. Da die Maximum-Likelihood-Estimation Methode in der Regel am effizientesten ist [45], wird diese Methode auch bei den eingebauten Funktionen im MATLAB verwendet und für diese Arbeit benutzt. Da im MATLAB nur die Funktion zur 2-Parameter-Schätzung vorhanden ist, wurde diese angepasst, um ebenfalls eine 3-Parameter-Schätzung zu ermöglichen. Diese Ableitung wird nun erklärt.

Ableitung zur Parameterschätzung der 3-Parameter-Weibull-Verteilung
Hier folgt die Herleitung zur Parameterschätzung der zeitverschobenen Weibull-Verteilung. Dies erfolgt mithilfe der Maximum-Likelihood-Methode. Mit dieser Methode werden die Parameter ($\theta = \theta_1, \ldots, \theta_k$) einer Verteilung geschätzt. Wenn eine Stichprobe mit n unabhängigen Beobach-

tungen vorliegt, können die Parameter $\hat{\theta}$ geschätzt werden, in dem die Likelihood-Funktion maximiert wird (nach [136]):

$$L(\hat{\theta}) = \prod_{i=1}^{n} f(t_i|\hat{\theta}) \tag{3}$$

Es wird der $\hat{\theta}$ gesucht, bei dem die Stichprobenwerte die größte Wahrscheinlichkeitsdichtefunktion haben. Dafür kann man die erste Ableitung nach $\hat{\theta}$ bilden und gleich Null setzen, was allerdings aufgrund der exponentialen Termen schwierig ist. Stattdessen wird die Log-Likelihood-Funktion verwendet:

$$logL(\hat{\theta}) = \sum_{i=1}^{n} log(f(t_i|\hat{\theta})) \tag{4}$$

Für die ausgeschriebene Log-Likelihood-Function der 3-Parameter-Weibull-Verteilung wird auf die Arbeit von [91] hingewiesen. Nun kann man die Log-Likelihood-Function nach $\hat{\theta}$ partiell ableiten werden und gleich Null setzen, um das vorher erwähnte Maximum zu finden. Diese sind die Likelihood-Gleichungen:

$$\frac{\partial logL(\hat{\theta})}{\partial \hat{\theta}} = 0 \tag{5}$$

Für die Weibull-Verteilung wird folgende Notation verwendet: ($\theta = a, b, c$). Dabei sind $a$ und $b$ die üblichen Parameter der Weibull-Verteilung und $c$ der Lageparameter. Es müssen die drei folgenden Gleichungen erfüllt werden:

$$\frac{\partial logL(\hat{\theta})}{\partial \hat{a}} = 0 \tag{6}$$

$$\frac{\partial logL(\hat{\theta})}{\partial \hat{b}} = 0 \tag{7}$$

$$\frac{\partial logL(\hat{\theta})}{\partial \hat{c}} = 0 \tag{8}$$

Die direkte Lösung gestaltet sich als schwierig [45]. Aus diesem Grund wird die Überlegung verwendet, dass es sich bei dem Parameter $c$ um einen besonderen Parameter handelt, da dieser die Verteilung um ihre Lage verschiebt. Somit werden stattdessen die Parameter $a$ und $b$ direkt berechnet, da MATLAB diese Funktion (*wblfit*) zur Verfügung stellt, und die Berechnung des Parameters $c$ wird durch die Verschiebung der Daten berücksichtigt. Es wird somit folgende Log-Likelihood-Funktion verwendet (vgl. Gl. 4):

$$logL(\hat{\theta}) = \sum_{i=1}^{n} log(f(t_i - c|a, b)) \tag{9}$$

Anschließend kann man anstelle des Maximums der Log-Likelihood-Funktion das Minimum der inversen Log-Likelihood-Funktion berechnen. Die inverse Funktion ist dank des Logarithmus einfach zu bestimmen:

$$log\left(\frac{1}{L}\right) = -logL \tag{10}$$

Jetzt kann man die MATLAB-Funktion *wbllike* verwenden, um die negative Log-Likelihood Funktion zu berechnen. Um das Minimum dieser Funktion zu bestimmen, kann die ebenfalls vorhandene MATLAB-Funktion *fminbnd* verwendet werden. Es ist wichtig, dass man Grenzen zur Suche der lokalen Minima eingeben kann, denn der maximale Wert der Verschiebung darf nicht größer als der kleinste Wert der Daten sein, was man sich leicht veranschaulichen kann.

Neue Reaktionszeiten mit Verteilungsfunktionen

Nun werden die neuen Verteilungen bzw. die neuen Reaktionszeiten gezeigt. Der Vollständigkeit halber werden die Parameter der Weibull-
Verteilung (2-Parameter-Schätzung) und der zeitverschobenen Weibull-
Verteilung (3-Parameter-Schätzung) für die Reaktionszeiten aus der Versuchsfahrt 121 hergeleitet. Das Ergebnis ist in der Abb. 2 zu sehen.

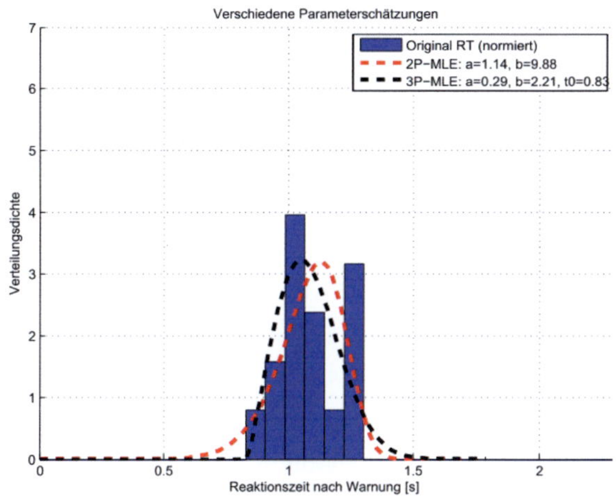


Abb. 2:    Untersuchung zur Beschreibung der Reaktionszeiten der Gruppe 121
aus der Probandenstudie im WIVW-Simulator mittels Weibull-
Verteilungen.

Im Hintergrund sieht man die normierte Häufigkeitsverteilung der Reaktionszeiten aus der Versuchsfahrt 121. Die gestrichelten Linien stellen die
Weibull-Verteilungen dar, deren Parameter mit der MLE-Methode geschätzt worden sind. Man erkennt, dass die 3-Parameter-Schätzung (d.h.
mit Berücksichtigung des Lageparameters $t_0$, schwarz) die Häufigkeitsverteilung besser beschreibt. Durch die 2-Parameter-Schätzung (rot) würden

außerdem neue Reaktionszeiten entstehen, die deutlich unter den ermittelten Reaktionszeiten liegen und somit die gesamte Vorgehensweise in Frage stellen, da die untere Grenze für Reaktionszeiten physiologisch bedingt ist. Andererseits entstehen durch die 3-Parameter-Schätzung neue Reaktionszeiten, die größer als die ursprünglichen sind. Es gibt allerdings mehrere Gründe, warum sich die Reaktionszeit eines Fahrers auf eine kritische Situation verlängern könnte. Zusätzlich muss man beachten, dass diese Reaktionszeiten in einem Fahrsimulator aufgezeichnet worden sind, wo tendenziell kleinere Reaktionszeiten als mit anderen Methoden erfasst werden [83]. Aus diesen Gründen ist es nicht problematisch, wenn aufgrund der 3-Parameter-Schätzung (einige) größere Reaktionszeiten als die ursprünglichen entstehen.

Der nächste Schritt ist, neue Reaktionszeiten anhand der nun parametrisierten zeitverschobenen Weibull-Verteilung zu erstellen. Diese werden nun unterschiedlichen Fahrern aus GIDAS zugewiesen, die die notwendigen Kriterien von der entsprechenden Versuchsfahrt erfüllen. In diesem Fall wären es die Fahrer, die bei der Unfallrekonstruktion als unaufmerksam und ohne Erwartung einer kritischen Situation gelten (äquivalent zur Gruppe 121). Die neuen Reaktionszeiten mit derselben Verteilung wie in Abb. 2 werden beispielhaft für 100 Fahrer erstellt; das Ergebnis ist in der Abb. 3 zu sehen.

Im Subplot oben links sieht man die ursprünglichen Reaktionszeiten der Gruppe 121 (blaue Kreise) und die neuen Reaktionszeiten nach der parametrisierten Weibull-Verteilung mit 2 Parametern (rote Sterne) und 3 Parametern (schwarze Kreuze). Hier sieht man deutlich, wie sich die unterschiedlichen Parameterschätzungen auf die neuen Reaktionszeiten auswirken. Die vorherige Vermutung, dass durch die 2-Parameter-Schätzung zu kleine Reaktionszeiten entstehen, wird dadurch bestätigt.

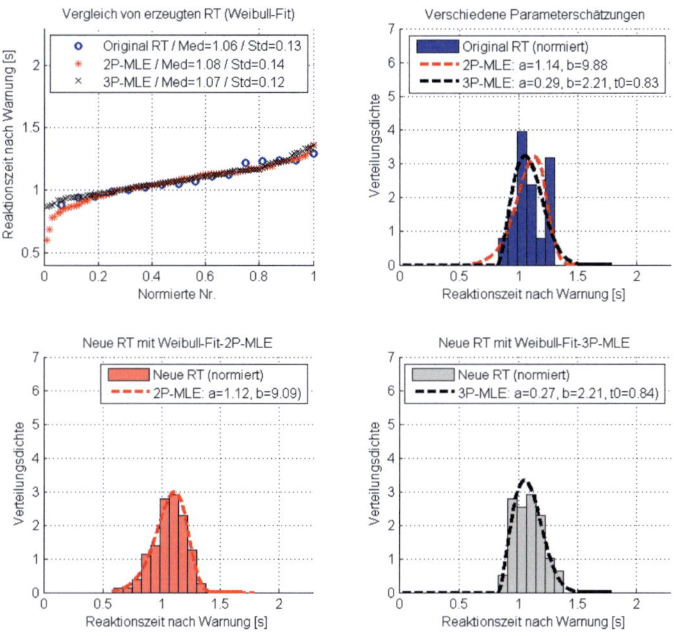

Abb. 3:  Untersuchung zur Beschreibung der Reaktionszeiten der Gruppe 121 aus der Probandenstudie im WIVW-Simulator mittels Weibull-Verteilungen.

In den Subplots unten links und unten rechts sieht man die Häufigkeitsverteilungen der neu erstellten Reaktionszeiten, zusammen mit den verwendeten Wahrscheinlichkeitsdichtefunktionen, hergeleitet für die 2-P und 3-P Weibull-Verteilungen. Es muss noch überprüft werden, ob die Hypothese gültig ist, dass die Häufigkeitsverteilungen der neuen und alten Reaktionszeiten derselben Grundgesamtheit angehören, die durch eine Weibull-Verteilung beschrieben wird. Dafür gibt es mehrere statistische Tests; für diese Arbeit wurden der Zwei-Seitiger-Kolmogorov-Smirnov und der

Wilcoxon-Rank-Sum Test verwendet, die Bestandteile der Statistics-Toolbox im MATLAB sind. Das Ergebnis $h$ der statistischen Tests beträgt dann 0, wenn die genannte Hypothese zum Signifikanzniveau von 5 % nicht abgelehnt werden kann, oder 1 für den umgekehrten Fall. Der $p$-Wert wird ebenfalls zurückgegeben:

- 2-S-Kolmogorov-Smirnov für 2-P-MLE: h= 0, p= 0.7661
- 2-S-Kolmogorov-Smirnov für 3-P-MLE: h= 0, p= 0.97852
- Wilcoxon-Rank-Sum für 2-P-MLE: h= 0, p= 0.54021
- Wilcoxon-Rank-Sum für 3-P-MLE: h= 0, p= 0.68597

Die Hypothese, dass die Häufigkeitsverteilungen der alten und neuen Reaktionszeiten durch dieselbe Verteilung beschrieben werden, kann in allen Fällen nicht abgelehnt werden. Man erkennt auch, dass der p-Wert für die Tests mit den neuen Reaktionszeiten der 3-Parameter-Schätzung am größten ist, was noch ein Hinweis darauf sein könnte, dass diese geeigneter als die 2-Parameter-Schätzung ist.

Hier werden noch die Ergebnisse für die anderen Gruppen gezeigt:

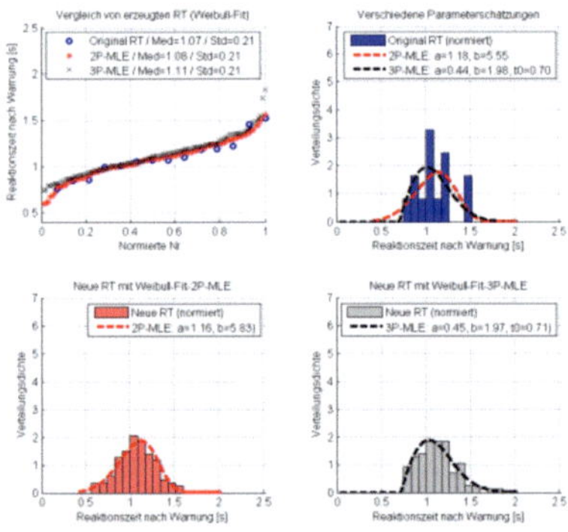

Abb. 4:     Untersuchung zur Beschreibung der Reaktionszeiten der Gruppe 111 aus der Studie im WIVW-Simulator mittels Weibull-Verteilungen.

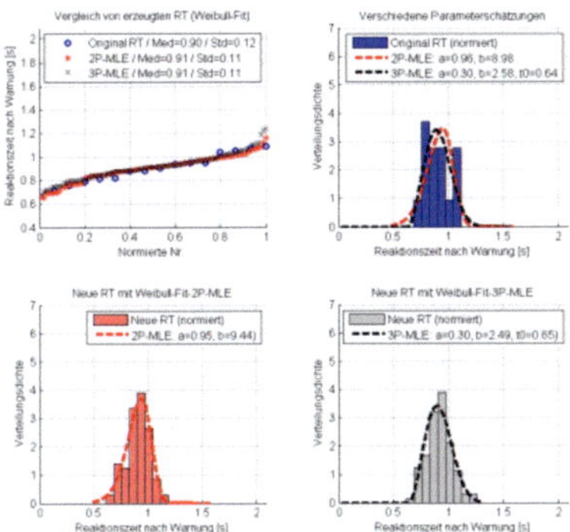

Abb. 5:   Untersuchung zur Beschreibung der Reaktionszeiten der Gruppe 211 aus der Studie im WIVW-Simulator mittels Weibull-Verteilungen.

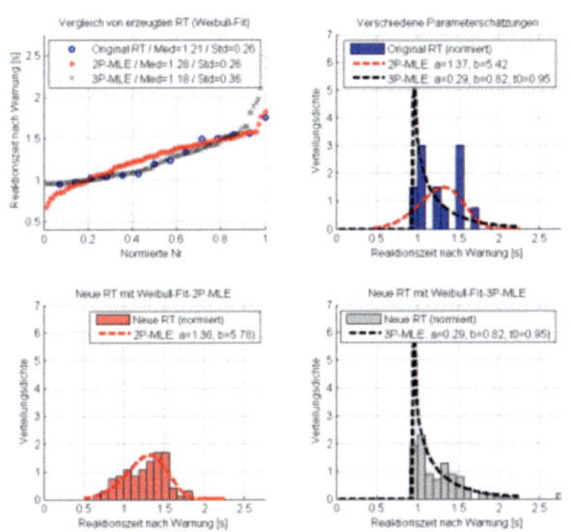

Abb. 6:   Untersuchung zur Beschreibung der Reaktionszeiten der Gruppe 221 aus der Studie im WIVW-Simulator mittels Weibull-Verteilungen.

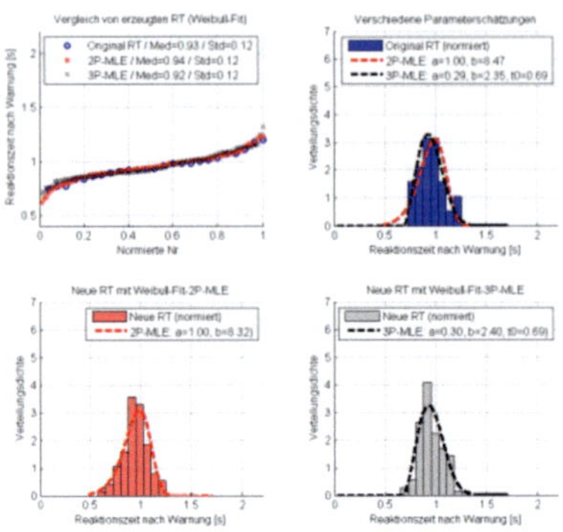

Abb. 7:    Untersuchung zur Beschreibung der Reaktionszeiten der zusammenge-fassten Gruppe 112 & 212 aus der Studie im WIVW-Simulator mittels Weibull-Verteilungen.

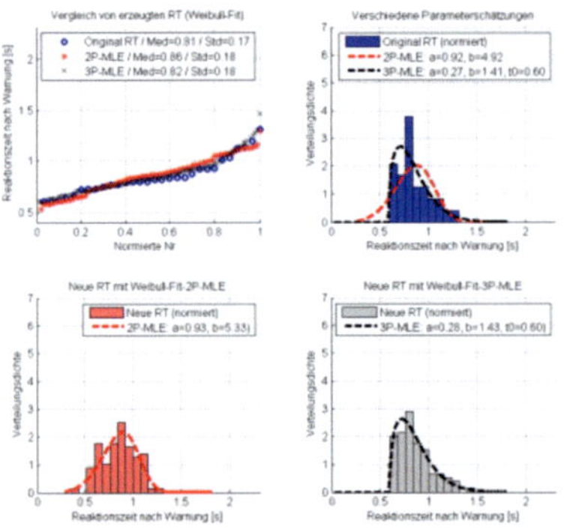

Abb. 8:    Untersuchung zur Beschreibung der Reaktionszeiten der zusammenge-fassten Gruppe 122 & 222 aus der Studie im WIVW-Simulator mittels Weibull-Verteilungen.

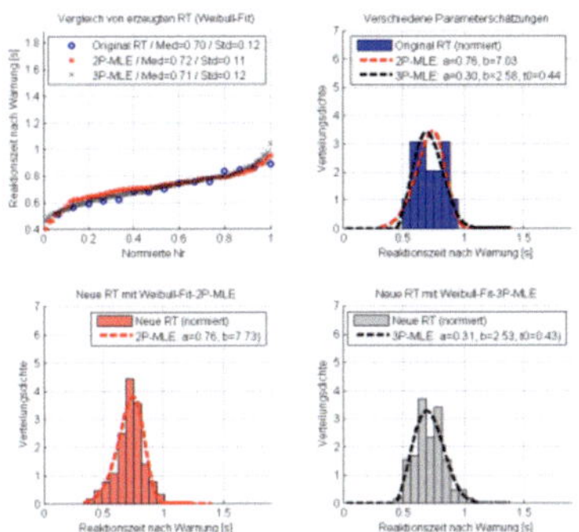

Abb. 9:  Untersuchung zur Beschreibung der Reaktionszeiten der neuen Gruppe 2112 aus der Studie im WIVW-Simulator mittels Weibull-Verteilungen.

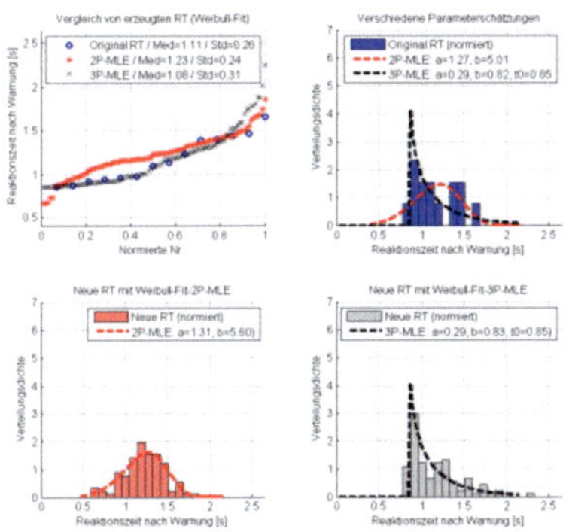

Abb. 10:  Untersuchung zur Beschreibung der Reaktionszeiten der neuen Gruppe 2212 aus der Studie im WIVW-Simulator mittels Weibull-Verteilungen.

Auf diese Weise wurde eine Methode gefunden, wie das neue angewandte Fahrermodell in Hinblick auf Bremsreaktionszeiten von der WIVW-

Probandenstudie parametrisiert werden kann. Die neue Vorgehensweise hat zwei wesentliche Bestandteile:

- Die in der WIVW-Probandenstudie erfassten Reaktionszeiten werden durch zeit-verschobene Weibull-Verteilungen beschrieben, die in Abhängigkeit der Einflüsse von ausgewählten sicherheitskritischen Einflussfaktoren parametrisiert werden.

- Mit den parametrisierten Verteilungen werden neue Reaktionszeiten erstellt, die unterschiedlichen Fahrern in GIDAS zugewiesen werden, bei denen die selben Kriterien wie für die Parametrisierung der Verteilungen erfüllt sind (z.B. Unaufmerksamkeit und keine Erwartung einer kritischen Situation).

Dies stellt eine deutliche Verbesserung gegenüber der Methode vom Modell von Georgi et al. dar, bei der dieselbe Reaktionszeit für mehrere Fahrer angenommen wurde. Mithilfe der neuen Methode werden die realen Reaktionszeiten aus einer Studie den Fahrern in GIDAS so zugewiesen, dass diese abhängig von ausgewählten sicherheitskritischen Einflussfaktoren und insbesondere repräsentativ für die Gesamtpopulation dank der zugrundeliegenden Verteilungen sind.

## D.9    Bremsverlauf WIVW-Studie

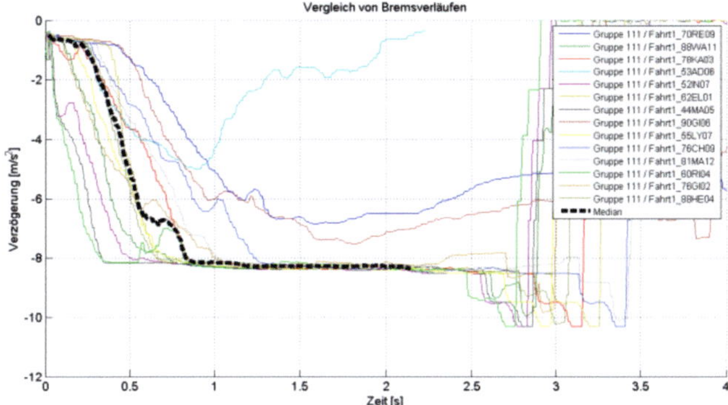

Abb. 1:    Bremsverläufe der Gruppe „Aufmerksam, Konzept 1, Fahrt 1" (111)

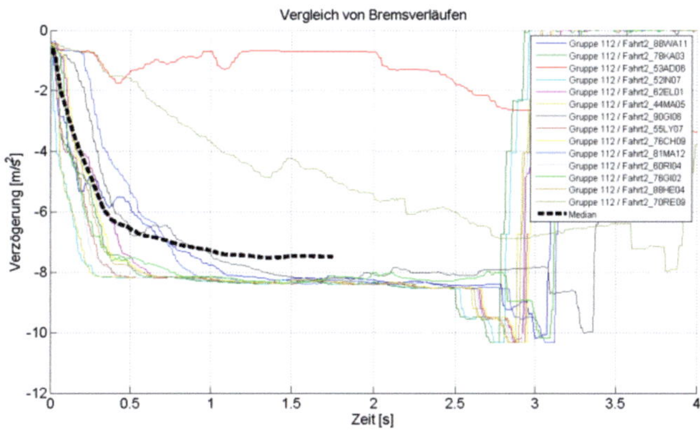

Abb. 2:    Bremsverläufe der Gruppe „Unaufmerksam, Konzept 2, Fahrt 2" (112)

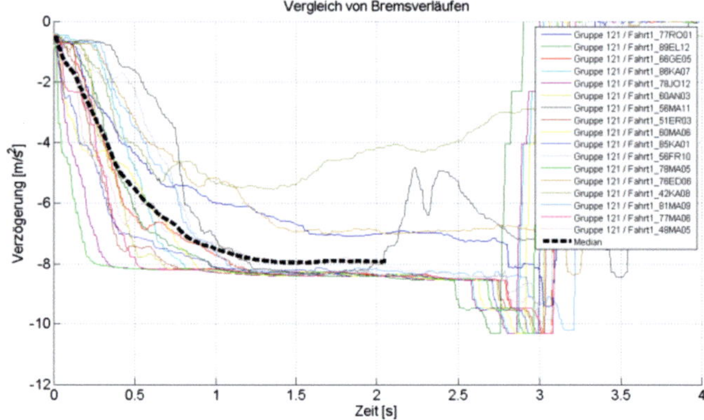

Abb. 3:     Bremsverläufe der Gruppe „Unaufmerksam, Konzept 2, Fahrt 1" (121)

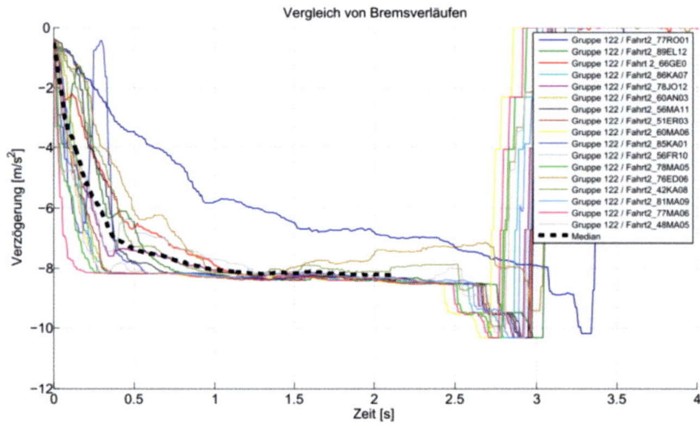

Abb. 4:     Bremsverläufe der Gruppe „Aufmerksam, Konzept 1, Fahrt 2" (122)

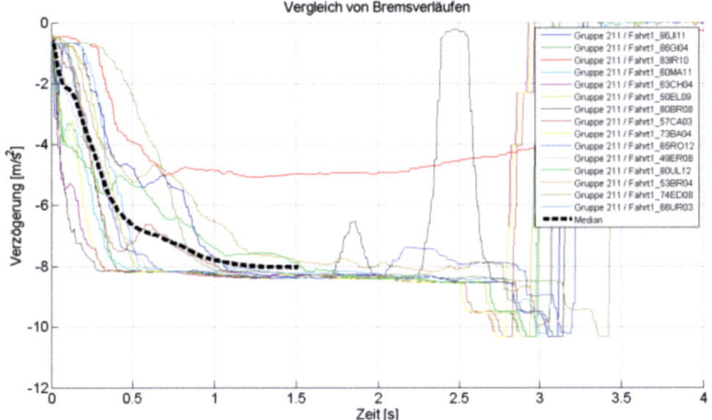

Abb. 5:     Bremsverläufe der Gruppe „Aufmerksam, Konzept 2, Fahrt 1" (211)

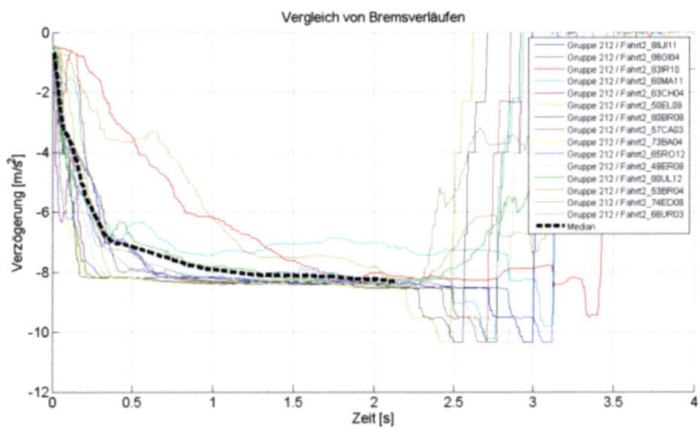

Abb. 6:     Bremsverläufe der Gruppe „Unaufmerksam, Konzept 2, Fahrt 2" (212)

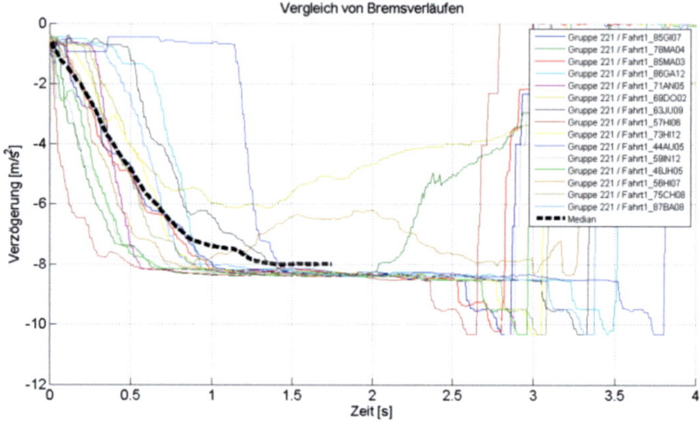


Abb. 7:     Bremsverläufe der Gruppe „Unaufmerksam, Konzept 1, Fahrt 1" (221)

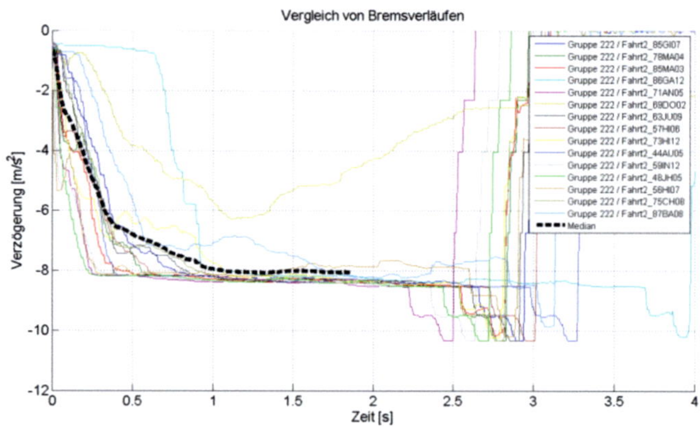


Abb. 8:     Bremsverläufe der Gruppe „Aufmerksam, Konzept 1, Fahrt 2" (222)

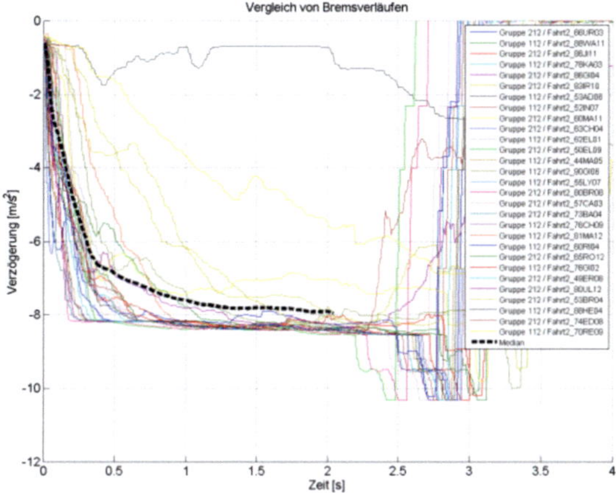

Abb. 9:    Bremsverläufe der zusammengefassten Gruppe „Unaufmerksam, Konzept 2, Fahrt 2" (112 & 212)

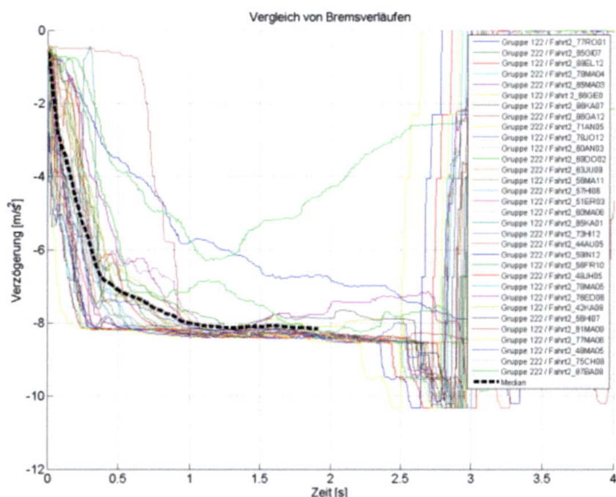

Abb. 10:   Bremsverläufe der zusammengefassten Gruppe „Aufmerksam, Konzept 1, Fahrt 2" (122 & 222)

## D.10 Verteilung Unfallschwere bei den unterschiedlichen Warnkonzepten

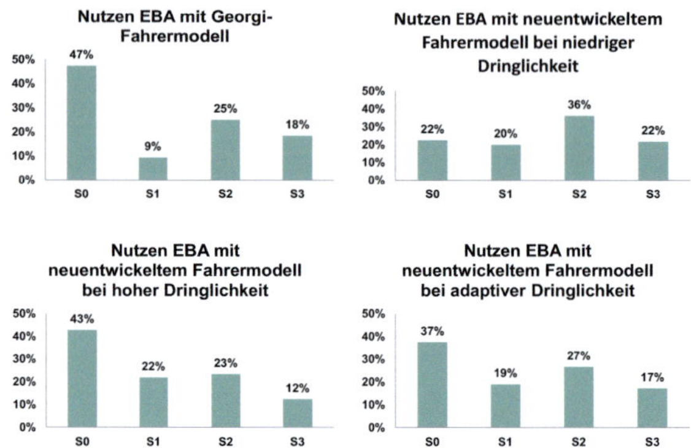

Abb. 11: Verteilung der Unfallschwere bei EBA. Warnmethode. Vermeidungs-verzögerung / Verzögerungsmodus: Fahrermodell.

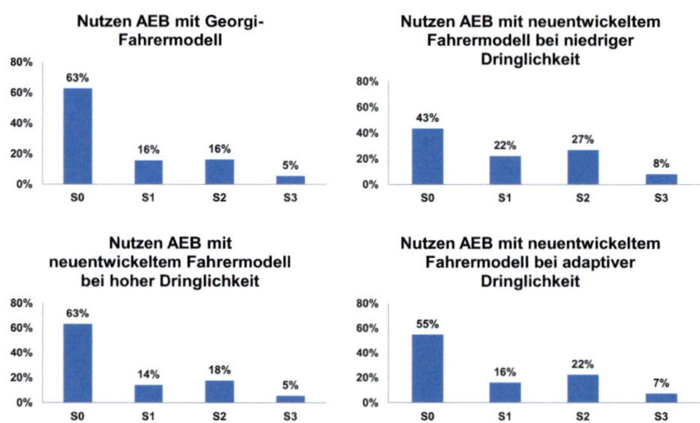

Abb. 12: Verteilung der Unfallschwere bei AEB. Warnmethode. Vermeidungs-verzögerung / Verzögerungsmodus: Fahrermodell

# Karlsruher Schriftenreihe Fahrzeugsystemtechnik
## (ISSN 1869-6058)

Herausgeber: FAST Institut für Fahrzeugsystemtechnik

**Die Bände sind unter www.ksp.kit.edu als PDF frei verfügbar
oder als Druckausgabe bestellbar.**


**Band 1**   Urs Wiesel
**Hybrides Lenksystem zur Kraftstoffeinsparung im schweren
Nutzfahrzeug.** 2010
ISBN 978-3-86644-456-0

**Band 2**   Andreas Huber
**Ermittlung von prozessabhängigen Lastkollektiven eines
hydrostatischen Fahrantriebsstrangs am Beispiel eines
Teleskopladers.** 2010
ISBN 978-3-86644-564-2

**Band 3**   Maurice Bliesener
**Optimierung der Betriebsführung mobiler Arbeitsmaschinen.
Ansatz für ein Gesamtmaschinenmanagement.** 2010
ISBN 978-3-86644-536-9

**Band 4**   Manuel Boog
**Steigerung der Verfügbarkeit mobiler Arbeitsmaschinen
durch Betriebslasterfassung und Fehleridentifikation an
hydrostatischen Verdrängereinheiten.** 2011
ISBN 978-3-86644-600-7

**Band 5**   Christian Kraft
**Gezielte Variation und Analyse des Fahrverhaltens von
Kraftfahrzeugen mittels elektrischer Linearaktuatoren
im Fahrwerksbereich.** 2011
ISBN 978-3-86644-607-6

**Band 6**   Lars Völker
**Untersuchung des Kommunikationsintervalls bei der
gekoppelten Simulation.** 2011
ISBN 978-3-86644-611-3

**Band 7**   3. Fachtagung
**Hybridantriebe für mobile Arbeitsmaschinen.
17. Februar 2011, Karlsruhe.** 2011
ISBN 978-3-86644-599-4

Karlsruher Schriftenreihe Fahrzeugsystemtechnik
(ISSN 1869-6058)

Herausgeber: FAST Institut für Fahrzeugsystemtechnik

**Band 8**  Vladimir Iliev
     **Systemansatz zur anregungsunabhängigen Charakterisierung
     des Schwingungskomforts eines Fahrzeugs.** 2011
     ISBN 978-3-86644-681-6

**Band 9**  Lars Lewandowitz
     **Markenspezifische Auswahl, Parametrierung und Gestaltung
     der Produktgruppe Fahrerassistenzsysteme. Ein methodisches
     Rahmenwerk.** 2011
     ISBN 978-3-86644-701-1

**Band 10**  Phillip Thiebes
     **Hybridantriebe für mobile Arbeitsmaschinen. Grundlegende
     Erkenntnisse und Zusammenhänge, Vorstellung einer Methodik
     zur Unterstützung des Entwicklungsprozesses und deren
     Validierung am Beispiel einer Forstmaschine.** 2012
     ISBN 978-3-86644-808-7

**Band 11**  Martin Gießler
     **Mechanismen der Kraftübertragung des Reifens auf Schnee
     und Eis.** 2012
     ISBN 978-3-86644-806-3

**Band 12**  Daniel Pies
     **Reifenungleichförmigkeitserregter Schwingungskomfort –
     Quantifizierung und Bewertung komfortrelevanter
     Fahrzeugschwingungen.** 2012
     ISBN 978-3-86644-825-4

**Band 13**  Daniel Weber
     **Untersuchung des Potenzials einer Brems-Ausweich-Assistenz.** 2012
     ISBN 978-3-86644-864-3

**Band 14**  **7. Kolloquium Mobilhydraulik.
     27./28. September 2012 in Karlsruhe.** 2012
     ISBN 978-3-86644-881-0

**Band 15**  4. Fachtagung
     **Hybridantriebe für mobile Arbeitsmaschinen
     20. Februar 2013, Karlsruhe.** 2013
     ISBN 978-3-86644-970-1

## Karlsruher Schriftenreihe Fahrzeugsystemtechnik
## (ISSN 1869-6058)

Herausgeber: FAST Institut für Fahrzeugsystemtechnik